高等学校“十三五” 规划教材

线性代数

主　编　任晓燕　唐贤芳　詹　环
副主编　董鹏飞　刘金荣

北　京
冶金工业出版社
2019

内 容 提 要

本书依据高等院校理工专业和经济专业的数学基础课程教学大纲及专业任课老师历年教学实践经验编写而成，主要内容包括行列式、矩阵、线性方程组、矩阵的特征值、二次型及线性空间和线性变换等，在内容选取、编写风格、例题选择、习题安排等方面，充分考虑了线性代数知识的完备性和非数学专业学生专业课的实际需求，突出培养学生综合利用所学知识解决实际问题能力。

本书可作为高等院校理工专业和经济专业的教材，也可供其他专业或有关人员参考。

图书在版编目(CIP)数据

线性代数/任晓燕，唐贤芳，詹环主编．—北京：冶金工业出版社，2019.12

高等学校“十三五”规划教材

ISBN 978-7-5024-8271-8

Ⅰ.①线…　Ⅱ.①任…　②唐…　③詹…　Ⅲ.①线性代数—高等学校—教材　Ⅳ.①O151.2

中国版本图书馆CIP数据核字(2019)第288960号

出 版 人　陈玉千

地　　址　北京市东城区嵩祝院北巷39号　邮编　100009　电话　(010)64027926

网　　址　www.cnmip.com.cn　电子信箱　yjcbs@cnmip.com.cn

责任编辑　俞跃春　刘林烨　美术编辑　彭子赫　版式设计　禹　蕊

责任校对　郑　娟　责任印制　李玉山

ISBN 978-7-5024-8271-8

冶金工业出版社出版发行；各地新华书店经销；北京兰星球彩色印刷有限公司印刷

2019年12月第1版，2019年12月第1次印刷

787mm×1092mm　1/16；12.75印张；307千字；197页

39.00元

冶金工业出版社　投稿电话　(010)64027932　投稿信箱　tougao@cnmip.com.cn

冶金工业出版社营销中心　电话　(010)64044283　传真　(010)64027893

冶金工业出版社天猫旗舰店　yjgycbs.tmall.com

(本书如有印装质量问题，本社营销中心负责退换)

前　　言

《线性代数》是各高等院校所有理工类专业和经济类专业普遍开设的一门重要的数学基础课程。它以线性函数为研究对象，具有抽象性、逻辑推理的严密性及广泛的应用性等特点。

为了使广大理工类专业和经济类专业的学生能学好线性代数，为其专业学习奠定良好的数学基础，进一步提高教学效果，本书在编写过程中突出了以下特点：一是淡化理论，在概念的阐述方面注重从实例引入，循序展开，便于学生自主学习；二是强化应用，定义定理尽量减少繁琐的证明过程，重点强化定义定理在实际中的应用过程和应用方法，使学生不是照本宣科地背诵知识，而是在理解知识的基础上，更加注重线性代数知识在专业学习中的应用，从而进一步激发学生学好线性代数的积极性；三是在习题的安排方面，紧扣教材内容，难易程度安排适当，题型分布合理，内容丰富，从而增加学生对基本概念的理解，同时增加了实际应用的简单题目，以培养学生独立分析问题与解决实际问题的能力，不会让学生觉得题目太难，从而失去学习信心。

总而言之，在我国高等教育大发展、大改革、大提高的今天，面对高等教育发展改革的新形势和新情况，我们努力使这本教材尽量反映线性代数教学改革的新思路、新方法，同时也期望它成为具有一定特色，能适应学生学习的大学数学类教材。

本书由济南职业学院任晓燕、西北工业大学明德学院唐贤芳、陆军装甲兵学院詹环担任主编，呼和浩特民族学院董鹏飞、山东经贸职业学院刘金荣担任副主编。全书由任晓燕、唐贤芳、詹环统编定稿，具体编写分工如下：第二章、第四章、期末测试题（一）由任晓燕编写；第五章、第六章、期末测试题（二）由唐贤芳编写；第一章、第七章由詹环编写；第三章中的第一节至第三节由董鹏飞编写；第三章中的第四节至总习题 3 由刘金荣编写。

由于编者水平所限，书中不妥之处，恳请广大读者批评指正。

编　者

2019 年 6 月

目　　录

第一章　行 列 式

【学习目标】

（1）了解 n 阶行列式概念，掌握行列式的基本性质；

（2）熟练运用行列式的定义和行列式的基本性质计算各种类型的行列式；

（3）基本掌握克莱姆法则的一般应用。

线性方程组是线性代数研究的主要内容之一，也是线性代数中最基础的部分。研究线性方程组首先需要学习和掌握行列式这个重要的数学工具。行列式是人们从简化和规范求解线性方程组的实际工作需要而建立的一个基本数学概念，它在数学应用、理论研究以及其他科学分支上都有广泛的应用。这章主要讨论行列式的概念、行列式的性质、行列式的计算及行列式的基本应用。

第一节　n 阶行列式

一、二元线性方程组与二阶行列式

解方程是代数中的一个基本问题。行列式的概念起源于解线性方程组，它是从二元与三元线性方程组的解的公式引出来的。因此首先讨论解方程组的问题。

下面考察二元一次方程组：

$$\begin{cases} a_{11}x_1 + a_{12}x_2 = b_1 \\ a_{21}x_1 + a_{22}x_2 = b_2 \end{cases} \tag{1-1}$$

当 $a_{11}a_{22}-a_{12}a_{21}\neq 0$ 时，由消元法知此方程组有唯一解，即：

$$x_1 = \frac{b_1a_{22} - a_{12}b_2}{a_{11}a_{22} - a_{12}a_{21}},\quad x_2 = \frac{a_{11}b_2 - a_{21}b_1}{a_{11}a_{22} - a_{12}a_{21}} \tag{1-2}$$

由式(1-2)可见，方程组的解完全可由方程组中的未知数系数 a_{11}，a_{12}，a_{21}，a_{22}以及常数项 b_1，b_2 表示，这就是一般二元线性方程组的解公式。

但这个公式很不好记忆，应用时十分不方便。由此可知，多元线性方程组的解公式更为复杂。因此引进新的符号来表示上述解公式，这就是行列式的起源。

1. 二阶行列式

由 4 个数 a_{11}，a_{12}，a_{21}，a_{22}及双竖线$|\quad|$组成的符号$\begin{vmatrix} a_{11} & a_{12} \\ a_{21} & a_{22} \end{vmatrix}$称为二阶行列式。

注：（1）构成。二阶行列式含有两行两列。横排的数构成行，纵排的数构成列。行列式中的数 a_{ij}（$i=1$，2；$j=1$，2）称为行列式的元素，行列式中的元素用小写英文字母表示。元素 a_{ij}的第一个下标 i 称为行标，表明该元素位于第 i 行；第二个下标 j

称为列标，表明该元素位于第 j 列。相等的行数和列数 2 称为行列式的阶。

（2）含义。按规定的方法表示元素 a_{11}，a_{12}，a_{21}，a_{22} 的运算结果，即：由左上至右下的两元素之积 $a_{11}a_{22}$，减去右上至左下的两元素之积 $a_{12}a_{21}$。其中每个积中的两个数均来自不同的行和列。

或者说，二阶行列式是这样的两项代数和：一项是从左上角到右下角的对角线（又叫行列式的主对角线）上两个元素的乘积，取正号；另一项是从右上角到左下角的对角线（又叫次对角线）上两个元素的乘积，取负号，即：

$$\begin{vmatrix} a_{11} & a_{12} \\ a_{21} & a_{22} \end{vmatrix}$$

这就是对角线法则。

【例 1-1】 计算下列行列式的值。

（1）$\begin{vmatrix} 1 & 2 \\ 3 & 4 \end{vmatrix}$；

（2）$\begin{vmatrix} -1 & 0 \\ 0 & 2 \end{vmatrix}$；

（3）$\begin{vmatrix} 2 & -1 \\ 0 & 3 \end{vmatrix}$。

【解】 （1）$\begin{vmatrix} 1 & 2 \\ 3 & 4 \end{vmatrix} = 1\times4-2\times3=-2$；

（2）$\begin{vmatrix} -1 & 0 \\ 0 & 2 \end{vmatrix} = -1\times2-0\times0=-2$；

（3）$\begin{vmatrix} 2 & -1 \\ 0 & 3 \end{vmatrix} = 2\times3-(-1)\times0=6$。

【例 1-2】 当 λ 为何值时，行列式 $D=\begin{vmatrix} \lambda^2 & \lambda \\ 3 & 1 \end{vmatrix}$ 的值为 0？

【解】 因为

$$D=\begin{vmatrix} \lambda^2 & \lambda \\ 3 & 1 \end{vmatrix} = \lambda^2-3\lambda=\lambda(\lambda-3)$$

要使 $\lambda(\lambda-3)=0$，须使 $\lambda=0$ 或 $\lambda=3$

即，当 $\lambda=0$ 或 $\lambda=3$ 时，行列式 $D=\begin{vmatrix} \lambda^2 & \lambda \\ 3 & 1 \end{vmatrix}$ 的值为 0。

令

$$D=\begin{vmatrix} a_{11} & a_{12} \\ a_{21} & a_{22} \end{vmatrix} = a_{11}a_{22}-a_{12}a_{21}$$

$$D_1=\begin{vmatrix} b_1 & a_{12} \\ b_2 & a_{22} \end{vmatrix}=b_1a_{22}-a_{12}b_2$$

$$D_2=\begin{vmatrix} a_{11} & b_1 \\ a_{21} & b_2 \end{vmatrix}=a_{11}b_2-b_1a_{21}$$

则当 $D\neq 0$ 时，二元一次方程组(1-1)的唯一解(1-2)可表示为：

$$x_1=\frac{D_1}{D},\quad x_2=\frac{D_2}{D}$$

注：x_1 的分子行列式 D_1 是把系数行列式 D 中的第 1 列换成方程组的常数项 b_1、b_2 所组成的行列式；x_2 的分子行列式 D_2 则是把系数行列式 D 中的第 2 列换成方程组的常数项 b_1、b_2 所组成的行列式。这种用行列式来表示方程组的解，能够更加简便、整齐，便于记忆与运算（亦称克莱姆法则）。

【例 1-3】　求解二元线性方程组 $\begin{cases}5x+4y=8\\4x+5y=6\end{cases}$

【解】　由于系数行列式 $D=\begin{vmatrix} 5 & 4 \\ 4 & 5 \end{vmatrix}=25-16=9\neq 0$，故知该方程组有解。

又由于

$$D_1=\begin{vmatrix} 8 & 4 \\ 6 & 5 \end{vmatrix}=40-24=16$$

$$D_2=\begin{vmatrix} 5 & 8 \\ 4 & 6 \end{vmatrix}=30-32=-2,$$

即：

$$x_1=\frac{D_1}{D}=\frac{16}{9},\quad x_2=\frac{D_2}{D}=\frac{-2}{9}$$

似乎这样表示线性方程组的解比原来更为烦琐，但这创造了多元线性方程组的解的公式及其规律性的解法，并为用电脑程序解多元线性方程组打下良好的基础，更为下一步学习矩阵知识，学习高级、大型的管理知识做好准备。

与二阶行列式相仿，对于三元一次线性方程组作类似的讨论。

2. 三阶行列式

由排成三行三列的 9 个数及双竖线|　|组成的符号称为三阶行列式，即：

$$\begin{vmatrix} a_{11} & a_{12} & a_{13} \\ a_{21} & a_{22} & a_{23} \\ a_{31} & a_{32} & a_{33} \end{vmatrix}$$

注：（1）构成。三阶行列式含有三行三列。横排的数构成行，纵排的数构成列。行列式中的数称为行列式的元素，相等的行数和列数 3 称为行列式的阶。

（2）含义。三阶行列式按规定方法表示 9 个元素的运算结果，即为 6 个项的代数和，每个项均为来自不同行不同列的三个元素之积。其符号的确定如图 1-1 所示。

从图 1-1 可见，三阶行列式是六个项的代数和：从左上角到右下角的每条实线连线上，来自不同行不同列的三个元素的乘积，取正号；从右上角到左下角的每条虚线连线上，来自不同行不同列的三个元素的乘积，取负号。即：

$$\begin{vmatrix} a_{11} & a_{12} & a_{13} \\ a_{21} & a_{22} & a_{23} \\ a_{31} & a_{32} & a_{33} \end{vmatrix} = (a_{11}a_{22}a_{33}+a_{12}a_{23}a_{31}+a_{13}a_{21}a_{32})-(a_{11}a_{23}a_{32}+a_{12}a_{21}a_{33}+a_{13}a_{22}a_{31})$$

运算时，应从第一行的 a_{11} 起，自左向右计算左上到右下方向上的所有三元乘积，再从第一行的 a_{11} 起，自左向右计算右上到左下方向上的所有三元乘积。对于各项的计算，应按行标的自然数顺序选取相乘的元素，这样不容易产生错漏。

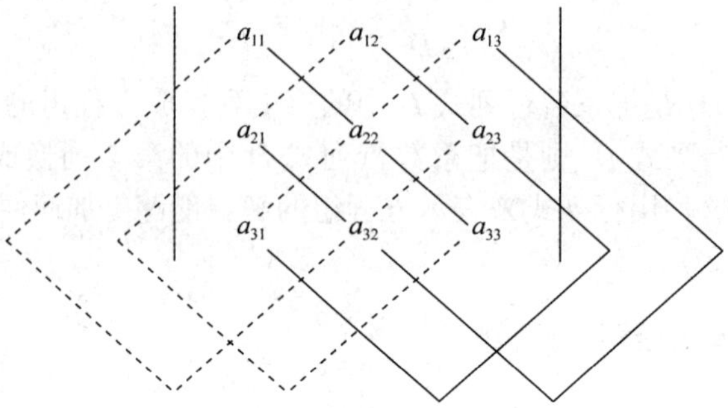

图 1-1 三阶行列式符号确定关系图

【例 1-4】 求行列式 $\begin{vmatrix} 1 & 2 & 3 \\ 4 & 0 & 5 \\ -1 & 0 & 6 \end{vmatrix}$ 的值。

【解】 $\begin{vmatrix} 1 & 2 & 3 \\ 4 & 0 & 5 \\ -1 & 0 & 6 \end{vmatrix} = (1\times0\times6+2\times5\times(-1)+3\times4\times0)-(1\times5\times0+2\times4\times6+3\times0\times(-1))$

$= -10-48 = -58$。

【例 1-5】 当 a，b 满足什么条件时，$\begin{vmatrix} a & b & 0 \\ -b & a & 0 \\ 1 & 0 & 1 \end{vmatrix} = 0$？

【解】 由于 $\begin{vmatrix} a & b & 0 \\ -b & a & 0 \\ 1 & 0 & 1 \end{vmatrix} = a^2-(-b^2) = a^2+b^2$

若 $a^2+b^2=0$，则满足 $a=b=0$

因此，当 $a=b=0$ 时，

$$\begin{vmatrix} a & b & 0 \\ -b & a & 0 \\ 1 & 0 & 1 \end{vmatrix} = 0$$

【例 1-6】 $\begin{vmatrix} a & 1 & 0 \\ 1 & a & 0 \\ 4 & 1 & 1 \end{vmatrix} > 0$ 的充分必要条件是什么？

【解】 因为

$$\begin{vmatrix} a & 1 & 0 \\ 1 & a & 0 \\ 4 & 1 & 1 \end{vmatrix} = a^2-1$$

而 $a^2-1>0$ 成立的充分必要条件是

$$|a|>1$$

因此 $\begin{vmatrix} a & 1 & 0 \\ 1 & a & 0 \\ 4 & 1 & 1 \end{vmatrix}>0$ 的充分必要条件是 $|a|>1$。

类似于二元线性方程组的行列式求解公式，三元线性方程组也有其系数行列式以及相应未知数的分子行列式，解法如下（克莱姆法则）：

$$\text{三元线性方程组}\begin{cases} a_{11}x_1+a_{12}x_2+a_{13}x_3=b_1 \\ a_{21}x_1+a_{22}x_2+a_{23}x_3=b_2 \\ a_{31}x_1+a_{32}x_2+a_{33}x_3=b_3 \end{cases}$$

$$\text{系数行列式 } D=\begin{vmatrix} a_{11} & a_{12} & a_{13} \\ a_{21} & a_{22} & a_{23} \\ a_{31} & a_{32} & a_{33} \end{vmatrix}$$

$$x_1 \text{ 的分子行列式 } D_1=\begin{vmatrix} b_1 & a_{12} & a_{13} \\ b_2 & a_{22} & a_{23} \\ b_3 & a_{32} & a_{33} \end{vmatrix}$$

$$x_2 \text{ 的分子行列式 } D_2=\begin{vmatrix} a_{11} & b_1 & a_{13} \\ a_{21} & b_2 & a_{23} \\ a_{31} & b_3 & a_{33} \end{vmatrix}$$

$$x_3 \text{ 的分子行列式 } D_3=\begin{vmatrix} a_{11} & a_{12} & b_1 \\ a_{21} & a_{22} & b_2 \\ a_{31} & a_{32} & b_3 \end{vmatrix}$$

当 $D\neq0$ 时，方程组的解为：

$$x_1=\frac{D_1}{D},\ x_2=\frac{D_2}{D},\ x_3=\frac{D_3}{D}$$

【例 1-7】 求解线性方程组 $\begin{cases} 5x_1+x_2+2x_3=2 \\ 2x_1+x_2+x_3=4 \\ 9x_1+2x_2+5x_3=3 \end{cases}$

【解】 由于

$$D=\begin{vmatrix} 5 & 1 & 2 \\ 2 & 1 & 1 \\ 9 & 2 & 5 \end{vmatrix}=25+9+8-(10+10+18)$$

$$=42-38=4\neq0$$

即方程组有解，计算各分子行列式，得：

$$D_1=\begin{vmatrix}2&1&2\\4&1&1\\3&2&5\end{vmatrix}$$
$$=10+3+16-(4+20+6)$$
$$=29-30$$
$$=-1$$

$$D_2=\begin{vmatrix}5&2&2\\2&4&1\\9&3&5\end{vmatrix}$$
$$=100+18+12-(15+20+72)$$
$$=130-107$$
$$=23$$

$$D_3=\begin{vmatrix}5&1&2\\2&1&4\\9&2&3\end{vmatrix}$$
$$=15+36+8-(40+6+18)$$
$$=59-64$$
$$=-5$$

即得方程组的解为：

$$x_1=\frac{D_1}{D}=-\frac{1}{4},\ x_2=\frac{D_2}{D}=\frac{23}{4},\ x_3=\frac{D_3}{D}=-\frac{5}{4}$$

二、排列及其逆序数

对角线法则只适用于二阶与三阶行列式，不适用于四阶和四阶以上的行列式。

怎样计算四阶和四阶以上的行列式呢？先从二阶与三阶行列式的计算中找一找规律。

$$D=\begin{vmatrix}a_{11}&a_{12}\\a_{21}&a_{22}\end{vmatrix}=a_{11}a_{22}-a_{12}a_{21} \tag{1-3}$$

由式(1-3)可知，二阶行列式一共有两项，每一项均由不同行不同列的元素组成。其组成规律为若行标都取自然数 1，2；列标只能取 1，2 或 2，1，其二阶行列式中只有两项，即 $a_{11}a_{22}$和 $a_{11}a_{22}$。

再看三阶行列式

$$\begin{vmatrix}a_{11}&a_{12}&a_{13}\\a_{21}&a_{22}&a_{23}\\a_{31}&a_{32}&a_{33}\end{vmatrix}=(a_{11}a_{22}a_{33}+a_{12}a_{23}a_{31}+a_{13}a_{21}a_{32})-(a_{11}a_{23}a_{32}+a_{12}a_{21}a_{33}+a_{13}a_{22}a_{31}) \tag{1-4}$$

由式(1-4)可知，三阶行列式一共有 6 项，每一项均由不同行不同列的元素组成。其组成的规律为若行标都取自然数1，2，3，列标只能取：1，2，3；2，3，1；3，1，2；3，2，1；2，1，3；1，3，2。所以三阶行列式中有6项。

通过上述分析，知道了二阶行列式和三阶行列式项的组成方法：

（1）行标取自然排列时，列标分别取全排列；

（2）项的个数就是全排列的个数。

另外，还发现无论是二阶行列式还是三阶行列式，均有一些项的前面取“+”，一些项的前面取“-”。怎样确定哪些项的前面取“+”，哪些项的前面取“-”呢？其中发现符号与排列的顺序有关。

1. n 级排列

n 个正整数1，2，…，n 组成的一个有序数组 i_1，i_2，…，i_n 称为一个 n 级排列。其中自然数 i_k 为1，2，…，n 中的某个数，称作第 k 个元素，k 表示这个数在 n 级排列中的位置。n 个不同元素共有 $n!$ 个不同的 n 级排列。

例如，1234是一个4级排列，3412也是一个4级排列，52341是一个5级排列，而1235，3231不是排列。由数码1，2，3组成的所有3级排列为：123，132，213，231，312，321，共有 $3!=6$ 个。

2. 逆序数

数字由小到大的 n 级排列 $1234\cdots n$ 称为标准次序排列。在一个排列 i_1，i_2，…，i_n 中，较大的数在较小的数前面产生一个逆序数，所有逆序数的总和称为这个排列的逆序数，记做 $\tau(i_1i_2\cdots i_n)$。

容易看出，标准次序排列的逆序数为0。

逆序数的计算方法：

以32415为例，从第一个数依次查起，分别计算出排列中每个元素前面比它大的数码个数之和，即算出排列中每个元素的逆序数，这每个元素的逆序数之总和即为所求排列的逆序数。

【例1-8】 求排列{3，2，5，1，4}的逆序数。

【解】 在排列{3，2，5，1，4}中3排在首位，逆序数为0；2的前面比2大的数只有一个3，故逆序数为1；5的前面没有比5大的数，其逆序数为0；1的前面比1大的数有3个，故逆序数为3；4的前面比4大的数有1个，故逆序数为1。

$$\begin{array}{ccccc} 3 & 2 & 5 & 1 & 4 \\ \downarrow & \downarrow & \downarrow & \downarrow & \downarrow \\ 0 & 1 & 0 & 3 & 1 \end{array}$$

于是排列的逆序数为 $\tau(32514)=5$。

【例1-9】 求362154的逆序数。

【解】 $\tau(362154)=2+4+1+0+1=8$

【例1-10】 $21i4j$ 是一个5级别排列，试确定 i，j 的值及其逆序数。

【解】 由于是5级排列，因此 i，j 可以取3或5。

若$\begin{cases} i=3 \\ j=5 \end{cases}$，则排列为21345，$\tau(21345)=1$

若$\begin{cases} i=5 \\ j=3 \end{cases}$，则排列为 21543，$\tau(21543)=4$

3. 排列的奇偶性

逆序数为奇数的排列称为奇排列；逆序数是偶数的排列则称为偶排列。

可以看出例 8 是奇排列，例 9 是偶排列，自然排列 $123\cdots n$ 是偶排列。

三级排列共有 $3!=6$（个），其中奇排列有：132，213，321；偶排列有：123，231，312；奇、偶排列各占一半。

4. 对换

将一个排列中的某两个数的位置互换而其余的数不动，这样得到一个新的排列，这种变换称为对排列作一次对换，将相邻的两个数对换称为相邻对换。

例如 $3241 \xrightarrow{(2,\ 4)} 3421$，对换前 $\tau(3241)=4$，3241 是偶排列；对换后 $\tau(3421)=5$，4231 是奇排列。

定理 1 对排列进行一次对换将改变其奇偶性。

推论 在全体 n 级排列（$n>1$）中，奇排列和偶排列各占一半，各有$\dfrac{n!}{2}$个。

定理 2 任意一个 n 级排列与 $12\cdots n$ 都可以经过一系列对换互换，并且所作对换的个数与这个排列有相同的奇偶性。

三、n 阶行列式

在给出 n 阶行列式的定义之前，先来看一下二阶和三阶行列式的定义。

$$D=\begin{vmatrix} a_{11} & a_{12} \\ a_{21} & a_{22} \end{vmatrix}=a_{11}a_{22}-a_{12}a_{21}$$

$$D=\begin{vmatrix} a_{11} & a_{12} & a_{13} \\ a_{21} & a_{22} & a_{23} \\ a_{31} & a_{32} & a_{33} \end{vmatrix}=a_{11}a_{22}a_{33}+a_{12}a_{23}a_{31}+a_{13}a_{21}a_{32}-a_{11}a_{23}a_{32}-a_{12}a_{21}a_{33}-a_{13}a_{22}a_{31}$$

可以从中发现以下规律：

（1）二阶行列式是 $2!$ 项的代数和，三阶行列式是 $3!$ 项的代数和；

（2）二阶行列式中每一项是两个元素的乘积，它们分别取自不同的行和不同的列，三阶行列式中的每一项是三个元素的乘积，它们也是取自不同的行和不同的列；

（3）每一项的符号满足：当这一项中元素的行标是按自然序排列时，若元素的列标为偶排列，则取正号；若为奇排列，则取负号。

通过上述分析，找到构造二阶行列式和三阶行列式有别于对角线法的新的方法。下面将用新方法定义一般的 n 价行列式

定义 由排成 n 行 n 列的 n^2 个元素 a_{ij}（i，$j=1$，2，$\cdots$，n）组成的

$$D=\begin{vmatrix} a_{11} & a_{12} & \cdots & a_{1n} \\ a_{21} & a_{22} & \cdots & a_{2n} \\ \vdots & \vdots & & \vdots \\ a_{n1} & a_{n2} & \cdots & a_{nn} \end{vmatrix} \tag{1-5}$$

称为 n 阶行列式。它是取自不同行和不同列的 n 个元素的乘积：

$$a_{1j_1}a_{2j_2}\cdots a_{nj_n}$$

的代数和，其中 $j_1j_2\cdots j_n$ 是 1，2，…，n 的一个排列。当 $j_1j_2\cdots j_n$ 是偶排列时，式(1-6)带正号；当 $j_1j_2\cdots j_n$ 是奇排列时，式(1-6)带负号，即：

$$\begin{vmatrix} a_{11} & a_{12} & \cdots & a_{1n} \\ a_{21} & a_{22} & \cdots & a_{2n} \\ \vdots & \vdots & & \vdots \\ a_{n1} & a_{n2} & \cdots & a_{nn} \end{vmatrix} = \sum_{j_1j_2\cdots j_n}(-1)^{\tau(j_1j_2\cdots j_n)}a_{1j_1}a_{2j_2}\cdots a_{nj_n} \tag{1-6}$$

$\sum\limits_{j_1j_2\cdots j_n}$ 表示对所有 n 级排列求和，行列式 D 通常可简记为 $\det(a_{ij})$ 或 $|a_{ij}|_n$。

注：(1) 行列式是一种特定的算式，最终的结果是一个数；

(2) n 阶行列式是 $n!$ 项的代数和；

(3) n 阶行列式的每个乘积项都是位于不同行、不同列的 n 个元素的乘积；

(4) 每一项 $a_{1j_1}a_{2j_2}\cdots a_{nj_n}$ 的符号为 $(-1)^{\tau(j_1j_2\cdots j_n)}$；

(5) 一阶行列式 $|a_{11}|=a_{11}$，不要与绝对值的概念相混淆；

(6) 对角线法则对 4 阶及 4 阶以上的高阶行列式不适用。

【例 1-11】 在 5 阶行列式中，$a_{12}a_{23}a_{35}a_{41}a_{54}$ 这一项应取什么符号？

【解】 这一项各元素的行标是按自然顺序排列的，而列标的排列为 23514。因 $\tau(23514)=4$，故这一项应取正号。

【例 1-12】 写出 4 阶行列式中，带负号且包含因子 $a_{11}a_{23}$ 的项。

【解】 包含因子 $a_{11}a_{23}$ 项的一般形式为：

$$(-1)^{\tau(13j_3\ j_4)}a_{11}a_{23}a_{3j_3}a_{4j_4}$$

按定义，j_3 可取 2 或 4，j_4 可取 4 或 2，因此包含因子 $a_{11}a_{23}$ 的项只能是：

$$a_{11}a_{23}a_{32}a_{44} \text{或} a_{11}a_{23}a_{34}a_{42}$$

但因需要带负号，所以此项只能是 $-a_{11}a_{23}a_{32}a_{44}$。

【例 1-13】 利用行列式的定义证明

$$D=\begin{vmatrix} a_{11} & 0 & 0 & 0 \\ a_{21} & a_{22} & 0 & 0 \\ a_{31} & a_{32} & a_{33} & 0 \\ a_{41} & a_{42} & a_{43} & a_{44} \end{vmatrix}=a_{11}a_{22}a_{33}a_{44}。$$

【证明】 由行列式的定义知：

$$D=\sum_{j_1j_2j_3j_4}(-1)^{\tau(j_1j_2j_3j_4)}a_{1j_1}a_{2j_2}a_{3j_3}a_{4j_4}$$

由于第 1 行除 a_{11} 外其余元素全为 0，所以 $j_1=1$

第 2 行除 a_{21}，a_{22} 外其余元素全为 0，又 $j_1=1$，所以 $j_2=2$

以此类推，得：　$j_3=3$，$j_4=4$

因此　$z(j_1j_2j_3j_4)=z(1234)=0$

故　$D=a_{11}a_{22}a_{33}a_{44}$

注：(1) 例 1-13 的结论可推广到一般 n 阶下三角行列式的计算，即：

$$\begin{vmatrix} a_{11} & 0 & \cdots & 0 \\ a_{21} & a_{22} & \cdots & 0 \\ \vdots & \vdots & & \vdots \\ a_{n1} & a_{n2} & \cdots & a_{nn} \end{vmatrix} = a_{11}a_{22}\cdots a_{nn},$$

类似地，上三角行列式的值也成立同样的结论，即：

$$\begin{vmatrix} a_{11} & a_{12} & \cdots & a_{1n} \\ 0 & a_{22} & \cdots & a_{2n} \\ \vdots & \vdots & & \vdots \\ 0 & 0 & \cdots & a_{nn} \end{vmatrix} = a_{11}a_{22}\cdots a_{nn}。$$

(2) $D=\begin{vmatrix} a_{11} & \cdots & a_{1,n-1} & a_{1n} \\ a_{21} & \cdots & a_{2,n-1} & 0 \\ \vdots & & \vdots & \vdots \\ a_{n1} & \cdots & 0 & 0 \end{vmatrix} = (-1)^{\frac{n(n-1)}{2}} a_{1n}a_{2,n-1}\cdots a_{n1}$。

(3) 对角行列式：

$$D=\begin{vmatrix} \lambda_1 & 0 & \cdots & 0 \\ 0 & \lambda_2 & \cdots & 0 \\ \vdots & \vdots & & \vdots \\ 0 & 0 & \cdots & \lambda_n \end{vmatrix} = \lambda_1\lambda_2\cdots\lambda_n。$$

(4) $D=\begin{vmatrix} 0 & \cdots & 0 & \lambda_1 \\ 0 & \cdots & \lambda_2 & 0 \\ \vdots & & \vdots & \vdots \\ \lambda_n & \cdots & 0 & 0 \end{vmatrix} = (-1)^{\frac{n(n-1)}{2}}\lambda_1\lambda_2\cdots\lambda_n$。

在行列式的定义中，为了确定每一项的正负号，可把每个乘积项元素按行指标排起来。事实上，数的乘法是可交换的，因而这个元素的次序是可以任意写的。一般 n 阶行列式中的乘积项可以写成：

$$a_{p_1q_1}a_{p_2q_2}\cdots a_{p_nq_n}$$

其中，$p_1p_2\cdots p_n$ 和 $q_1q_2\cdots q_n$ 是两个 n 级排列。由于每交换两个元素对应的行标列标都做了一次对换，因此由定理 1 知，它们的逆序数之和的奇偶性不变。因此有：

$$(-1)^{\tau(p_1p_2\cdots p_n)+\tau(q_1q_2\cdots q_n)} = (-1)^{\tau(j_1j_2\cdots j_n)}a_{1j_1}a_{2j_2}\cdots a_{nj_n}$$

由此可见，行指标与列指标的地位是对称的。因此为了确定每一项的符号，同样可以把每一项按列指标排起来，于是定义又可以写成：

$$\begin{vmatrix} a_{11} & a_{12} & \cdots & a_{1n} \\ a_{21} & a_{22} & \cdots & a_{2n} \\ \vdots & \vdots & & \vdots \\ a_{n1} & a_{n2} & \cdots & a_{nn} \end{vmatrix} = \sum_{i_1i_2\cdots i_n}(-1)^{\tau(i_1i_2\cdots i_n)}a_{i_11}a_{i_22}\cdots a_{i_nn} \qquad (1\text{-}7)$$

习题 1.1

一、选择题

(1) 若行列式 $\begin{vmatrix} 1 & 2 & 5 \\ 1 & 3 & -2 \\ 2 & 5 & x \end{vmatrix}=0$，则 $x=$（　　）

A. 2　　B. −2　　C. 3　　D. −3

(2) 线性方程组 $\begin{cases} x_1+2x_2=3 \\ 3x_1+7x_2=4 \end{cases}$，则方程组的解 $(x_1, x_2)=$（　　）

A. (13，5)　　B. (−13，5)　　C. (13，−5)　　D. (−13，−5)

(3) 方程 $\begin{vmatrix} 1 & x & x^2 \\ 1 & 2 & 4 \\ 1 & 3 & 9 \end{vmatrix}=0$ 根的个数是（　　）

A. 0　　B. 1　　C. 2　　D. 3

(4) 下列构成六阶行列式展开式的各项中，取“+”的有（　　）

A. $a_{15}a_{23}a_{32}a_{44}a_{51}a_{66}$　　B. $a_{11}a_{26}a_{32}a_{44}a_{53}a_{65}$

C. $a_{21}a_{53}a_{16}a_{42}a_{65}a_{34}$　　D. $a_{51}a_{32}a_{13}a_{44}a_{65}a_{26}$

(5) 若 $(-1)^{N(1k4l5)}a_{11}a_{k2}a_{43}a_{l4}a_{55}$ 是五阶行列式 $|a_{ij}|$ 的一项，则 k，l 的值及该项的符号为（　　）

A. $k=2$，$l=3$，符号为正　　B. $k=2$，$l=3$，符号为负

C. $k=3$，$l=2$，符号为正　　D. $k=3$，$l=2$，符号为负

(6) 下列 n $(n>2)$ 阶行列式的值必为零的是（　　）

A. 行列式主对角线上的元素全为零

B. 三角形行列式主对角线上有一个元素为零

C. 行列式零的元素的个数多于 n 个

D. 行列式非零元素的个数小于等于 n 个

(7) 4 阶行列式 $\begin{vmatrix} a_1 & 0 & 0 & b_1 \\ 0 & a_2 & b_2 & 0 \\ 0 & b_3 & a_3 & 0 \\ b_4 & 0 & 0 & a_4 \end{vmatrix}$ 的值等于（　　）

A. $a_1a_2a_3a_4-b_1b_2b_3b_4$　　B. $(a_1a_2-b_1b_2)(a_3a_4-b_3b_4)$

C. $a_1a_2a_3a_4+b_1b_2b_3b_4$　　D. $(a_2a_3-b_2b_3)(a_1a_4-b_1b_4)$

(8) 如果 $\begin{vmatrix} a_{11} & a_{12} \\ a_{21} & a_{22} \end{vmatrix}=1$，则方程组 $\begin{cases} a_{11}x_1-a_{12}x_2+b_1=0 \\ a_{21}x_1-a_{22}x_2+b_2=0 \end{cases}$ 的解是（　　）

A. $x_1=\begin{vmatrix} b_1 & a_{12} \\ b_2 & a_{22} \end{vmatrix}$，$x_2=\begin{vmatrix} a_{11} & b_1 \\ a_{21} & b_2 \end{vmatrix}$

B. $x_1=-\begin{vmatrix} b_1 & a_{12} \\ b_2 & a_{22} \end{vmatrix}$，$x_2=\begin{vmatrix} a_{11} & b_1 \\ a_{21} & b_2 \end{vmatrix}$

C. $x_1=\begin{vmatrix} -b_1 & -a_{12} \\ -b_2 & -a_{22} \end{vmatrix}$，$x_2=\begin{vmatrix} -a_{11} & -b_1 \\ -a_{21} & -b_2 \end{vmatrix}$

D. $x_1=\begin{vmatrix} -b_1 & -a_{12} \\ -b_2 & -a_{22} \end{vmatrix}$，$x_2=-\begin{vmatrix} -a_{11} & -b_1 \\ -a_{21} & -b_2 \end{vmatrix}$

二、填空题

（1）行列式$\begin{vmatrix} k-1 & 2 \\ 2 & k-1 \end{vmatrix}\neq 0$的充分必要条件是________________________。

（2）排列 36715284 的逆序数是________________________________。

（3）已知排列 $1r46s97t3$ 为奇排列，则 $r=$________，$s=$________，$t=$________。

（4）在六阶行列式$|a_{ij}|$中，$a_{23}a_{14}a_{46}a_{51}a_{35}a_{62}$应取的符号为__________________。

三、计算下列行列式

（1）$\begin{vmatrix} 1 & 2 & 3 \\ 3 & 1 & 2 \\ 2 & 3 & 1 \end{vmatrix}$。

（2）$\begin{vmatrix} 1 & 1 & 1 \\ 3 & 1 & 4 \\ 8 & 9 & 5 \end{vmatrix}$。

（3）$\begin{vmatrix} x & y & x+y \\ y & x+y & x \\ x+y & x & y \end{vmatrix}$。

（4）$\begin{vmatrix} 0 & 0 & 1 & 0 \\ 0 & 1 & 0 & 0 \\ 0 & 0 & 0 & 1 \\ 1 & 0 & 0 & 0 \end{vmatrix}$。

（5）$\begin{vmatrix} 0 & 1 & 0 & \cdots & 0 \\ 0 & 0 & 2 & \cdots & 0 \\ \vdots & \vdots & \vdots & & \vdots \\ 0 & 0 & 0 & \cdots & n-1 \\ n & 0 & 0 & \cdots & 0 \end{vmatrix}$。

（6）$\begin{vmatrix} a_{11} & \cdots & a_{1,n-1} & a_{1n} \\ a_{21} & \cdots & a_{2,n-1} & 0 \\ \vdots & & \vdots & \vdots \\ a_{n1} & \cdots & 0 & 0 \end{vmatrix}$。

第二节 行列式的性质

行列式的计算是行列式的重点。对于低阶或者零元素很多的行列式可以用定义计算，但对于 n（$n\geqslant4$）阶行列式来说用定义计算将非常繁琐或几乎不可能，因此有必要探究行列式的一些性质，以简化其运算。这些性质对行列式的理论研究也有重要意义。

一、行列式的性质

令

$$D=\begin{vmatrix} a_{11} & a_{12} & \cdots & a_{1n} \\ a_{21} & a_{22} & \cdots & a_{2n} \\ \vdots & \vdots & & \vdots \\ a_{n1} & a_{n2} & \cdots & a_{nn} \end{vmatrix},$$

$$D^{\mathrm{T}}=\begin{vmatrix} a_{11} & a_{21} & \cdots & a_{n1} \\ a_{12} & a_{22} & \cdots & a_{n2} \\ \vdots & \vdots & & \vdots \\ a_{1n} & a_{2n} & \cdots & a_{nn} \end{vmatrix},$$

其中，行列式 D^{T} 是由行列式 D 的行与列对应互换所得到，称行列式 D^{T} 为行列式 D 的转置行列式。

例如 $D=\begin{vmatrix} 1 & 2 \\ 3 & 4 \end{vmatrix}$，则 $D^{\mathrm{T}}=\begin{vmatrix} 1 & 3 \\ 2 & 4 \end{vmatrix}$，可知这两个行列式是相等的。

性质 1 行列式与它的转置行列式相等，即 $D=D^{\mathrm{T}}$。

证明 因为 D 中元素 a_{ij} 位于 D^{T} 的第 j 行第 i 列，

所以 $D=\sum\limits_{j_1j_2\cdots j_n}(-1)^{\tau(j_1j_2\cdots j_n)}a_{1j_1}a_{2j_2}\cdots a_{nj_n}=\sum\limits_{j_1j_2\cdots j_n}(-1)^{\tau(j_1j_2\cdots j_n)}a_{j_11}a_{j_22}\cdots a_{j_nn}=D^{\mathrm{T}}$

性质 1 表明，在行列式中行与列的地位是对称的，因此凡是有关行的性质，对列也同样成立，反之亦然。

性质 2 任意对换行列式的两行（或两列）元素，其值变号。

证明 设

$$D_1=\begin{vmatrix} a_{11} & a_{12} & \cdots & a_{1n} \\ \vdots & \vdots & & \vdots \\ a_{k1} & a_{k2} & \cdots & a_{kn} \\ \vdots & \vdots & & \vdots \\ a_{l1} & a_{l2} & \cdots & a_{ln} \\ \vdots & \vdots & & \vdots \\ a_{n1} & a_{n2} & \cdots & a_{nn} \end{vmatrix}$$

$$D_2=\begin{vmatrix} a_{11} & a_{12} & \cdots & a_{1n} \\ \vdots & \vdots & & \vdots \\ a_{l1} & a_{l2} & \cdots & a_{ln} \\ \vdots & \vdots & & \vdots \\ a_{k1} & a_{k2} & \cdots & a_{kn} \\ \vdots & \vdots & & \vdots \\ a_{n1} & a_{n2} & \cdots & a_{nn} \end{vmatrix}$$

$$\begin{aligned} D_1 &= \sum_{j_1j_2\cdots j_n}(-1)^{\tau(j_1\cdots j_k\cdots j_l\cdots j_n)}a_{1j_1}\cdots a_{kj_k}\cdots a_{lj_l}\cdots a_{nj_n} \\ &= \sum_{j_1j_2\cdots j_n}(-1)^{\tau(j_1\cdots j_l\cdots j_k\cdots j_n)}a_{1j_1}\cdots a_{lj_l}\cdots a_{kj_k}\cdots a_{nj_n} \\ &= -\sum_{j_1j_2\cdots j_n}(-1)^{\tau(j_1\cdots j_k\cdots j_l\cdots j_n)}a_{1j_1}\cdots a_{kj_k}\cdots a_{lj_l}\cdots a_{nj_n} \\ &= -D_2 \end{aligned}$$

推论 行列式中有两行（列）元素对应相同，则此行列式为零。

证明 交换元素相同的两行（列），由性质 2 知，$D=-D$，即：$D=0$。

性质 3 行列式某行（列）元素的公因子可以提到行列式符号的外面，或者说以一常数乘以行列式的某行（列）的所有元素等于用这个常数乘以此行列式。即：

$$k\begin{vmatrix} a_{11} & a_{12} & \cdots & a_{1n} \\ \vdots & \vdots & & \vdots \\ a_{i1} & a_{i2} & \cdots & a_{in} \\ \vdots & \vdots & & \vdots \\ a_{n1} & a_{n2} & \cdots & a_{nn} \end{vmatrix}。$$

证明 由式（1-8）可知：

$$\begin{aligned} \begin{vmatrix} a_{11} & a_{12} & \cdots & a_{1n} \\ \vdots & \vdots & & \vdots \\ ka_{i1} & ka_{i2} & \cdots & ka_{in} \\ \vdots & \vdots & & \vdots \\ a_{n1} & a_{n2} & \cdots & a_{nn} \end{vmatrix} &= \sum_{j_1j_2\cdots j_n}(-1)^{\tau(j_1\cdots j_i\cdots j_n)}a_{1j_1}\cdots(ka_{ij_i})\cdots a_{nj_n} \\ &= k\sum_{j_1j_2\cdots j_n}(-1)^{\tau(j_1\cdots j_i\cdots j_n)}a_{1j_1}\cdots a_{ij_i}\cdots a_{nj_n} \\ &= kD \end{aligned}$$

即性质 3 成立。

推论 1 若行列式中某行（列）元素全为零，则行列式为零。

推论 2 若行列式中两行（列）元素成比例，则行列式为零。

例如，对于行列式

$$D=\begin{vmatrix} 2 & -4 & 1 \\ 3 & -6 & 3 \\ -5 & 10 & 4 \end{vmatrix},$$

因为第一列与第二列对应元素成比例，根据推论 2，可直接得到 $D=0$。

性质 4　若某一行（列）的元素是两组数之和，那么这个行列式就等于这两个行列式之和，而这两个行列式除这一行元素外全与原来行列式对应行的元素相同。即：

$$\begin{vmatrix} a_{11} & a_{12} & \cdots & a_{1n} \\ \vdots & \vdots & & \vdots \\ b_1+c_1 & b_2+c_2 & \cdots & b_n+c_n \\ \vdots & \vdots & & \vdots \\ a_{n1} & a_{n2} & \cdots & a_{mm} \end{vmatrix} = \begin{vmatrix} a_{11} & a_{12} & \cdots & a_{1n} \\ \vdots & \vdots & & \vdots \\ b_1 & b_2 & \cdots & b_n \\ \vdots & \vdots & & \vdots \\ a_{n1} & a_{n2} & \cdots & a_{nn} \end{vmatrix} + \begin{vmatrix} a_{11} & a_{12} & \cdots & a_{1n} \\ \vdots & \vdots & & \vdots \\ c_1 & c_2 & \cdots & c_n \\ \vdots & \vdots & & \vdots \\ a_{n1} & a_{n2} & \cdots & a_{nn} \end{vmatrix}$$

注：只拆一行，其余行不变。

证明　左端 $= \sum\limits_{j_1j_2\cdots j_n} (-1)^{\tau(j_1\cdots j_i\cdots j_n)} a_{1j_1}\cdots(b_i+c_i)_{j_i}\cdots a_{nj_n}$

$= \sum\limits_{j_1j_2\cdots j_n} (-1)^{\tau(j_1\cdots j_i\cdots j_n)} a_{1j_1}\cdots b_{ij_i}\cdots a_{nj_n} + \sum\limits_{j_1j_2\cdots j_n} (-1)^{\tau(j_1\cdots j_i\cdots j_n)} a_{1j_1}\cdots c_{ij_i}\cdots a_{nj_n}$

= 右端

性质 5　行列式中某行（或列）的元素 k 倍地加到另一行对应元素上，此行列式的值不变，即：

$$\begin{vmatrix} a_{11} & a_{12} & \cdots & a_{1n} \\ \vdots & \vdots & \vdots & \vdots \\ a_{i1} & a_{i2} & \cdots & a_{in} \\ \vdots & \vdots & \vdots & \vdots \\ a_{j1} & a_{j1} & \cdots & a_{j1} \\ \vdots & \vdots & \vdots & \vdots \\ a_{n1} & a_{n2} & \cdots & a_{nn} \end{vmatrix} = \begin{vmatrix} a_{11} & a_{12} & \cdots & a_{1n} \\ \vdots & \vdots & \vdots & \vdots \\ a_{i1} & a_{i2} & \cdots & a_{in} \\ \vdots & \vdots & \vdots & \vdots \\ ka_{i1}+a_{j1} & ka_{i2}+a_{j1} & \cdots & ka_{in}+a_{j1} \\ \vdots & \vdots & \vdots & \vdots \\ a_{n1} & a_{n2} & \cdots & a_{nn} \end{vmatrix}$$

为使行列式 D 的计算过程清晰醒目，特约定以下记号：

（1）$r_i \leftrightarrow r_j$（$c_i \leftrightarrow c_j$）表示交换 D 的第 i 行（列）与第 j 行（列）；

（2）kr_i（c_i）表示用数 k 乘 D 的第 i 行（列）所有元素；

（3）r_j+kr_i（c_j+kc_i）表示把 D 的第 i 行（列）元素的 k 倍加到第 j 行（列）的对应元素上。

二、利用行列式的性质计算行列式

利用行列式性质计算，目标是化为三角形行列式，利用三角行列式的计算结论。

【例 1-14】　计算行列式 $\begin{vmatrix} 1 & -1 & 2 \\ 0 & 1 & 5 \\ \sqrt{2} & -\sqrt{2} & 2\sqrt{2} \end{vmatrix}$。

【解】　因为第三行是第一行的 $\sqrt{2}$ 倍，故该行列式等于 0。

【例 1-15】　计算行列式 $\begin{vmatrix} -2 & 1 & 1 \\ 4 & 2 & 2 \\ 7 & -3 & -3 \end{vmatrix}$。

【解】 因为行列式的第二列与第三列相等，故该行列式等于0。

【例 1-16】 计算行列式$\begin{vmatrix} x_1y_1 & x_1y_2 & x_1y_3 \\ x_2y_1 & x_2y_2 & x_2y_3 \\ x_3y_1 & x_3y_2 & x_3y_3 \end{vmatrix}$。

【解】 $\begin{vmatrix} x_1y_1 & x_1y_2 & x_1y_3 \\ x_2y_1 & x_2y_2 & x_2y_3 \\ x_3y_1 & x_3y_2 & x_3y_3 \end{vmatrix} \xlongequal{\text{提取每行的公因子 } x_1x_2x_3} \begin{vmatrix} y_1 & y_2 & y_3 \\ y_1 & y_2 & y_3 \\ y_1 & y_2 & y_3 \end{vmatrix} \xlongequal{\text{性质 4}} 0$。

【例 1-17】 计算行列式$D=\begin{vmatrix} 4 & 2 & 9 & -3 & 0 \\ 6 & 3 & -5 & 7 & 1 \\ 5 & 0 & 0 & 0 & 0 \\ 8 & 0 & 0 & 4 & 0 \\ 7 & 0 & 3 & 5 & 0 \end{vmatrix}$。

【解】 将第一行与第二行互换，第三行与第五行互换，得：

$$D \xlongequal[r_3 \leftrightarrow r_5]{r_1 \leftrightarrow r_2} (-1)^2 \begin{vmatrix} 6 & 3 & -5 & 7 & 1 \\ 4 & 2 & 9 & -3 & 0 \\ 7 & 0 & 3 & 5 & 0 \\ 8 & 0 & 0 & 4 & 0 \\ 5 & 0 & 0 & 0 & 0 \end{vmatrix} \xlongequal{c_1 \leftrightarrow c_5} (-1)^3 \begin{vmatrix} 1 & 3 & -5 & 7 & 6 \\ 0 & 2 & 9 & -3 & 4 \\ 0 & 0 & 3 & 5 & 7 \\ 0 & 0 & 0 & 4 & 8 \\ 0 & 0 & 0 & 0 & 5 \end{vmatrix}。$$

$$=-1\times2\times3\times4\times5=-120$$

【例 1-18】 计算行列式$D=\begin{vmatrix} 3 & 1 & -1 & 2 \\ -5 & 1 & 3 & -4 \\ 2 & 0 & 1 & -1 \\ 1 & -5 & 3 & -3 \end{vmatrix}$。

【解】

$$D=\begin{vmatrix} 3 & 1 & -1 & 2 \\ -5 & 1 & 3 & -4 \\ 2 & 0 & 1 & -1 \\ 1 & -5 & 3 & -3 \end{vmatrix} \xlongequal{c_1 \leftrightarrow c_2} - \begin{vmatrix} 1 & 3 & -1 & 2 \\ 1 & -5 & 3 & -4 \\ 0 & 2 & 1 & -1 \\ -5 & 1 & 3 & -3 \end{vmatrix}$$

$$\xlongequal[r_4+5r_1]{r_2-r_1} - \begin{vmatrix} 1 & 3 & -1 & 2 \\ 0 & -8 & 4 & -6 \\ 0 & 2 & 1 & -1 \\ 0 & 16 & -2 & 7 \end{vmatrix} \xlongequal{r_2 \leftrightarrow r_3} \begin{vmatrix} 1 & 3 & -1 & 2 \\ 0 & 2 & 1 & -1 \\ 0 & -8 & 4 & -6 \\ 0 & 16 & -2 & 7 \end{vmatrix}$$

$$\xlongequal[r_4-8r_2]{r_3+4r_2} \begin{vmatrix} 1 & 3 & -1 & 2 \\ 0 & 2 & 1 & -1 \\ 0 & 0 & 8 & -10 \\ 0 & 0 & -10 & 15 \end{vmatrix} \xlongequal{r_4+\frac{10}{8}r_3} \begin{vmatrix} 1 & 3 & -1 & 2 \\ 0 & 2 & 1 & -1 \\ 0 & 0 & 8 & -10 \\ 0 & 0 & 0 & \frac{20}{8} \end{vmatrix}$$

$$=40$$

当今大部分用于计算一般行列式的计算机都是按上述方法设计的，由此可知，利用行变换计算行列式需要进行大约 $2n^3/3$ 次算数运算。任何一台现代微型计算机都可以在几分之一秒内计算出 50 阶行列式的值，运算量大约为 83,300 次。

【例 1-19】 计算 $D=\begin{vmatrix}3&1&1&1\\1&3&1&1\\1&1&3&1\\1&1&1&3\end{vmatrix}$。

【解】 方法 1

$$D=\begin{vmatrix}3&1&1&1\\1&3&1&1\\1&1&3&1\\1&1&1&3\end{vmatrix}\xlongequal{r_1\leftrightarrow r_4}-\begin{vmatrix}1&1&1&3\\1&3&1&1\\1&1&3&1\\3&1&1&1\end{vmatrix}$$

$$\xlongequal{r_2-r_1}-\begin{vmatrix}1&1&1&3\\0&2&0&-2\\1&1&3&1\\3&1&1&1\end{vmatrix}\xlongequal[r_4-3r_1]{r_3-r_1}-\begin{vmatrix}1&1&1&3\\0&2&0&-2\\0&0&2&-2\\0&-2&-2&-8\end{vmatrix}$$

$$\xlongequal{r_4+r_2}-\begin{vmatrix}1&1&1&3\\0&2&0&-2\\0&0&2&-2\\0&0&-2&-10\end{vmatrix}\xlongequal{r_4+r_3}-\begin{vmatrix}1&1&1&3\\0&2&0&-2\\0&0&2&-2\\0&0&0&-12\end{vmatrix}$$

$$=48$$

方法 2

$$D=\begin{vmatrix}3&1&1&1\\1&3&1&1\\1&1&3&1\\1&1&1&3\end{vmatrix}\xlongequal{r_1+r_2+r_3+r_4}\begin{vmatrix}6&6&6&6\\1&3&1&1\\1&1&3&1\\1&1&1&3\end{vmatrix}$$

$$\xlongequal{r_1\div 6}\begin{vmatrix}1&1&1&1\\1&3&1&1\\1&1&3&1\\1&1&1&3\end{vmatrix}\times 6\xlongequal[(i=2,\ 3,\ 4)]{r_i-r_1}\begin{vmatrix}1&1&1&1\\0&2&0&0\\0&0&2&0\\0&0&0&2\end{vmatrix}\times 6$$

$$=48$$

【例 1-20】 证明

$$D=\begin{vmatrix}1&a&b&c+d\\1&b&c&a+d\\1&c&d&a+b\\1&d&a&b+c\end{vmatrix}=0。$$

【证明】

$$D=\begin{vmatrix}1&a&b&c+d\\1&b&c&a+d\\1&c&d&a+b\\1&d&a&b+c\end{vmatrix}\xlongequal{c_4+c_2+c_3}\begin{vmatrix}1&a&b&a+b+c+d\\1&b&c&a+b+c+d\\1&c&d&a+b+c+d\\1&d&a&a+b+c+d\end{vmatrix}$$

$$=(a+b+c+d)\begin{vmatrix}1&a&b&1\\1&b&c&1\\1&c&d&1\\1&d&a&1\end{vmatrix}=0$$

【例 1-21】　计算行列式

$$D=\begin{vmatrix}a_1&-a_1&0&0\\0&a_2&-a_2&0\\0&0&a_3&-a_3\\1&1&1&1\end{vmatrix}。$$

【解】

$$D=\begin{vmatrix}a_1&-a_1&0&0\\0&a_2&-a_2&0\\0&0&a_3&-a_3\\1&1&1&1\end{vmatrix}\xlongequal{c_2+c_1}\begin{vmatrix}a_1&0&0&0\\0&a_2&-a_2&0\\0&0&a_3&-a_3\\1&2&1&1\end{vmatrix}$$

$$\xlongequal{c_3+c_2}\begin{vmatrix}a_1&0&0&0\\0&a_2&0&0\\0&0&a_3&-a_3\\1&2&3&1\end{vmatrix}\xlongequal{c_4+c_3}\begin{vmatrix}a_1&0&0&0\\0&a_2&0&0\\0&0&a_3&0\\1&2&3&4\end{vmatrix}$$

$$=4a_1a_2a_3$$

习题　1.2

一、选择题

（1）若 $D=\begin{vmatrix}a_{11}&a_{12}&a_{13}\\a_{21}&a_{22}&a_{23}\\a_{31}&a_{32}&a_{33}\end{vmatrix}=1$，$D_1=\begin{vmatrix}4a_{11}&2a_{11}-3a_{12}&2a_{13}\\4a_{21}&2a_{21}-3a_{22}&2a_{23}\\4a_{31}&2a_{31}-3a_{32}&2a_{33}\end{vmatrix}$，则 $D_1=$（　　）

A. 8　　B. −12　　C. −24　　D. 24

（2）若 $D=\begin{vmatrix}a_{11}&a_{12}&a_{13}\\a_{21}&a_{22}&a_{23}\\a_{31}&a_{32}&a_{33}\end{vmatrix}=3$，$D_1=\begin{vmatrix}a_{11}&2a_{31}-5a_{21}&3a_{21}\\a_{12}&2a_{32}-5a_{22}&3a_{22}\\a_{13}&2a_{33}-5a_{23}&3a_{23}\end{vmatrix}$，则 $D_1=$（　　）

A. 18　　B. −18　　C. −9　　D. −27

（3）$\begin{vmatrix} a^2 & (a+1)^2 & (a+2)^2 & (a+3)^2 \\ b^2 & (b+1)^2 & (b+2)^2 & (b+3)^2 \\ c^2 & (c+1)^2 & (c+2)^2 & (c+3)^2 \\ d^2 & (d+1)^2 & (d+2)^2 & (d+3)^2 \end{vmatrix}$ =（　　）

A. 8　　B. 2　　C. 0　　D. −6

二、填空题

（1）行列式 $\begin{vmatrix} 34215 & 36215 \\ 28092 & 30092 \end{vmatrix}$ =________。

（2）行列式 $\begin{vmatrix} 1 & 1 & 1 & 0 \\ 1 & 1 & 0 & 1 \\ 1 & 0 & 1 & 1 \\ 0 & 1 & 1 & 1 \end{vmatrix}$ =________。

（3）多项式 $f(x)=\begin{vmatrix} 1 & a_1 & a_2 & a_3 \\ 1 & a_1+x & a_2 & a_3 \\ 1 & a_1 & a_2+x+1 & a_3 \\ 1 & a_1 & a_2 & a_3+x+2 \end{vmatrix}=0$ 的所有根是________。

（4）若方程 $\begin{vmatrix} 1 & 2 & 3 & 4 \\ 1 & 3-x^2 & 3 & 4 \\ 3 & 4 & 1 & 2 \\ 3 & 4 & 1 & 5-x^2 \end{vmatrix}=0$，则 $x=$________。

（5）行列式 $D=\begin{vmatrix} 2 & 1 & 0 & 0 \\ 1 & 2 & 1 & 0 \\ 0 & 1 & 2 & 1 \\ 0 & 0 & 1 & 2 \end{vmatrix}$ =________。

三、计算下列行列式。

（1）$\begin{vmatrix} 2 & 1 & 4 & 1 \\ 3 & -1 & 2 & 1 \\ 1 & 2 & 3 & 2 \\ 5 & 0 & 6 & 2 \end{vmatrix}$

(2) $\begin{vmatrix} x & a & \cdots & a \\ a & x & \cdots & a \\ \vdots & \vdots & & \vdots \\ a & a & \cdots & x \end{vmatrix}$。

第三节　行列式按一行（列）展开

【引例】 $\begin{vmatrix} a_{11} & a_{12} & a_{13} \\ a_{21} & a_{22} & a_{23} \\ a_{31} & a_{32} & a_{33} \end{vmatrix}$

$$=a_{11}a_{22}a_{33}+a_{12}a_{23}a_{31}+a_{13}a_{21}a_{32}-a_{13}a_{22}a_{31}-a_{12}a_{21}a_{33}-a_{11}a_{23}a_{32}$$

$$=a_{11}\begin{vmatrix} a_{22} & a_{23} \\ a_{32} & a_{33} \end{vmatrix}-a_{12}\begin{vmatrix} a_{21} & a_{23} \\ a_{31} & a_{33} \end{vmatrix}+a_{13}\begin{vmatrix} a_{21} & a_{22} \\ a_{31} & a_{32} \end{vmatrix}$$

一个 n 阶行列式是否可以转化为若干个 $n-1$ 阶行列式来计算？对于高阶行列式是否都可用较低阶的行列式表示呢？为了回答这两个问题，先介绍余子式和代数余子式的概念。

在行列式

$$\begin{vmatrix} a_{11} & \cdots & a_{1j} & \cdots & a_{1n} \\ \vdots & & \vdots & & \vdots \\ a_{i1} & \cdots & a_{ij} & \cdots & a_{in} \\ \vdots & & \vdots & & \vdots \\ a_{n1} & \cdots & a_{nj} & \cdots & a_{nn} \end{vmatrix}$$

中划去元素 a_{ij}所在的第 i 行与第 j 列，剩下的 $(n-1)^2$ 个元素按原来的排法构成一个 $n-1$ 阶行列式

$$M_{ij}=\begin{vmatrix} a_{11} & \cdots & a_{1,j-1} & a_{1,j+1} & \cdots & a_{1n} \\ \vdots & & \vdots & \vdots & & \vdots \\ a_{i-1,1} & \cdots & a_{i-1,j-1} & a_{i-1,j+1} & \cdots & a_{i-1,n} \\ a_{i+1,1} & \cdots & a_{i+1,j-1} & a_{i+1,j+1} & \cdots & a_{i+1,n} \\ \vdots & & \vdots & \vdots & & \vdots \\ a_{n1} & \cdots & a_{n,j-1} & a_{n,j+1} & \cdots & a_{nn} \end{vmatrix},$$

称为元素 a_{ij}的余子式（Cofactor）。而

$$A_{ij}=(-1)^{i+j}M_{ij}$$

称为元素 a_{ij}的代数余子式（Algebraiccofactor）。

例如，四阶行列式

$$D=\begin{vmatrix} a_{11} & a_{12} & a_{13} & a_{14} \\ a_{21} & a_{22} & a_{23} & a_{24} \\ a_{31} & a_{32} & a_{33} & a_{34} \\ a_{41} & a_{42} & a_{43} & a_{44} \end{vmatrix}$$

中元素 a_{12} 的余子式和代数余子式分别为：

$$M_{12}=\begin{vmatrix} a_{21} & a_{23} & a_{24} \\ a_{31} & a_{33} & a_{34} \\ a_{41} & a_{43} & a_{44} \end{vmatrix}$$

$$A_{12}=(-1)^{1+2}M_{12}=-M_{12}$$

行列式的每个元素 a_{ij} 分别对应着一个余子式和代数余子式。显然元素 a_{ij} 的余子式和代数余子式只与元素 a_{ij} 的位置有关，而与元素 a_{ij} 本身无关，并且有：

$$A_{ij}=\begin{cases} M_{ij} & \text{当 } i+j \text{ 为偶数时} \\ -M_{ij} & \text{当 } i+j \text{ 为奇数时} \end{cases},$$

于是，本节开头的三阶行列式可用代数余子式表示为：

$$\begin{vmatrix} a_{11} & a_{12} & a_{13} \\ a_{21} & a_{22} & a_{23} \\ a_{31} & a_{32} & a_{33} \end{vmatrix}=a_{11}A_{11}+a_{12}A_{12}+a_{13}A_{13}。$$

为了把这个结果推广到 n 阶行列式，先证明一个引理。

引理　若 n 阶行列式 D 中第 i 行的所有元素除 a_{ij} 外都为零，那么这个行列式等于 a_{ij} 与它的代数余子式的乘积，即 $D=a_{ij}A_{ij}$。

证明　当 a_{ij} 位于 D 的第一行第一列时，即：

$$D=\begin{vmatrix} a_{11} & 0 & \cdots & 0 \\ a_{21} & a_{22} & \cdots & a_{2n} \\ \vdots & \vdots & & \vdots \\ a_{n1} & a_{n2} & \cdots & a_{nn} \end{vmatrix}$$

由例 1-13 可知：

$$D=a_{11}M_{11}=a_{11}(-1)^{1+1}M_{11}=a_{11}A_{11}$$

下面证明一般情形，设

$$D=\begin{vmatrix} a_{11} & \cdots & a_{1j} & \cdots & a_{1n} \\ \vdots & & \vdots & \vdots & \\ 0 & \cdots & a_{ij} & \cdots & 0 \\ \vdots & & \vdots & \vdots & \\ a_{n1} & \cdots & a_{nj} & \cdots & a_{nn} \end{vmatrix}$$

把 D 的第 i 行依次与第 $i-1,\cdots$，2，1 行交换后换到第一行，再把 D 的第 j 列依次与第 $j-1,\cdots$，2，1 列交换后换到第一列，得：

$$D_1=\begin{vmatrix} a_{ij} & \cdots & 0 & \cdots & 0 \\ \vdots & \vdots & & \vdots & \\ a_{i-1,j} & \cdots & a_{i-1,j-1} & \cdots & a_{i-1,n} \\ \vdots & \vdots & & \vdots & \\ a_{nj} & \cdots & a_{n,j-1} & \cdots & a_{nn} \end{vmatrix}=(-1)^{i-1}(-1)^{j-1}D=(-1)^{i+j-2}D$$

而元素 a_{ij} 在 D_1 中的余子式就是 a_{ij} 在 D 中的余子式 M_{ij}，同理，可得：

$$D_1=a_{ij}M_{ij}$$

于是

$$D=(-1)^{i+j}D_1=(-1)^{i+j}a_{ij}M_{ij}=a_{ij}A_{ij}$$

定理 1 （行列式展开定理）行列式等于它的任一行（或列）的各个元素与其对应的代数余子式乘积之和，即

$$D=\begin{vmatrix} a_{11} & a_{12} & \cdots & a_{1n} \\ \vdots & \vdots & & \vdots \\ a_{i1} & a_{i2} & \cdots & a_{in} \\ \vdots & \vdots & & \vdots \\ a_{n1} & a_{n2} & \cdots & a_{nn} \end{vmatrix}=a_{i1}A_{i1}+a_{i2}A_{i2}+\cdots+a_{in}A_{in} \quad i=1,\ 2,\cdots,\ n$$

或

$$D=\begin{vmatrix} a_{11} & \cdots & a_{1j} & \cdots & a_{1n} \\ a_{21} & \cdots & a_{2j} & \cdots & a_{2n} \\ \vdots & & \vdots & & \vdots \\ a_{n1} & \cdots & a_{nj} & \cdots & a_{nn} \end{vmatrix}=a_{1j}A_{1j}+a_{2j}A_{2j}+\cdots+a_{nj}A_{nj} \quad j=1,\ 2,\cdots,\ n$$

证明

$$D=\begin{vmatrix} a_{11} & a_{12} & \cdots & a_{1n} \\ \vdots & \vdots & & \vdots \\ a_{i1}+0+\cdots+0 & 0+a_{i2}+\cdots+0 & \cdots & 0+\cdots+0+a_{in} \\ \vdots & \vdots & & \vdots \\ a_{n1} & a_{n2} & \cdots & a_{nn} \end{vmatrix}$$

$$=\begin{vmatrix} a_{11} & a_{12} & \cdots & a_{1n} \\ \vdots & \vdots & & \vdots \\ a_{i1} & 0 & \cdots & 0 \\ \vdots & \vdots & & \vdots \\ a_{n1} & a_{n2} & \cdots & a_{nn} \end{vmatrix}+\begin{vmatrix} a_{11} & a_{12} & \cdots & a_{1n} \\ \vdots & \vdots & & ? \\ 0 & a_{i2} & \cdots & 0 \\ \vdots & \vdots & & \vdots \\ a_{n1} & a_{n2} & \cdots & a_{nn} \end{vmatrix}+\cdots+\begin{vmatrix} a_{11} & a_{12} & \cdots & a_{1n} \\ \vdots & \vdots & & \vdots \\ 0 & 0 & \cdots & a_{in} \\ \vdots & \vdots & & \vdots \\ a_{n1} & a_{n2} & \cdots & a_{nn} \end{vmatrix}$$

$$=a_{i1}A_{i1}+a_{i2}A_{i2}+\cdots+a_{in}A_{in}$$

类似的可证行列式按第 j 列展开的公式，即

$$D=a_{1j}A_{1j}+a_{2j}A_{2j}+\cdots+a_{nj}A_{nj} \quad j=1,\ 2,\cdots,\ n。$$

定理 2 行列式中的某一行（或列）各个元素与另一行（列）对应元素的代数余子式乘积之和等于零。即：

$$a_{i1}A_{j1}+a_{i2}A_{j2}+\cdots+a_{in}A_{jn}=0 \quad i\neq j$$

或

$$a_{1i}A_{1j}+a_{2i}A_{2j}+\cdots+a_{ni}A_{nj}=0 \quad i\neq j$$

证明　构造行列式

$$D_1=\begin{vmatrix} a_{11} & a_{12} & \cdots & a_{1n} \\ \vdots & \vdots & & \vdots \\ a_{i1} & a_{i2} & \cdots & a_{in} \\ \vdots & \vdots & & \vdots \\ a_{j1} & a_{i2} & \cdots & a_{in} \\ \vdots & \vdots & & \vdots \\ a_{n1} & a_{n2} & \cdots & a_{nn} \end{vmatrix}\begin{matrix} \\ \\ i\text{ 行} \\ \\ j\text{ 行} \\ \\ \\ \end{matrix}$$

其中第 i 行与第 j 行的对应元素相同，可知 $D_1=0$。而 D_1 与 D 仅第 j 行元素不同，从而可知，D_1 的第 j 行元素的代数余子式与 D 的第 j 行对应元素的代数余子式相同，将 D_1 按 j 行展开

$$D_1=a_{i1}A_{j1}+a_{i2}A_{j2}+\cdots+a_{in}A_{jn}=0,$$

类似的有：

$$a_{1i}A_{1j}+a_{2i}A_{2j}+\cdots+a_{ni}A_{nj}=0,$$

综合定理 1 与定理 2，有：

$$a_{i1}A_{j1}+a_{i2}A_{j2}+\cdots+a_{in}A_{jn}=\begin{cases} D & i=j \\ 0 & i\neq j \end{cases}\quad i,\ j=1,\ 2,\ \cdots,\ n$$

$$a_{1i}A_{1j}+a_{2i}A_{2j}+\cdots+a_{ni}A_{nj}=\begin{cases} D & i=j \\ 0 & i\neq j \end{cases}\quad i,\ j=1,\ 2,\cdots,\ n$$

一般来说，利用行列式的展开定理不是计算行列式值的好方法。利用行列式的展开定理计算五阶行列式的计算量：一个五阶行列式需算 5 个四阶行列式，一个四阶行列式需算 4 个三阶行列式，一个三阶行列式需算 3 个二阶行列式，这样计算一个五阶行列式需算 $5\times4\times3=60$ 个二阶行列式。但是，如果行列式的某行（或列）中零元素较多，那么这个行列式就可以选择将这行（或列）展开。

【例 1-22】　计算行列式

$$D=\begin{vmatrix} 2 & -1 & 0 \\ 1 & 1 & 2 \\ 3 & -1 & 2 \end{vmatrix}。$$

【解】　方法 1　利用对角线法则

$$D=\begin{vmatrix} 2 & -1 & 0 \\ 1 & 1 & 2 \\ 3 & -1 & 2 \end{vmatrix}=4-6+4+2=4$$

方法 2　利用行列式的性质

$$D=\begin{vmatrix} 2 & -1 & 0 \\ 1 & 1 & 2 \\ 3 & -1 & 2 \end{vmatrix}\xlongequal[r_3-3r_2]{r_1-2r_2}\begin{vmatrix} 0 & -3 & -4 \\ 1 & 1 & 2 \\ 0 & -4 & -4 \end{vmatrix}$$

$$=-4\begin{vmatrix} 1 & 1 & 2 \\ 0 & 1 & 1 \\ 0 & -3 & -4 \end{vmatrix}\xlongequal{r_3+3r_2}-4\begin{vmatrix} 1 & 1 & 2 \\ 0 & 1 & 1 \\ 0 & 0 & -1 \end{vmatrix}$$

$$=4$$

方法 3 利用行列式按一行（列）展开

$$D=\begin{vmatrix}2&-1&0\\1&1&2\\3&-1&2\end{vmatrix}=2\times(-1)^{2+3}\begin{vmatrix}2&-1\\3&-1\end{vmatrix}+2\times(-1)^{3+3}\begin{vmatrix}2&-1\\1&1\end{vmatrix}$$

$$=-2\times1+2\times3=4$$

【例 1-23】 计算行列式

$$D=\begin{vmatrix}5&1&-1&1\\-11&1&3&-1\\0&0&2&0\\-5&-5&3&0\end{vmatrix}。$$

【解】

$$D=(-1)^{3+3}\times2\times\begin{vmatrix}5&1&1\\-11&1&-1\\-5&-5&0\end{vmatrix}\xlongequal{r_2+r_1}2\begin{vmatrix}5&1&1\\-6&2&0\\-5&-5&0\end{vmatrix}$$

$$=(-1)^{1+3}\times2\times\begin{vmatrix}-6&2\\-5&-5\end{vmatrix}=2\begin{vmatrix}-8&2\\0&-5\end{vmatrix}=80$$

【例 1-24】 利用行列式的展开计算行列式 $D=\begin{vmatrix}2&-1&1&-1\\0&0&4&-1\\0&2&4&1\\-2&0&3&2\end{vmatrix}$ 的值。

【解】

$$D=4\times(-1)^{2+3}\begin{vmatrix}2&-1&-1\\0&2&1\\-2&0&2\end{vmatrix}+(-1)\times(-1)^{2+4}\begin{vmatrix}2&-1&1\\0&2&4\\-2&0&3\end{vmatrix}$$

$$=-4\times(8+2-4)-(12+8+4)$$

$$=-48$$

注：一般应选取零元素最多的行或列进行展开，以简便计算。

【例 1-25】 计算行列式

$$D=\begin{vmatrix}1&2&3&-1\\1&-1&0&2\\0&1&0&1\\3&-4&-1&-2\end{vmatrix}。$$

【解】

$$D=\begin{vmatrix}1&2&3&-1\\1&-1&0&2\\0&1&0&1\\3&-4&-1&-2\end{vmatrix}\xlongequal{c_4+(-1)c_2}\begin{vmatrix}1&2&3&-3\\1&-1&0&3\\0&1&0&0\\3&-4&-1&2\end{vmatrix}$$

$$\xlongequal{\text{按第 3 行展开}} 1\times(-1)^{3+2}\begin{vmatrix}1 & 3 & -3\\1 & 0 & 3\\3 & -1 & 2\end{vmatrix}\xlongequal{r_1+3r_3}-\begin{vmatrix}10 & 0 & 3\\1 & 0 & 3\\3 & -1 & 2\end{vmatrix}$$

$$=(-1)\times(-1)\times(-1)^{3+2}\begin{vmatrix}10 & 3\\1 & 3\end{vmatrix}=-27$$

【例 1-26】 计算行列式

$$D=\begin{vmatrix}1 & 1 & 1\\x_1 & x_2 & x_3\\x_1^2 & x_2^2 & x_3^2\end{vmatrix}。$$

【解】

$$D=\begin{vmatrix}1 & 1 & 1\\x_1 & x_2 & x_3\\x_1^2 & x_2^2 & x_3^2\end{vmatrix}\xlongequal[r_3-x_1^2r_1]{r_2-x_1r_1}\begin{vmatrix}1 & 1 & 1\\0 & x_2-x_1 & x_3-x_1\\0 & x_2^2-x_1^2 & x_3^2-x_1^2\end{vmatrix}。$$

$$\xlongequal{\text{按第 1 列展开}}(-1)^{1+1}\begin{vmatrix}x_2-x_1 & x_3-x_1\\x_2^2-x_1^2 & x_3^2-x_1^2\end{vmatrix}$$

$$=(x_3-x_1)(x_2-x_1)(x_3-x_2)$$

用数学归纳法，可以证明 n（$n\geqslant 2$）阶范德蒙德（Vandermonde）行列式

$$D_n=\begin{vmatrix}1 & 1 & \cdots & 1\\x_1 & x_2 & \cdots & x_n\\x_1^2 & x_2^2 & \cdots & x_n^2\\\vdots & \vdots & & \vdots\\x_1^{n-1} & x_2^{n-1} & \cdots & x_n^{n-1}\end{vmatrix}=\prod_{n\geqslant i>j\geqslant 1}(x_i-x_j)$$

其中记号“$\prod$”表示全体同类因子的乘积，即 n 阶范德蒙德行列式等于 x_1，x_2，…，x_n 这 n 个数的所有可能的差 x_i-x_j（$1\leqslant j<i\leqslant n$）的乘积。

由此可见，范德蒙德行列式为零的充要条件是 x_1，x_2，…，x_n 这 n 个数中至少有两个相等。

【例 1-27】 计算行列式

$$D_n=\begin{vmatrix}x & -1 & 0 & \cdots & 0\\0 & x & -1 & \cdots & 0\\\vdots & \vdots & \vdots & & \vdots\\a_n & a_{n-1} & a_{n-2} & \cdots & x+a_1\end{vmatrix}$$

【解】 方法 1 递推法

按第 1 列展开，有：

$$D_n = xD_{n-1} + (-1)^{n+1}a_n \begin{vmatrix} -1 & & & & \\ x & -1 & & & \\ & x & -1 & & \\ & & \ddots & \ddots & \\ & & & x & -1 \end{vmatrix}_{n-1} = xD_{n-1} + a_n$$

由于

$$D_1 = x + a_1,$$

$$D_2 = \begin{vmatrix} x & -1 \\ a_2 & x+a_1 \end{vmatrix},$$

于是

$$\begin{aligned} D_n &= xD_{n-1} + a_n \\ &= x(xD_{n-2} + a_{n-1}) + a_n \\ &= x^2 D_{n-2} + a_{n-1}x + a_n \\ &= \cdots \\ &= x^{n-1}D_1 + a_2 x^{n-2} + \cdots + a_{n-1}x + a_n \\ &= x^n + a_1 x^{n-1} + \cdots + a_{n-1}x + a_n \end{aligned}$$

方法 2 第 2 列的 x 倍，第 3 列的 x^2 倍，…，第 n 列的 x^{n-1} 倍分别加到第 1 列上。

$$D_n \xlongequal{c_1 + xc_2} \begin{vmatrix} 0 & -1 & 0 & \cdots & 0 \\ x^2 & x & -1 & \cdots & 0 \\ 0 & 0 & x & \cdots & 0 \\ \vdots & \vdots & \vdots & & \vdots \\ a_n + xa_{n-1} & a_{n-1} & a_{n-2} & \cdots & x+a_1 \end{vmatrix}$$

$$\xlongequal{c_1 + x^2 c_3} \begin{vmatrix} 0 & -1 & 0 & 0 & \cdots & 0 \\ 0 & x & -1 & 0 & \cdots & 0 \\ x^3 & 0 & x & -1 & \cdots & 0 \\ \vdots & \vdots & \vdots & \vdots & \vdots & \vdots \\ a_n + xa_{n-1} + x^2 a_{n-2} & a_{n-1} & a_{n-2} & a_{n-3} & \cdots & x+a_1 \end{vmatrix}$$

$$= \cdots\cdots = \begin{vmatrix} 0 & -1 & & & \\ & x & -1 & & \\ & & \ddots & \ddots & -1 \\ f & & & \ddots & x \end{vmatrix}$$

$$\xlongequal{\text{按 } r_n \text{ 展开}} (-1)^{n+1} f \begin{vmatrix} -1 & & & & \\ x & -1 & & & \\ & x & & & \\ & & \ddots & \ddots & \\ & & & x & -1 \end{vmatrix}_{n-1}$$

$$=x^n+a_1x^{n-1}+\cdots+a_{n-1}x+a_n$$

方法 3　利用性质，将行列式化为上三角行列式

$$D_n \xlongequal[\substack{\vdots \\ c_n+\frac{1}{x}c_{n-1}}]{\substack{c_2+\frac{1}{x}c_1 \\ c_3+\frac{1}{x}c_2}} \begin{vmatrix} x & 0 & 0 & \cdots & 0 \\ 0 & x & 0 & \cdots & 0 \\ 0 & 0 & x & \cdots & 0 \\ \vdots & \vdots & \vdots & & \vdots \\ a_n & a_{n-1}+\frac{a_n}{x} & a_{n-2}+\frac{a_{n-1}}{x}+\frac{a_n}{x^2} & \cdots & k_n \end{vmatrix}$$

$$\xlongequal{\text{按 } c_n \text{ 展开}} x^{n-1}k_n=x^{n-1}\left(\frac{a_n}{x^{n-1}}+\frac{a_{n-1}}{x^{n-2}}+\cdots+\frac{a_2}{x}+a_1+x\right)$$

$$=a_n+a_{n-1}x+\cdots+a_1x^{n-1}+x^n$$

方法 4

$$D_n \xlongequal{\text{按 } r_n \text{ 展开}} (-1)^{n+1}a_n\begin{vmatrix} -1 & 0 & \cdots & 0 & 0 \\ x & -1 & \cdots & 0 & 0 \\ \vdots & \vdots & & \vdots & \vdots \\ 0 & 0 & \cdots & x & -1 \end{vmatrix}+(-1)^{n+2}a_{n-1}\begin{vmatrix} x & 0 & \cdots & 0 & 0 \\ 0 & -1 & \cdots & 0 & 0 \\ \vdots & \vdots & & \vdots & \vdots \\ 0 & 0 & \cdots & x & -1 \end{vmatrix}+\cdots+$$

$$(-1)^{2n-1}a_2\begin{vmatrix} x & -1 & \cdots & 0 & 0 \\ 0 & x & \cdots & 0 & 0 \\ \vdots & \vdots & & \vdots & \vdots \\ 0 & 0 & \cdots & 0 & -1 \end{vmatrix}+(-1)^{2n}(a_1+x)\begin{vmatrix} x & -1 & \cdots & 0 & 0 \\ 0 & x & \cdots & 0 & 0 \\ \vdots & \vdots & & \vdots & \vdots \\ 0 & 0 & \cdots & 0 & x \end{vmatrix}$$

$$=(-1)^{n+1}(-1)^{n-1}a_n+(-1)^{n+2}(-1)^{n-2}a_{n-1}x+\cdots+(-1)^{2n-1}(-1)a_2x^{n-2}+(-1)^{2n}(a_1+x)x^{n-1}$$

$$=a_n+a_{n-1}x+\cdots a_1x^{n-1}+x^n$$

【例 1-28】　计算 n 阶“三对角”行列式

$$D_n=\begin{vmatrix} \alpha+\beta & \alpha\beta & 0 & \cdots & 0 & 0 \\ 1 & \alpha+\beta & \alpha\beta & \cdots & 0 & 0 \\ 0 & 1 & \alpha+\beta & \cdots & 0 & 0 \\ \vdots & \vdots & \vdots & & \vdots & \vdots \\ 0 & 0 & 0 & \cdots & 1 & \alpha+\beta \end{vmatrix}。$$

【解】　方法 1　递推法

$$D_n \xlongequal{\text{按 } c_1 \text{ 展开}} (\alpha+\beta)D_{n-1}-\begin{vmatrix} \alpha\beta & 0 & 0 & \cdots & 0 & 0 \\ 1 & \alpha+\beta & \alpha\beta & \cdots & 0 & 0 \\ \vdots & \vdots & \vdots & & \vdots & \vdots \\ 0 & 0 & 0 & \cdots & 1 & \alpha+\beta \end{vmatrix}_{(n-1)}$$

$$\xlongequal{\text{按 } r_1 \text{ 展开}} (\alpha+\beta)D_{n-1}-\alpha\beta D_{n-2}$$

即得到递推关系式

$$D_n=(\alpha+\beta)D_{n-1}-\alpha\beta D_{n-2}\ (n\geqslant 3)$$

故

$$D_n-\alpha D_{n-1}=\beta(D_{n-1}-\alpha D_{n-2})$$

递推得到

$$D_n-\alpha D_{n-1}=\beta(D_{n-1}-\alpha D_{n-2})=\beta^2(D_{n-2}-\alpha D_{n-3})$$
$$=\cdots=\beta^{n-2}(D_2-\alpha D_1)$$

而 $D_1=(\alpha+\beta)$，$D_2=\begin{vmatrix}\alpha+\beta & \alpha\beta\\ 1 & \alpha+\beta\end{vmatrix}=\alpha^2+\alpha\beta+\beta^2$

代入，得：

$$D_n-\alpha D_{n-1}=\beta^n$$
$$D_n=\alpha D_{n-1}+\beta^n$$

由递推公式得：

$$D_n=\alpha D_{n-1}+\beta^n=\alpha(\alpha D_{n-2}+\beta^{n-1})+\beta^n$$
$$=\alpha^2 D_{n-2}+\alpha\beta^{n-1}+\beta^n=\cdots$$
$$=\alpha^n+\alpha^{n-1}\beta+\cdots+\alpha\beta^{n-1}+\beta^n=\begin{cases}\dfrac{\beta^{n+1}-\alpha^{n+1}}{\beta-\alpha} & \text{当 } \alpha\neq\beta \text{ 时}\\ (n+1)\alpha^{n+1} & \text{当 } \alpha=\beta \text{ 时}\end{cases}$$

方法 2 把 D_n 按第 1 列拆成 2 个 n 阶行列式

$$D_n=\begin{vmatrix}\alpha & \alpha\beta & 0 & \cdots & 0 & 0\\ 1 & \alpha+\beta & \alpha\beta & \cdots & 0 & 0\\ 0 & 1 & \alpha+\beta & \cdots & 0 & 0\\ \vdots & \vdots & \vdots & & \vdots & \vdots\\ 0 & 0 & 0 & \cdots & 1 & \alpha+\beta\end{vmatrix}+\begin{vmatrix}\beta & \alpha\beta & 0 & \cdots & 0 & 0\\ 1 & \alpha+\beta & \alpha\beta & \cdots & 0 & 0\\ 0 & 1 & \alpha+\beta & \cdots & 0 & 0\\ \vdots & \vdots & \vdots & & \vdots & \vdots\\ 0 & 0 & 0 & \cdots & \alpha+\beta & \alpha\beta\\ 0 & 0 & 0 & \cdots & 1 & \alpha\beta\end{vmatrix}$$

上式右端第一个行列式等于 αD_{n-1}，而第二个行列式

$$\begin{vmatrix}\beta & \alpha\beta & 0 & \cdots & 0 & 0\\ 1 & \alpha+\beta & \alpha\beta & \cdots & 0 & 0\\ 0 & 1 & \alpha+\beta & \cdots & 0 & 0\\ \vdots & \vdots & \vdots & & \vdots & \vdots\\ 0 & 0 & 0 & \cdots & \alpha+\beta & \alpha\beta\\ 0 & 0 & 0 & \cdots & 1 & \alpha\beta\end{vmatrix}\xlongequal[i=2,\cdots,n]{c_i-ac_{i-1}}\begin{vmatrix}\beta & 0 & 0 & \cdots & 0 & 0\\ 1 & \beta & 0 & \cdots & 0 & 0\\ 0 & 1 & \beta & \cdots & 0 & 0\\ \vdots & \vdots & \vdots & & \vdots & \vdots\\ 0 & 0 & 0 & \cdots & 1 & \beta\end{vmatrix}=\beta^n$$

于是得递推公式得

$$D_n=\alpha D_{n-1}+\beta^n$$

方法 3

在方法 1 中，得递推公式 $D_n=(\alpha+\beta)D_{n-1}-\alpha\beta D_{n-2}$，当 $\alpha+\beta$ 时

$$D_1=\alpha+\beta=\frac{\alpha^2-\beta^2}{\alpha-\beta}$$

$$D_2=\begin{vmatrix}\alpha+\beta & \alpha\beta\\ 1 & \alpha+\beta\end{vmatrix}=(\alpha+\beta)^2-\alpha\beta=\alpha^2+\alpha\beta+\beta^2=\frac{\alpha^3-\beta^3}{\alpha-\beta}$$

$$D_3=\begin{vmatrix}\alpha+\beta & \alpha\beta & 0\\ 1 & \alpha+\beta & \alpha\beta\\ 0 & 1 & \alpha+\beta\end{vmatrix}=(\alpha+\beta)^3-2\alpha\beta(\alpha+\beta)$$

$$=(\alpha+\beta)(\alpha^2+\beta^2)=\frac{\alpha^4-\beta^4}{\alpha-\beta}$$

于是猜想 $D_n=\dfrac{\alpha^{n+1}-\beta^{n+1}}{\alpha-\beta}$，下面用数学归纳法证明。

当 $n=1$ 时，等式成立，假设当 $n\leqslant k$ 时成立；

当 $n=k+1$ 时，由递推公式得：

$$D_{k+1}=(\alpha+\beta)D_k-\alpha\beta D_{k-1}$$

$$=(\alpha+\beta)\frac{\alpha^{k+1}-\beta^{k+1}}{\alpha-\beta}-\alpha\beta\frac{\alpha^k-\beta^k}{\alpha-\beta}=\frac{\alpha^{k+2}-\beta^{k+2}}{\alpha-\beta}$$

所以对于 $n\in\mathrm{N}^+$，等式都成立。

习题　1.3

一、选择题

若 $|\boldsymbol{A}|=\begin{vmatrix}-1 & 0 & x & 1\\ 1 & 1 & -1 & -1\\ 1 & -1 & 1 & -1\\ 1 & -1 & -1 & 1\end{vmatrix}$，则 $|\boldsymbol{A}|$ 中 x 的一次项系数是（　　）

A. 1　　　B. −1　　　C. 4　　　D. −4

二、填空题

（1）行列式 $\begin{vmatrix}-3 & 0 & 4\\ 5 & 0 & 3\\ 2 & -2 & 1\end{vmatrix}$ 中元素 3 的代数余子式是____________。

（2）设行列式 $D=\begin{vmatrix}1 & 5 & 7 & 8\\ 1 & 1 & 1 & 1\\ 2 & 0 & 3 & 6\\ 1 & 2 & 3 & 4\end{vmatrix}$，设 M_{4j}，A_{4j} 分布是元素 a_{4j} 的余子式和代数余子式，则 $A_{41}+A_{42}+A_{43}+A_{44}=$________，$M_{41}+M_{42}+M_{43}+M_{44}=$________。

（3）已知四阶行列 D 中第三列元素依次为−1，2，0，1，它们的余子式依次分布为 5，3，−74，则 $D=$____________。

三、计算行列式

（1）$\begin{vmatrix}1 & 2 & 3 & 4\\ 2 & 3 & 4 & 1\\ 3 & 4 & 1 & 2\\ 4 & 1 & 2 & 3\end{vmatrix}$。

（2）$\begin{vmatrix} 1+a_1 & 1 & \cdots & 1 \\ 1 & 1+a_2 & \cdots & 1 \\ \vdots & \vdots & & \vdots \\ 1 & 1 & \cdots & 1+a_n \end{vmatrix}$。

第四节 克拉默法则

含有 n 个未知数 x_1，x_2，…，x_n 的 n 个方程的线性方程组为：

$$\begin{cases} a_{11}x_1+a_{12}x_2+\cdots+a_{1n}x_n=b_1 \\ a_{21}x_1+a_{22}x_2+\cdots+a_{2n}x_n=b_2 \\ \quad\vdots \qquad\quad \vdots \qquad\qquad \vdots \qquad\quad \vdots \\ a_{n1}x_1+a_{n2}x_2+\cdots+a_{nn}x_n=b_n \end{cases} \tag{1-8}$$

线性是指方程组关于未知量 x_i 都是一次的。

定义系数行列式为：

$$D=\begin{vmatrix} a_{11} & a_{12} & \cdots & a_{1n} \\ a_{21} & a_{22} & \cdots & a_{2n} \\ \vdots & \vdots & & \vdots \\ a_{n1} & a_{n2} & \cdots & a_{nn} \end{vmatrix}。$$

定理 1 （Cramer 法则）如果 n 元线性方程组的系数行列式 $D\neq0$，则方程组存在唯一解；且解可以通过系数和常数项表示为：

$$x_j=\frac{D_j}{D} \quad j=1,\ 2,\cdots,\ n$$

其中，

$$D_j=\begin{vmatrix} a_{11} & \cdots & a_{1j-1} & b_1 & a_{1j+1} & \cdots & a_{1n} \\ a_{21} & \cdots & a_{2j-1} & b_2 & a_{2j+1} & \cdots & a_{2n} \\ \vdots & & \vdots & \vdots & \vdots & & \vdots \\ a_{n1} & \cdots & a_{nj-1} & b_n & a_{nj+1} & \cdots & a_{nn} \end{vmatrix}。$$

定理 1 中包含着三个结论：

（1）方程组有解；

（2）解是唯一的；

（3）解可以由方程组的系数和常数项表示出。

定理 2 若线性方程组(1-8)的系数行列式 $D\neq0$，则方程组(1-8)一定有解，且解是唯一的。

定理 3 若线性方程组(1-8)无解或有两个不同的解，则它的系数行列式必为零。

【例 1-29】 利用 Cramer 法则，求方程组 $\begin{cases} 2x_1+x_2-5x_3+x_4=8 \\ x_1-3x_2-6x_4=9 \\ 2x_2-x_3+2x_4=-5 \\ x_1+4x_2-7x_3+6x_4=0 \end{cases}$ 的解。

【解】　因为

$$D=\begin{vmatrix}2&1&-5&1\\1&-3&0&-6\\0&2&-1&2\\1&4&-7&6\end{vmatrix}\xlongequal{r_1-2r_2,\ r_4-r_2}\begin{vmatrix}0&7&-5&13\\1&-3&0&-6\\0&2&-1&2\\0&7&-7&12\end{vmatrix}=27$$

同理，得：

$$D_1=\begin{vmatrix}8&1&-5&1\\9&-3&0&-6\\-5&2&-1&2\\0&4&-7&6\end{vmatrix}=81,\ D_2=\begin{vmatrix}2&8&-5&1\\1&9&0&-6\\0&-5&-1&2\\1&0&-7&6\end{vmatrix}=-108$$

$$D_3=\begin{vmatrix}2&1&8&1\\1&-3&9&-6\\0&2&-5&2\\1&4&0&6\end{vmatrix}=-27,\ D_4=\begin{vmatrix}2&1&-5&8\\1&-3&0&9\\0&2&-1&-5\\1&4&-7&0\end{vmatrix}=27$$

所以

$$x_1=\frac{D_1}{D}=\frac{81}{27}=3,\ x_2=\frac{D_2}{D}=\frac{-108}{27}=-4$$

$$x_3=\frac{D_3}{D}=\frac{-27}{27}=-1,\ x_4=\frac{D_4}{D}=\frac{27}{27}=1$$

在方程组(1-29)中，若右端项都为零，则方程组(1-29)为：

$$\begin{cases}a_{11}x_1+a_{12}x_2+\cdots+a_{1n}x_n=0\\a_{21}x_1+a_{22}x_2+\cdots+a_{2n}x_n=0\\\vdots\qquad\vdots\qquad\vdots\qquad\vdots\\a_{n1}x_1+a_{n2}x_2+\cdots+a_{nn}x_n=0\end{cases}\tag{1-9}$$

称为齐次线性方程组。由于 $x_1=x_2=\cdots=x_n=0$ 满足方程组(1-9)，这组解称为零解，其余的解称为非零解。显然，齐次方程组(1-9)的零解无条件存在。齐次方程组是否存在非零解，可由 Cramer 法则得出。

定理 4　若齐次方程组(1-9)的系数行列式 $D\neq0$，则它只有零解；若方程组(1-9)有非零解，那么必有 $D=0$。

【例 1-30】　下列齐次方程组中的参数 λ 为何值时，方程组

$$\begin{cases}(1-\lambda)\ x_1-2x_2+4x_3=0\\2x_1+\ (3-\lambda)\ x_2+x_3=0\\x_1+x_2+\ (1-\lambda)\ x_3=0\end{cases}$$

有非零解？

【解】　设

$$D=\begin{vmatrix}1-\lambda & -2 & 4\\ 2 & 3-\lambda & 1\\ 1 & 1 & 1-\lambda\end{vmatrix}=\begin{vmatrix}1-\lambda & -3+\lambda & 4\\ 2 & 1-\lambda & 1\\ 1 & 0 & 1-\lambda\end{vmatrix}$$

$$=(1-\lambda)^3+(\lambda-3)-4(1-\lambda)-2(1-\lambda)(-3+\lambda)$$

$$=(1-\lambda)^3+2(1-\lambda)^2+\lambda-3$$

$$=\lambda(2-\lambda)(\lambda-3)$$

因为齐次方程组有非零解，则　　　$D=0$

所以，当 $\lambda=0$，$\lambda=2$ 或 $\lambda=3$ 时，齐次方程组有非零解。

【例 1-31】　大学生在饮食方面存在很多问题，很多人不重视吃早饭，多数大学生日常饮食没有规律，为了身体的健康就要制订营养改善行动计划，大学生一日食谱配餐：需要摄入一定的蛋白质、脂肪和碳水化合物。下边是三种食物，它们的质量用适当的单位计量。这些食品提供的营养以及食谱所需的营养见表 1-1。

表 1-1　食谱所需要的营养

营养	单位食物所含的营养			所需营养量
	食物一	食物二	食物三	
蛋白质	10	20	20	105
脂肪	0	10	3	60
碳水化合物	50	40	10	525

试根据这个问题建立一个线性方程组，并通过求解方程组来确定每天需要摄入上述三种食物的量。

【解】　设 x_1，x_2，x_3 分别为三种食物的量，则由表中的数据可得出下列线性方程组：

$$\begin{cases}10x_1+20x_2+20x_3=105\\ 0x_1+10x_2+3x_3=60\\ 50x_1+40x_2+10x_3=525\end{cases}$$

由克莱姆法则可得：

$$D=\begin{vmatrix}10 & 20 & 20\\ 0 & 10 & 3\\ 50 & 40 & 10\end{vmatrix}=-7200,\ D_1=\begin{vmatrix}105 & 20 & 20\\ 60 & 10 & 3\\ 525 & 40 & 10\end{vmatrix}=-39600,$$

$$D_2=\begin{vmatrix}10 & 105 & 20\\ 0 & 60 & 3\\ 50 & 525 & 10\end{vmatrix}=-54000,\ D_3=\begin{vmatrix}10 & 20 & 105\\ 0 & 10 & 60\\ 50 & 40 & 525\end{vmatrix}=-36000$$

则：

$$x_1=\frac{D_1}{D}=5.5,\ x_2=\frac{D_2}{D}=7.5,\ x_3=\frac{D_3}{D}=5$$

故当每天摄入 5.5 个单位的食物一、7.5 个单位的食物二和 5 个单位的食物三，就可以保证健康饮食了。

克莱姆法则的优点在于利用方程组的系数及常数项组成的行列式把方程组的解明确地

表现出来，这在分析问题时是非常方便的。但在实际计算时，需要计算很多行列式，尤其是 n 较大时，其计算量以及困难将会更大。因此在实际工作中需要求解线性方程组时大多采用其他方法，在后面的章节中将会予以介绍。

习题 1.4

（1）已知方程组 $\begin{pmatrix}1 & 1 & 1\\ 1 & 2 & 3\\ 2 & 3 & t\end{pmatrix}\begin{pmatrix}x_1\\ x_2\\ x_3\end{pmatrix}=\begin{pmatrix}0\\ 0\\ 0\end{pmatrix}$ 有非零解，则 $t=$____________。

（2）用克莱姆规则解方程组

$$\begin{cases}2x_1+x_2+x_3=28\\ 5x_1+2x_2+2x_3=66\\ 10x_1+5x_2+4x_3=137\end{cases}$$

（3）设方程组

$$\begin{cases}x+y+z=a+b+c\\ ax+by+cz=a^2+b^2+c^2\\ bcx+cay+abz=3abc\end{cases}$$

试问 a，b，c 满足什么条件时，方程组有唯一解？并求出唯一解。

【知识点总结】

【要点】

（1）二阶、三阶行列式。

（2）全排列和逆序数，奇偶排列（可以不介绍对换及有关定理），n 阶行列式的定义。

（3）行列式的性质。

（4）n 阶行列式 $D=|a_{ij}|$，元素 a_{ij} 的余子式和代数余子式，行列式按行（列）展开定理。

（5）克莱姆法则。

【基本要求】

（1）理解 n 阶行列式的定义。

（2）掌握 n 阶行列式的性质。

（3）会用定义判定行列式中项的符号。

（4）理解和掌握行列式按行（列）展开的计算方法，即：

$$a_{i1}A_{j1}+a_{i2}A_{j2}+\cdots+a_{in}A_{jn}=\begin{cases}D & i=j\\ 0 & i\neq j\end{cases}$$

$$a_{1i}A_{1j}+a_{2i}A_{2j}+\cdots+a_{ni}A_{nj}=\begin{cases}D & i=j\\ 0 & i\neq j\end{cases}$$

（5）会用行列式的性质简化行列式的计算，并掌握几个基本方法：

1）归化为上三角或下三角行列式；

2）各行（列）元素之和等于同一个常数的行列式；

3）利用展开式计算。

（6）掌握应用克莱姆法则的条件及结论，会用克莱姆法则解低阶的线性方程组。

（7）了解 n 个方程 n 个未知量的齐次线性方程组有非零解的充要条件。

总习题 1

一、填空题

（1）τ（631254）= ______。

（2）要使排列（$3729m14n5$）为偶排列，则 m= ______ n= ______。

（3）关于 x 的多项式 $\begin{vmatrix} -x & 1 & 1 \\ x & -x & x \\ 1 & 2 & -2x \end{vmatrix}$ 中含 x^3，x^2 项的系数分别是______。

（4）$\boldsymbol{A}$ 为 3 阶方阵，$|\boldsymbol{A}|=2$，则 $|3\boldsymbol{A}^*|$= ______。

（5）四阶行列式 $\det(a_{ij})$ 的次对角线元素之积（即 $a_{14}a_{23}a_{32}a_{41}$）一项的符号为______。

（6）求行列式的值

1）$\begin{vmatrix} 1234 & 234 \\ 2469 & 469 \end{vmatrix}$ = ______；

2）$\begin{vmatrix} 1 & 2 & 1 \\ 2 & 4 & 2 \\ 10 & 14 & 13 \end{vmatrix}$ = ______；

3）$\begin{vmatrix} 1 & 2000 & 2001 & 2002 \\ 0 & -1 & 0 & 2003 \\ 0 & 0 & -1 & 2004 \\ 0 & 0 & 0 & 2005 \end{vmatrix}$ = ______；

4）行列式 $\begin{vmatrix} 1 & 2 & -3 \\ 2 & -1 & 0 \\ 3 & 4 & -2 \end{vmatrix}$ 中元素 0 的代数余子式的值为______。

（7）求行列式的值

1）$\begin{vmatrix} 1 & 5 & 25 \\ 1 & 7 & 49 \\ 1 & 8 & 64 \end{vmatrix}$ = ______；

2）$\begin{vmatrix} 1 & 1 & 1 & 1 \\ 4 & 2 & -3 & 5 \\ 16 & 4 & 9 & 25 \\ 64 & 8 & -27 & 125 \end{vmatrix}=$________。

（8）设矩阵 $\boldsymbol{A}$ 为 4 阶方阵，且 $|\boldsymbol{A}|=5$，则 $|2\boldsymbol{A}|=$________，$|\boldsymbol{A}^{-1}|=$________。

（9）求行列式的值

1）$\begin{vmatrix} 0 & 1 & 1 \\ 1 & 0 & 1 \\ 1 & 1 & 0 \end{vmatrix}=$________；

2）$\begin{vmatrix} 0 & 1 & 2 & 2 \\ 2 & 2 & 2 & 0 \\ 1 & 3 & 0 & 0 \\ 1 & 0 & 0 & 0 \end{vmatrix}=$________。

（10）若方程组$\begin{cases} bx+ay=0 \\ cx+az=b \\ cy+bz=a \end{cases}$有唯一解，则 $abc\neq$________。

（11）把行列式的某一列的元素乘以同一数后加到另一列的对应元素上，行列式________。

（12）当 a 为________时，方程组$\begin{cases} x_1+x_2+x_3=0 \\ x_1+2x_2+ax_3=0 \\ x_1+4x_2+a^2x_3=0 \end{cases}$有非零解。

（13）设 $D=\begin{vmatrix} 3 & -1 & 2 \\ -2 & -3 & 1 \\ 0 & 1 & -4 \end{vmatrix}$，则 $2A_{11}+A_{21}-4A_{31}=$________。

（14）若 n 阶行列式中非零元素少于 n 个，则该行列式的值为________。

（15）设 $\boldsymbol{A}$，$\boldsymbol{B}$ 均为 3 阶方阵，且 $|\boldsymbol{A}|=\frac{1}{2}$，$|\boldsymbol{B}|=2$，则 $|2(\boldsymbol{B}^{\mathrm{T}}\boldsymbol{A}^{-1})|=$________。

二、单项选择题

（1）设 $\boldsymbol{A}$ 为 3 阶方阵，$|\boldsymbol{A}|=3$，则其行列式 $|3\boldsymbol{A}|=$（　　）

A. 3　　B. 3^2　　C. 3^3　　D. 3^4

（2）已知四阶行列式 A 的值为 2，将 A 的第三行元素乘以 -1 加到第四行的对应元素上去，则现行列式的值是（　　）

A. 2　　B. 0　　C. -1　　D. -2

（3）设 $D=\begin{vmatrix} a_{11} & a_{12} & a_{13} \\ a_{21} & a_{22} & a_{23} \\ a_{31} & a_{32} & a_{33} \end{vmatrix}=1$，则 $D=\begin{vmatrix} 4a_{11} & 2a_{11}-3a_{12} & a_{13} \\ 4a_{21} & 2a_{21}-3a_{22} & a_{23} \\ 4a_{31} & 2a_{31}-3a_{32} & a_{33} \end{vmatrix}=$（　　）

A. 0　　B. −12　　C. 12　　D. 1

(4) 设齐次线性方程组$\begin{cases} kx+z=0 \\ 2x+ky+z=0 \\ kx-2y+z=0 \end{cases}$有非零解，则 $k=$（　）

A. 2　　B. 0　　C. −1　　D. −2

(5) 设$A=\begin{vmatrix} 2 & 0 & 8 \\ -3 & 1 & 5 \\ 2 & 9 & 7 \end{vmatrix}$，则代数余子式$A_{12}=$（　）

A. −31　　B. 31　　C. 0　　D. −11

(6) 已知四阶行列式 D 中第三列元素依次为−1，2，0，1，它们的余子式依次分别为5，3，−7，4，则 $D=$（　）

A. −5　　B. 5　　C. 0　　D. 1

(7) 行列式$\begin{vmatrix} a & b & c \\ d & e & f \\ g & h & k \end{vmatrix}$中元素 f 的代数余子式是（　）

A. $\begin{vmatrix} d & e \\ g & h \end{vmatrix}$　　B. $-\begin{vmatrix} a & b \\ g & h \end{vmatrix}$　　C. $\begin{vmatrix} a & b \\ g & h \end{vmatrix}$　　D. $-\begin{vmatrix} d & e \\ g & h \end{vmatrix}$

三、计算下列行列式

(1) $\begin{vmatrix} a+b & c & 1 \\ b+c & a & 1 \\ c+a & b & 1 \end{vmatrix}$;

(2) $\begin{vmatrix} 1 & 2 & -1 & 2 \\ 3 & 0 & 1 & -1 \\ 1 & -2 & 0 & 4 \\ -2 & -4 & 1 & -1 \end{vmatrix}$;

(3) $\begin{vmatrix} 1 & 1 & 1 & 1+x \\ 1 & 1 & 1-x & 1 \\ 1 & 1+y & 1 & 1 \\ 1-y & 1 & 1 & 1 \end{vmatrix}$;

(4) $\begin{vmatrix} 1 & a_1 & a_2 & a_3 \\ 1 & a_1+b_1 & a_2 & a_3 \\ 1 & a_1 & a_2+b_2 & a_3 \\ 1 & a_1 & a_2 & a_3+b_3 \end{vmatrix}$;

(5) $\begin{vmatrix} 3 & 2 & 2 & \cdots & 2 \\ 2 & 3 & 2 & \cdots & 2 \\ 2 & 2 & 3 & \cdots & 2 \\ \vdots & \vdots & \vdots & & \vdots \\ 2 & 2 & 2 & \cdots & 3 \end{vmatrix}$；

(6) $\begin{vmatrix} -1 & 1 & 0 & \cdots & 0 & 0 \\ 0 & -2 & 2 & \cdots & 0 & 0 \\ \vdots & \vdots & \vdots & & \vdots & \vdots \\ 0 & 0 & 0 & \cdots & -n & n \\ 2 & 2 & 2 & \cdots & 2 & 2 \end{vmatrix}$。

（提示：先从第二行开始直到第 $n+1$ 行分别提取公因子 2，3，…，n，2，再从第 n 行开始依次加到上一行，即得爪型行列式）

第二章 矩 阵

【学习目标】

（1）理解矩阵的概念，了解一些特殊矩阵的定义及其性质；

（2）掌握矩阵的线性运算（加、减、数乘）、乘法运算、转置运算与它们的运算规律，以及了解方阵行列式运算、幂运算以及方阵乘积行列式运算的规律；

（3）理解逆矩阵的概念，掌握逆矩阵的性质以及矩阵可逆性的判定，理解伴随矩阵的概念，并熟练运用伴随矩阵法、待定系数法以及初等变换法确定可逆矩阵的逆矩阵；

（4）掌握矩阵的初等变换，了解初等矩阵的概念及性质，了解矩阵等价、行阶梯矩阵、行最简矩阵及标准型矩阵的概念；

（5）理解矩阵秩的概念，掌握用矩阵初等变换确定矩阵秩的方法。

矩阵这一具体概念是由19世纪英国数学家凯利首先提出，并形成矩阵代数这一系统理论。数学上，一个 $m \times n$ 矩阵就是一个 m 行 n 列的矩形阵列。矩阵由数组成，在本门课程中，它不仅是求解线性方程组的一种重要工具，而且在研究线性函数过程中也发挥着重要作用，可以说矩阵已广泛应用于自然科学的各个分支及经济管理等许多领域。

第一节 矩阵的概念

一、定义

在日常生活、科学研究以及经济管理中，常要用到一些矩形数表。例如某公司计划通过电视台播出其商业广告，以提高其产品销量，为此需要了解该电视台的平均收视率。下面是某地区不同年龄段的观众在一周内平均收看某电视台节目的人数统计，见表2–1。

表2–1 某电视节目的人数统计

时间段 性别及年龄段	周一～周日 10：00～16：30	周一～周日 16：30～19：30	周一～周日 20：00～23：00
女性（18～24）	4.2	2.5	5.8
女性（25～54）	4.2	2.9	8.3
男性（18～24）	2.7	2.0	5.2
男性（25～54）	2.6	2.3	7.9

该表说明该地区女性要比男性观看电视节目的时间多一些，同时也可以看到在某一段时间里，年轻人看电视时间要少于年龄较大的人。考虑在不同时间段里观看电视人群的年龄和性别，有计划且有针对性地安排广告播出，有效地节约公司广告费用，且不降低该产

品广告播出效果。仅考虑其中的数值，该表格的数据可用下面的形式表示：

$$\begin{pmatrix} 4.2 & 2.5 & 5.8 \\ 4.2 & 2.9 & 8.3 \\ 2.7 & 2.0 & 5.2 \\ 2.6 & 2.3 & 7.9 \end{pmatrix}$$

【例 2-1】　某种物资有 3 个产地，4 个销地，调配量见表 2-2。

表 2-2　某种物资的调配量

产地 \ 销地	B_1	B_2	B_3	B_4
A_1	1	6	3	5
A_2	3	1	2	0
A_3	4	0	1	2

那么，表中的数据可以构成一个矩形数表：$\begin{pmatrix} 1 & 6 & 3 & 5 \\ 3 & 1 & 2 & 0 \\ 4 & 0 & 1 & 2 \end{pmatrix}$或$\begin{pmatrix} 1 & 6 & 3 & 5 \\ 3 & 1 & 2 & 0 \\ 4 & 0 & 1 & 2 \end{pmatrix}$

定义 1　由 $m\times n$ 个数或代数式 a_{ij}（$i=1, 2,\cdots, m$；$j=1, 2,\cdots, n$）构成的一个 m 行 n 列的矩形列表

$\begin{pmatrix} a_{11} & a_{12} & \cdots & a_{1n} \\ a_{21} & a_{22} & \cdots & a_{2n} \\ \vdots & \vdots & & \vdots \\ a_{m1} & a_{m2} & \cdots & a_{mn} \end{pmatrix}$或$\begin{pmatrix} a_{11} & a_{12} & \cdots & a_{1n} \\ a_{21} & a_{22} & \cdots & a_{2n} \\ \vdots & \vdots & & \vdots \\ a_{m1} & a_{m2} & \cdots & a_{mn} \end{pmatrix}$称为一个 m 行 n 列的矩阵。其中 a_{ij} 称为矩阵的第 i 行 j 列的元素（$i=1, 2,\cdots, m$；$j=1, 2,\cdots, n$）。

矩阵的元素属于数域 F，称其为数域 F 的矩阵。若无特别说明，本书里的矩阵均指实数域 R 上的矩阵，一般用大写的字母 A，B，C，…表示；有时为了突出矩阵的行列规模，也对大写字母右边添加下标，如 $m\times n$ 的矩阵 $\boldsymbol{A}$ 可以表示为 $\boldsymbol{A}_{m\times n}$；要同时表明矩阵的规模和元素时也可采用 $(a_{ij})_{m\times n}$ 形式标记。若矩阵的所有元素为零，则称其为零矩阵，记为 $\boldsymbol{0}_{m\times n}$，不引起混淆时也可简记为 $\boldsymbol{0}$。

当矩阵 $\boldsymbol{A}_{m\times n}$ 的行列数相等时，即 $m=n$ 时，称其为 n 阶方（矩）阵 $\boldsymbol{A}$，或简称为方阵 $\boldsymbol{A}$。一阶方阵也常作为一个数对待，对于 n 阶方阵 $\boldsymbol{A}=(a_{ij})_{n\times n}$，由它的元素按原有排列形式构成的行列式称为方阵 $\boldsymbol{A}$ 的行列式，记为 $|\boldsymbol{A}|$ 或 $\det\boldsymbol{A}$。

【例 2-2】　某厂向 3 个商店发送 4 种商品的数量可用矩阵来表示，即：

$$\boldsymbol{A}=\begin{pmatrix} a_{11} & a_{12} & a_{13} & a_{14} \\ a_{21} & a_{22} & a_{23} & a_{24} \\ a_{31} & a_{32} & a_{33} & a_{34} \end{pmatrix}。$$

其中，a_{ij} 表示工厂向第 i 个商店发送第 j 种商品的数量。

【例 2-3】　设线性方程组为

$$\begin{cases}3x_1+4x_2-6x_3=4\\x_1-x_2+4x_3=1\\-x_1+2x_2-7x_3=0\end{cases}$$

线性方程组与未知量的表示没有关系，其主要是由未知量的系数和常数项来确定的。若将其未知量的系数和常数项抽取出来，按照原来的位置和次序排列，就可得到一个 3 行 4 列矩阵

$$\begin{pmatrix}3&4&-6&4\\1&-1&4&1\\-1&2&-7&0\end{pmatrix}$$

称其为线性方程组的增广矩阵。这样一来，一个线性方程组就对应一个增广矩阵，那么一个增广矩阵也将对应一个线性方程组。另外，该线性方程组还对应一个 3 行 3 列矩阵

$$\begin{pmatrix}3&4&-6\\1&-1&4\\-1&2&-7\end{pmatrix}$$

称其为线性方程组的系数矩阵。

定义 2　若两个矩阵 $\boldsymbol{A}=(a_{ij})_{m\times n}$，$\boldsymbol{B}=(b_{ij})_{s\times t}$ 具有相同的行数、列数，即 $m=s$，$n=t$，且对应位置上的元素相等，即 $a_{ij}=b_{ij}$，那么称矩阵 $\boldsymbol{A}$ 与矩阵 $\boldsymbol{B}$ 相等，记为 $\boldsymbol{A}=\boldsymbol{B}$。

【例 2-4】　设矩阵 $\boldsymbol{A}=\begin{pmatrix}1&a\\2-b&3\end{pmatrix}a=-4$，$\boldsymbol{B}=\begin{pmatrix}c+1&-4\\0&3d\end{pmatrix}$，且 $\boldsymbol{A}=\boldsymbol{B}$，试求 a，b，c，d。

【解】　因为 $\boldsymbol{A}=\boldsymbol{B}$

故有　　$1=c+1$，$2-b=0$，$3=3d$

联解求得：　　$a=-4$，$b=2$，$c=0$ [0, 1]，$d=1$

二、几种特殊矩阵

（1）$m\times n$ 矩阵 $\boldsymbol{A}=(a_{ij})_{m\times n}$，当 $m=n$ 时，即：

$$\boldsymbol{A}=\begin{pmatrix}a_{11}&a_{12}&\cdots&a_{1n}\\a_{21}&a_{22}&\cdots&a_{2n}\\\vdots&\vdots&&\vdots\\a_{n1}&a_{n2}&\cdots&a_{nn}\end{pmatrix}$$

称为 n 阶方阵，记为 A_n。特别地，一阶方阵 $(a)=\boldsymbol{a}$。

方阵中从左上角元素 a_{11} 到右下角元素 a_{nn} 的这条对角线称为方阵的主对角线，从右上角元素 a_{1n} 到左下角元素 a_{n1} 的这条对角线称为方阵的副对角线。

（2）形如

$$\boldsymbol{A}=\begin{pmatrix}a_{11}&a_{12}&\cdots&a_{1n}\\0&a_{22}&\cdots&a_{2n}\\\vdots&\vdots&&\vdots\\0&0&\cdots&a_{nn}\end{pmatrix}$$

的 n 阶方阵称为上三角矩阵。

（3）形如

$$A=\begin{pmatrix} a_{11} & 0 & \cdots & 0 \\ a_{21} & a_{22} & \cdots & 0 \\ \vdots & \vdots & & \vdots \\ a_{n1} & a_{n2} & \cdots & a_{nn} \end{pmatrix}$$

的 n 阶方阵称为下三角矩阵。

（4）形如

$$\Lambda=\begin{pmatrix} \lambda_1 & 0 & \cdots & 0 \\ 0 & \lambda_2 & \cdots & 0 \\ \vdots & \vdots & & \vdots \\ 0 & 0 & \cdots & \lambda_n \end{pmatrix}$$

的 n 阶方阵称为 n 阶对角矩阵，记为 $\Lambda=\mathrm{diag}(\lambda_1, \lambda_2, \cdots, \lambda_n)$。

（5）形如

$$A=\begin{pmatrix} \lambda & 0 & \cdots & 0 \\ 0 & \lambda & \cdots & 0 \\ \vdots & \vdots & & \vdots \\ 0 & 0 & \cdots & \lambda \end{pmatrix}$$

的 n 阶方阵称为 n 阶数量矩阵。

当 $\lambda=1$ 时，矩阵

$$\begin{pmatrix} 1 & 0 & \cdots & 0 \\ 0 & 1 & \cdots & 0 \\ \vdots & \vdots & & \vdots \\ 0 & 0 & \cdots & 1 \end{pmatrix}$$

称为 n 阶单位矩阵，记为 $\boldsymbol{E}_n$。

应该注意到，单位矩阵是数量矩阵，数量矩阵是对角矩阵，而反之则未必成立。零矩阵也是数量矩阵。

（6）只有一行的矩阵

$$\boldsymbol{A}_{1\times n}=(a_1, a_2, \cdots, a_n)$$

称为行矩阵，又称行向量。为避免元素间的混淆，行矩阵也记作

$$A=(a_1, a_2, \cdots, a_n)$$

（7）只有一列的矩阵

$$\boldsymbol{B}_{n\times 1}=\begin{pmatrix} b_1 \\ b_2 \\ \vdots \\ b_n \end{pmatrix}$$

称为列矩阵，又称列向量。

就向量而言，称其元素为分量，分量的个数称为向量的维数。例如，$\boldsymbol{\alpha}=(2, -1, 2, 5)$ 是 4 维行向量，$\boldsymbol{\beta}=\begin{pmatrix} 1 \\ -2 \\ 4 \end{pmatrix}$ 是 3 维列向量。

矩阵

$$A=\begin{pmatrix} a_{11} & a_{12} & \cdots & a_{1n} \\ a_{21} & a_{22} & \cdots & a_{2n} \\ \vdots & \vdots & & \vdots \\ a_{m1} & a_{m2} & \cdots & a_{mn} \end{pmatrix}$$

的每一行

$$(a_{i1},\ a_{i2},\ \cdots,\ a_{in}) \quad i=1,\ 2,\ \cdots,\ m$$

都是 n 维行向量；$\boldsymbol{A}$ 的每一列

$$\begin{pmatrix} a_{1j} \\ a_{2j} \\ \vdots \\ a_{mj} \end{pmatrix} \quad j=1,\ 2,\ \cdots,\ n$$

都是 m 维列向量。

（8）分量都是 0 的向量称为零向量，记为

$$\mathbf{0}=(0,\ 0,\ \cdots,\ 0)^{\mathrm{T}}$$

注意：矩阵与行列式是两个完全不同的概念，不要因为它们的表示形式差不多而有所混淆。它们是两个本质不同的数学概念。它们表示的数学意义有着本质区别，行列式是一个具体的数值或代数式，是可以比较大小的，而矩阵仅仅是一个数表，是不能比较大小的；行列式要求的元素个数为 n^2 个，而矩阵要求的元素个数可为任意个；两者表示形式也是有区别的，行列式用“|　|”表示，而矩阵则用“（　）”或“[　]”表示。

习题 2.1

1. 判断题

（1）两个矩阵可以比较大小。（　）

（2）行数和列数相等的矩阵就是行列式。（　）

（3）两个零矩阵一定是相等的。（　）

2. 已知两矩阵 $A=\begin{pmatrix} 3+x & 5 \\ 2 & x+y \end{pmatrix}$，$B=\begin{pmatrix} 7 & z \\ 2 & 2 \end{pmatrix}$，若 $A=B$，求 x，y，z 的值。

3. 设 4 阶矩阵 $A=\begin{pmatrix} R & O \\ O & Q \end{pmatrix}$，其中 $R=\begin{pmatrix} 0 & 1 \\ 1 & 0 \end{pmatrix}$，$Q=\begin{pmatrix} y & 1 \\ 1 & 2 \end{pmatrix}$，则：

（1）已知 $\boldsymbol{A}$ 的一个特征值为 3，求 y；

（2）求矩阵 $\boldsymbol{P}$，使得 $(\boldsymbol{AP})^{\mathrm{T}}(\boldsymbol{AP})$ 为对角阵。

第二节 矩阵的运算

矩阵与现实生活有着广泛的联系,要进一步了解它的用途，就需要掌握矩阵与矩阵之间的基本关系——矩阵的运算。

一、矩阵的加法

定义 1 设有两个 $m\times n$ 矩阵 $\boldsymbol{A}=(a_{ij})$ 和 $\boldsymbol{B}=(b_{ij})$，矩阵 $\boldsymbol{A}$ 与 $\boldsymbol{B}$ 的和记为 $\boldsymbol{A}+\boldsymbol{B}$，规定

$$\boldsymbol{A}+\boldsymbol{B}=(a_{ij}+b_{ij})=\begin{pmatrix} a_{11}+b_{11} & a_{12}+b_{12} & \cdots & a_{1n}+b_{1n} \\ a_{21}+b_{21} & a_{22}+b_{22} & \cdots & a_{2n}+b_{2n} \\ \vdots & \vdots & & \vdots \\ a_{m1}+b_{m1} & a_{m2}+b_{m2} & \cdots & a_{mn}+b_{mn} \end{pmatrix}。$$

若矩阵 $\boldsymbol{A}$ 与 $\boldsymbol{B}$ 的行数、列数分别相等，则称矩阵 $\boldsymbol{A}$ 与 $\boldsymbol{B}$ 是同型矩阵。两个同型矩阵的和即为两个矩阵对应位置元素相加得到的矩阵。值得注意的是，只有两个矩阵是同型矩阵时，才能进行矩阵的加法运算。

矩阵加法满足下列运算规律（设 $\boldsymbol{A}$，$\boldsymbol{B}$，$\boldsymbol{C}$ 都是 $m\times n$ 矩阵）:

（1）$\boldsymbol{A}+\boldsymbol{B}=\boldsymbol{B}+\boldsymbol{A}$;

（2）$(\boldsymbol{A}+\boldsymbol{B})+\boldsymbol{C}=\boldsymbol{A}+(\boldsymbol{B}+\boldsymbol{C})$;

（3）$\boldsymbol{A}+\boldsymbol{O}=\boldsymbol{O}+\boldsymbol{A}=\boldsymbol{A}$

二、矩阵的数乘

定义 2 设有 $m\times n$ 矩阵 $\boldsymbol{A}=(a_{ij})$，k 为任意常数，数 k 与矩阵 $\boldsymbol{A}$ 的乘积称为矩阵的数乘，记作 $k\boldsymbol{A}$ 或 $\boldsymbol{A}k$，规定

$$k\boldsymbol{A}=\boldsymbol{A}k=\begin{pmatrix} ka_{11} & ka_{12} & \cdots & ka_{1n} \\ ka_{21} & ka_{22} & \cdots & ka_{2n} \\ \vdots & \vdots & & \vdots \\ ka_{m1} & ka_{m2} & \cdots & ka_{mn} \end{pmatrix},$$

即矩阵的数乘就是用这个数乘矩阵的所有元素。

设 $\boldsymbol{A}=(a_{ij})$，记

$$-\boldsymbol{A}=(-a_{ij}),$$

$-\boldsymbol{A}$ 称为矩阵 $\boldsymbol{A}$ 的负矩阵。显然有

$$\boldsymbol{A}+(-\boldsymbol{A})=\boldsymbol{O},$$

由此规定矩阵的减法为

$$\boldsymbol{A}-\boldsymbol{B}=\boldsymbol{A}+(-\boldsymbol{B}),$$

即两个同型矩阵的减法为对应位置元素相减。

数与矩阵的乘法满足以下运算规律（设 $\boldsymbol{A}$，$\boldsymbol{B}$ 是 $m\times n$ 矩阵，k，l 为数）:

（1）$(k+l)\boldsymbol{A}=k\boldsymbol{A}+l\boldsymbol{A}$;

（2）$k(\boldsymbol{A}+\boldsymbol{B})=k\boldsymbol{A}+k\boldsymbol{B}$;

(3) $(kl)\boldsymbol{A}=k(l\boldsymbol{A})=l(k\boldsymbol{A})$；

(4) $1\boldsymbol{A}=\boldsymbol{A}$，$(-1)\boldsymbol{A}=-\boldsymbol{A}$；

(5) 若 $k\boldsymbol{A}=\boldsymbol{O}$，则 $k=0$ 或 $\boldsymbol{A}=\boldsymbol{O}$。

矩阵相加与矩阵数乘结合起来，统称为矩阵的线性运算。

【例 2-5】 有 4 名学生的某 3 门课的平时考查成绩矩阵为：

$$\boldsymbol{A}=\begin{pmatrix}90 & 78 & 92 & 66\\86 & 80 & 93 & 74\\95 & 70 & 96 & 75\end{pmatrix},$$

而课程结业考试的卷面成绩矩阵为：

$$\boldsymbol{B}=\begin{pmatrix}94 & 83 & 98 & 60\\90 & 85 & 95 & 70\\97 & 76 & 97 & 72\end{pmatrix}。$$

规定各门课程的考核成绩由平时考查和卷面考试的成绩分别占 30%和 70%构成，求 4 名学生的考核成绩矩阵。

【解】 考核成绩矩阵为：

$$0.3\boldsymbol{A}+0.7\boldsymbol{B}=0.3\begin{pmatrix}90 & 78 & 92 & 66\\86 & 80 & 93 & 74\\95 & 70 & 96 & 75\end{pmatrix}+0.7\begin{pmatrix}94 & 83 & 98 & 60\\90 & 85 & 95 & 70\\97 & 76 & 97 & 72\end{pmatrix}$$

$$=\begin{pmatrix}27 & 23.4 & 27.6 & 19.8\\25.8 & 24 & 27.9 & 22.2\\28.5 & 21 & 28.8 & 22.5\end{pmatrix}+\begin{pmatrix}65.8 & 58.1 & 68.6 & 42\\63 & 59.5 & 66.5 & 49\\67.9 & 53.2 & 67.9 & 50.4\end{pmatrix}$$

$$=\begin{pmatrix}92.8 & 81.5 & 96.2 & 61.8\\88.8 & 83.5 & 94.4 & 71.2\\96.4 & 74.3 & 96.7 & 72.9\end{pmatrix}$$

三、矩阵的乘法

定义 3 设 $\boldsymbol{A}=(a_{ij})$ 是 $m\times s$ 矩阵，$\boldsymbol{B}=(b_{ij})$ 是 $s\times n$ 矩阵，规定矩阵 $\boldsymbol{A}$ 与 $\boldsymbol{B}$ 的乘积是一个 $m\times n$ 矩阵 $\boldsymbol{C}=(c_{ij})$，其中

$$c_{ij}=a_{i1}b_{1j}+a_{i2}b_{2j}+\cdots+a_{is}b_{sj}=\sum_{k=1}^{s}a_{ik}b_{kj}\quad i=1,\ 2,\ \cdots,\ m;\ j=1,\ 2,\ \cdots,\ n$$

即矩阵 $\boldsymbol{C}$ 的第 i 行第 j 列的元素 c_{ij}是矩阵 $\boldsymbol{A}$ 的第 i 行与矩阵 $\boldsymbol{B}$ 的第 j 列对应元素相乘之和，记作

$$\boldsymbol{C}=\boldsymbol{AB}。$$

注意：(1) 只有当左矩阵 $\boldsymbol{A}$ 的列数等于右矩阵 $\boldsymbol{B}$ 的行数时，$\boldsymbol{A}$，$\boldsymbol{B}$ 才能作乘法运算；

(2) 两个矩阵的乘积 $\boldsymbol{AB}$ 亦是矩阵，它的行数等于左矩阵 $\boldsymbol{A}$ 的行数，它的列数等于右矩阵 $\boldsymbol{B}$ 的列数；

(3) 乘积矩阵 $\boldsymbol{AB}$ 中的第 i 行第 j 列的元素等于 $\boldsymbol{A}$ 的第 i 行元素与 $\boldsymbol{B}$ 的第 j 列对应元素的乘积之和，故简称行乘列的法则。

【例 2-6】 设矩阵 $\boldsymbol{A}=\begin{pmatrix}1&0&3\\-2&1&2\end{pmatrix}$，$\boldsymbol{B}=\begin{pmatrix}4&1&0\\-1&1&3\\2&3&4\end{pmatrix}$，求 $\boldsymbol{AB}$ 及 $\boldsymbol{BA}$。

【解】 因为 $\boldsymbol{A}$ 是 2×3 矩阵，$\boldsymbol{B}$ 是 3×3 矩阵，$\boldsymbol{A}$ 的列数等于 $\boldsymbol{B}$ 的行数，所以矩阵 $\boldsymbol{A}$ 与 $\boldsymbol{B}$ 可以相乘。其乘积 $\boldsymbol{AB}$ 是一个 2×3 矩阵，即：

$$\boldsymbol{AB}=\begin{pmatrix}1&0&3\\-2&1&2\end{pmatrix}\begin{pmatrix}4&1&0\\-1&1&3\\2&3&4\end{pmatrix}$$
$$=\begin{pmatrix}1\times4+0\times(-1)+3\times2 & 1\times1+0\times1+3\times3 & 1\times0+0\times3+3\times4\\(-2)\times4+1\times(-1)+2\times2 & (-2)\times1+1\times1+2\times3 & (-2)\times0+1\times3+2\times4\end{pmatrix}$$
$$=\begin{pmatrix}10&10&12\\-5&5&11\end{pmatrix}$$

由于 $\boldsymbol{B}$ 的列数不等于 $\boldsymbol{A}$ 的行数，因此 $\boldsymbol{BA}$ 没有意义。

【例 2-7】 求矩阵 $\boldsymbol{A}=(a_1\quad a_2\quad\cdots\quad a_n)$，$\boldsymbol{B}=\begin{pmatrix}b_1\\b_2\\\vdots\\b_n\end{pmatrix}$的乘积 $\boldsymbol{AB}$ 及 $\boldsymbol{BA}$。

【解】

$$\boldsymbol{AB}=(a_1\quad a_2\quad\cdots\quad a_n)\begin{pmatrix}b_1\\b_2\\\vdots\\b_n\end{pmatrix}=(a_1b_1+a_2b_2+\cdots+a_nb_n)=\sum_{i=1}^{n}a_ib_i$$

$$\boldsymbol{BA}=\begin{pmatrix}b_1\\b_2\\\vdots\\b_n\end{pmatrix}(a_1\quad a_2\quad\cdots\quad a_n)=\begin{pmatrix}b_1a_1&b_1a_2&\cdots&b_1a_n\\b_2a_1&b_2a_2&\cdots&b_2a_n\\\vdots&\vdots&&\vdots\\b_na_1&b_na_2&\cdots&b_na_n\end{pmatrix}$$

矩阵的乘法满足下列运算规律（假设运算都是可行的）：

（1）乘法结合律 $(\boldsymbol{AB})\boldsymbol{C}=\boldsymbol{A}(\boldsymbol{BC})$；

（2）数乘结合律 $k(\boldsymbol{AB})=(k\boldsymbol{A})\boldsymbol{B}=\boldsymbol{A}(k\boldsymbol{B})$（其中 k 为数）；

（3）左乘分配律 $\boldsymbol{A}(\boldsymbol{B}+\boldsymbol{C})=\boldsymbol{AB}+\boldsymbol{AC}$，右乘分配律 $(\boldsymbol{B}+\boldsymbol{C})\boldsymbol{A}=\boldsymbol{BA}+\boldsymbol{CA}$。

【例 2-8】 求矩阵 $\boldsymbol{A}=\begin{pmatrix}6&3\\2&1\end{pmatrix}$，$\boldsymbol{B}=\begin{pmatrix}-2&6\\1&-3\end{pmatrix}$，$\boldsymbol{C}=\begin{pmatrix}-1&5\\-1&-1\end{pmatrix}$的乘积 $\boldsymbol{AB}$、$\boldsymbol{BA}$ 及 $\boldsymbol{AC}$。

【解】

$$\boldsymbol{AB}=\begin{pmatrix}6&3\\2&1\end{pmatrix}\begin{pmatrix}-2&6\\1&-3\end{pmatrix}=\begin{pmatrix}-9&27\\-3&9\end{pmatrix}$$
$$\boldsymbol{BA}=\begin{pmatrix}-2&6\\1&-3\end{pmatrix}\begin{pmatrix}6&3\\2&1\end{pmatrix}=\begin{pmatrix}0&0\\0&0\end{pmatrix}$$
$$\boldsymbol{AC}=\begin{pmatrix}6&3\\2&1\end{pmatrix}\begin{pmatrix}-1&5\\-1&-1\end{pmatrix}=\begin{pmatrix}-9&27\\-3&9\end{pmatrix}$$

由例 2-8 可知：

（1）矩阵的乘法不满足交换律，即在一般情况下，$AB \neq BA$；

（2）两个非零矩阵的乘积可能是零矩阵，且当 $AB=O$ 时，一般不能得出 $A=O$ 或 $B=O$；

（3）矩阵的乘法不满足消去律，即当 $AB=AC$ 时，一般不能从等式两边消去 A，得出 $B=C$。

若矩阵 A 与 B 满足 $AB=BA$，则称矩阵 A 与 B 可交换。

单位矩阵在矩阵的乘法运算中占有特殊的地位。任何矩阵与单位矩阵相乘（假设运算可以进行），都等于这个矩阵，即对任意的矩阵 A，满足：$AE=A$，$EA=A$。

单位矩阵的这条性质，使得单位矩阵在矩阵乘法运算中的地位类似于实数乘法中的数 1。不过应该注意，如果矩阵 A 不是方阵，上面两个式子中的单位矩阵的阶数是不同的。

【例 2-9】 某城市土地使用及变更情况见表 2-3。

表 2-3 土地使用及变更情况

类别	转换为商业用地的百分比/%	转换为居住用地的百分比/%	转换为闲置土地的百分比/%
商业用地	92	8	0
居住用地	12	87	1
闲置土地	4	7	89

现在假设该地区今年的土地分布情况为：商业用地有 8000 亩，居住用地有 16000 亩，并且还有 12000 亩的闲置土地。假如该地区今后两年内的土地变更情况见表 2-3，从现在起，两年后，该地区的各类土地有多少亩？

【解】 用矩阵 A 来表示城市土地使用及变更情况，即：

$$A=\begin{pmatrix} 0.92 & 0.8 & 0 \\ 0.12 & 0.87 & 0.01 \\ 0.04 & 0.07 & 0.89 \end{pmatrix}$$

用矩阵 B 来表示今年该地区的土地分布情况，即：

$$B=(8000, 16000, 12000)$$

所以一年后的商业用地、居住用地、闲置土地的分布是：

$$BA=(8000, 16000, 12000)\begin{pmatrix} 0.92 & 0.8 & 0 \\ 0.12 & 0.87 & 0.01 \\ 0.04 & 0.07 & 0.89 \end{pmatrix}$$

$$=(9760, 15400, 10840)$$

两年后的商业用地、居住用地、闲置土地的分布是：

$$(BA)A=(9760, 15400, 10840)\begin{pmatrix} 0.92 & 0.8 & 0 \\ 0.12 & 0.87 & 0.01 \\ 0.04 & 0.07 & 0.89 \end{pmatrix}$$

$$=(11260.8, 14937.6, 9801.61)$$

这就是两年后的商业用地、居住用地、闲置土地的分布情况。

四、方阵的幂

有了矩阵的乘法和逆矩阵的概念，就可以定义方阵的幂。设 A 为 n 阶方阵，规定：

$$\boldsymbol{A}^0=\boldsymbol{E},\ \boldsymbol{A}^1=\boldsymbol{A},\ \boldsymbol{A}^2=\boldsymbol{AA},\ \cdots,\ \boldsymbol{A}^{k+1}=\boldsymbol{A}^k\boldsymbol{A}。$$

其中，k 是正整数，即 $\boldsymbol{A}^k$ 就是 k 个 $\boldsymbol{A}$ 连乘。

显然 $\boldsymbol{A}^k\boldsymbol{A}$ 有意义的充要条件是 $\boldsymbol{A}$ 为方阵，故只有方阵才有幂。

设 $\boldsymbol{A}$ 为 n 阶可逆方阵，规定：

$$\boldsymbol{A}^{-k}=(\boldsymbol{A}^{-1})^k,$$

其中，k 是正整数。

由于矩阵的乘法适合结合律，因此当 $|\boldsymbol{A}|\neq 0$，对于整数 k，l，有：

$$\boldsymbol{A}^k\boldsymbol{A}^l=\boldsymbol{A}^{k+l},\ (\boldsymbol{A}^k)^l=\boldsymbol{A}^{kl}。$$

又因矩阵乘法一般不满足交换律，所以对两个 n 阶矩阵 $\boldsymbol{A}$ 与 $\boldsymbol{B}$，一般来说有 $(\boldsymbol{AB})^k\neq\boldsymbol{A}^k\boldsymbol{B}^k$。

【例 2-10】 设 $\boldsymbol{P}=\begin{pmatrix}1&2\\1&4\end{pmatrix}$，$\boldsymbol{\Lambda}=\begin{pmatrix}1&0\\0&2\end{pmatrix}$，且 $\boldsymbol{AP}=\boldsymbol{P\Lambda}$，求 $\boldsymbol{A}^n$。

【解】 因为

$$|\boldsymbol{P}|=2,\ \boldsymbol{P}^{-1}=\frac{1}{2}\begin{pmatrix}4&-2\\-1&1\end{pmatrix},\ \boldsymbol{AP}=\boldsymbol{P\Lambda}$$

所以

$$\boldsymbol{A}=\boldsymbol{P\Lambda P}^{-1},\ \boldsymbol{A}^2=\boldsymbol{P\Lambda P}^{-1}\boldsymbol{P\Lambda P}^{-1}=\boldsymbol{P\Lambda}^2\boldsymbol{P}^{-1},\ \cdots,\ \boldsymbol{A}^n=\boldsymbol{P\Lambda}^n\boldsymbol{P}^{-1}$$

而

$$\boldsymbol{\Lambda}=\begin{pmatrix}1&0\\0&2\end{pmatrix},\ \boldsymbol{\Lambda}^2=\begin{pmatrix}1&0\\0&2\end{pmatrix}\begin{pmatrix}1&0\\0&2\end{pmatrix}=\begin{pmatrix}1&0\\0&2^2\end{pmatrix},\ \cdots,\ \boldsymbol{\Lambda}^n-\begin{pmatrix}1&0\\0&2^n\end{pmatrix}$$

故

$$\boldsymbol{A}^n=\begin{pmatrix}1&2\\1&4\end{pmatrix}\begin{pmatrix}1&0\\0&2^n\end{pmatrix}\frac{1}{2}\begin{pmatrix}4&-2\\-1&1\end{pmatrix}=\frac{1}{2}\begin{pmatrix}1&2^{n+1}\\1&2^{n+2}\end{pmatrix}\begin{pmatrix}4&-2\\-1&1\end{pmatrix}$$

$$=\frac{1}{2}\begin{pmatrix}4-2^{n+1}&2^{n+1}-2\\4-2^{n+2}&2^{n+2}-2\end{pmatrix}=\begin{pmatrix}2-2^n&2^n-1\\2-2^{n+1}&2^{n+1}-1\end{pmatrix}$$

五、矩阵的转置

定义 4　把矩阵 $\boldsymbol{A}$ 的行换成同序数的列得到的新矩阵，称为 $\boldsymbol{A}$ 的转置矩阵，记作 $\boldsymbol{A}^{\mathrm{T}}$。

例如，矩阵

$$\boldsymbol{A}=\begin{pmatrix}1&2&0\\3&-1&1\end{pmatrix}$$

的转置矩阵为

$$A^{\mathrm{T}}=\begin{pmatrix}1 & 3\\ 2 & -1\\ 0 & 1\end{pmatrix}。$$

矩阵的转置也是一种运算，满足下述运算规律（假设运算都是可行的）：

（1）$(A^{\mathrm{T}})^{\mathrm{T}}=A$；

（2）$(A+B)^{\mathrm{T}}=A^{\mathrm{T}}+B^{\mathrm{T}}$；

（3）$(kA)^{\mathrm{T}}=kA^{\mathrm{T}}$（其中 k 为数）；

（4）$(AB)^{\mathrm{T}}=B^{\mathrm{T}}A^{\mathrm{T}}$。

【例 2-11】 已知 $A=\begin{pmatrix}2 & 0 & -1\\ 1 & 3 & 2\end{pmatrix}$，$B=\begin{pmatrix}1 & 7 & -1\\ 4 & 2 & 3\\ 2 & 0 & 1\end{pmatrix}$ 求 $(AB)^{\mathrm{T}}$。

【解】 解法一

因为

$$AB=\begin{pmatrix}2 & 0 & -1\\ 1 & 3 & 2\end{pmatrix}\begin{pmatrix}1 & 7 & -1\\ 4 & 2 & 3\\ 2 & 0 & 1\end{pmatrix}=\begin{pmatrix}0 & 14 & -3\\ 17 & 13 & 10\end{pmatrix}$$

所以

$$(AB)^{\mathrm{T}}=\begin{pmatrix}0 & 17\\ 14 & 13\\ -3 & 10\end{pmatrix}$$

解法二

$$(AB)^{\mathrm{T}}=B^{\mathrm{T}}A^{\mathrm{T}}=\begin{pmatrix}1 & 4 & 2\\ 7 & 2 & 0\\ -1 & 3 & 1\end{pmatrix}\begin{pmatrix}2 & 1\\ 0 & 3\\ -1 & 2\end{pmatrix}=\begin{pmatrix}0 & 17\\ 14 & 13\\ -3 & 10\end{pmatrix}$$

定义 5 n 阶方阵 A 满足 $A^{\mathrm{T}}=A$，则称 A 为对称矩阵。

例如，

$$A=\begin{pmatrix}\frac{1}{2} & \frac{\sqrt{3}}{2}\\ \frac{\sqrt{3}}{2} & \frac{1}{2}\end{pmatrix}，B=\begin{pmatrix}1 & -3 & 6\\ -3 & 1 & 2\\ 6 & 2 & 1\end{pmatrix}$$

都是对称矩阵。对称矩阵的特点是它的元素以主对角线为对称轴对应相等，由定义可得对称矩阵的和与数乘仍为对称矩阵。

六、方阵的行列式

定义 6 由 n 阶方阵 $A=(a_{ij})$ 的元素所构成的行列式（各元素位置不变），称为方阵 A

的行列式，记作 $|\boldsymbol{A}|$ 或 $\det\boldsymbol{A}$。

方阵与行列式是不同的概念，n 阶方阵是 n^2 个数按一定方式排成的数表，而 n 阶行列式则是这些数按一定的运算法则所确定的一个数值。

设 $\boldsymbol{A}$，$\boldsymbol{B}$ 为 n 阶方阵，k 是任意常数，方阵的行列式满足如下的运算规律：

（1） $|\boldsymbol{A}^{\mathrm{T}}|=|\boldsymbol{A}|$；

（2） $|k\boldsymbol{A}|=k^n|\boldsymbol{A}|$；

（3） $|\boldsymbol{AB}|=|\boldsymbol{A}||\boldsymbol{B}|$。

【例 2-12】 设 $\boldsymbol{A}=\begin{pmatrix}1&0&-1\\2&1&0\\3&2&-1\end{pmatrix}$，$\boldsymbol{B}=\begin{pmatrix}-2&1&0\\0&3&1\\0&0&2\end{pmatrix}$，求 $|\boldsymbol{A}||\boldsymbol{B}|$。

【解】 解法一

因为

$$\boldsymbol{AB}=\begin{pmatrix}-2&1&-2\\-4&5&1\\-6&9&0\end{pmatrix}$$

所以

$$|\boldsymbol{AB}|=\begin{vmatrix}-2&1&-2\\-4&5&1\\-6&9&0\end{vmatrix}\overset{r_1+2r_2}{=\!=\!=}\begin{vmatrix}-10&11&0\\-4&5&1\\-6&9&0\end{vmatrix}$$

$$=1\times(-1)^{2+3}\begin{vmatrix}-10&11\\-6&9\end{vmatrix}=24$$

因为 $$|\boldsymbol{AB}|=|\boldsymbol{A}||\boldsymbol{B}|$$

则 $$|\boldsymbol{A}||\boldsymbol{B}|=24$$

解法二

因为

$$|\boldsymbol{A}|=\begin{vmatrix}1&0&-1\\2&1&0\\3&2&-1\end{vmatrix}\overset{r_3+(-1)r_1}{=\!=\!=\!=}\begin{vmatrix}1&0&-1\\2&1&0\\2&2&0\end{vmatrix}$$

$$=(-1)\times(-1)^{1+3}\begin{vmatrix}2&1\\2&2\end{vmatrix}=-2$$

$$|\boldsymbol{B}|=\begin{vmatrix}-2&1&0\\0&3&1\\0&0&2\end{vmatrix}=-12$$

所以 $|\boldsymbol{A}||\boldsymbol{B}|=24$。

注：方阵是数表，而行列式是数值。

习题 2.2

一、填空题

（1）设 $\boldsymbol{A}=\begin{pmatrix}1&2\\-1&3\end{pmatrix}$，$\boldsymbol{B}=\begin{pmatrix}3&-2\\2&1\end{pmatrix}$，则 $3\boldsymbol{A}+2\boldsymbol{B}=$________；$\boldsymbol{AB}=$________；$\boldsymbol{B}^{\mathrm{T}}=$________。

（2）设矩阵 $\boldsymbol{A}=\begin{pmatrix}-1&5\\1&3\end{pmatrix}$，$\boldsymbol{B}=\begin{pmatrix}3&1\\-2&0\end{pmatrix}$，则 $3\boldsymbol{A}-\boldsymbol{B}=$________。

（3）设矩阵 $\boldsymbol{A}$ 为 3 阶方阵，且 $|\boldsymbol{A}|=5$，$|2\boldsymbol{A}|=$________。

（4）设 $\boldsymbol{A}=\begin{pmatrix}1&2&0\\3&4&0\\-1&2&1\end{pmatrix}$，$\boldsymbol{B}=\begin{pmatrix}2&3&-1\\-2&4&0\end{pmatrix}$，则 $\boldsymbol{AB}^{\mathrm{T}}=$________。

（5）设 $\boldsymbol{A}=\begin{pmatrix}2&&\\&3&\\&&4\end{pmatrix}$，则 $\boldsymbol{A}^2=$________，$\boldsymbol{A}^n=$________。

二、单选题

（1）若 $\boldsymbol{A}^2=\boldsymbol{A}$，则下列一定正确的是（　　）

A. $\boldsymbol{A}=\boldsymbol{O}$　　B. $\boldsymbol{A}=\boldsymbol{I}$

C. $\boldsymbol{A}=\boldsymbol{O}$ 或 $\boldsymbol{A}=\boldsymbol{I}$　　D. 以上可能均不成立

（2）设 $\boldsymbol{A}$，$\boldsymbol{B}$ 为 n 阶矩阵，下列命题正确的是（　　）

A. $(\boldsymbol{A}+\boldsymbol{B})^2=\boldsymbol{A}^2+2\boldsymbol{AB}+\boldsymbol{B}^2$　　B. $(\boldsymbol{A}+\boldsymbol{B})(\boldsymbol{A}-\boldsymbol{B})=\boldsymbol{A}^2-\boldsymbol{B}^2$

C. $\boldsymbol{A}^2-\boldsymbol{I}=(\boldsymbol{A}+\boldsymbol{I})(\boldsymbol{A}-\boldsymbol{I})$　　D. $(\boldsymbol{AB})^2=\boldsymbol{A}^2\boldsymbol{B}^2$

（3）设 $\boldsymbol{A}$ 是方阵，若 $\boldsymbol{AB}=\boldsymbol{AC}$，则必有（　　）

A. 当 $\boldsymbol{A}\neq\boldsymbol{O}$ 时，$\boldsymbol{B}=\boldsymbol{C}$　　B. 当 $\boldsymbol{B}\neq\boldsymbol{C}$ 时，$\boldsymbol{A}=\boldsymbol{O}$

C. 当 $\boldsymbol{B}=\boldsymbol{C}$ 时，$|\boldsymbol{A}|\neq0$　　D. 当 $|\boldsymbol{A}|\neq0$ 时，$\boldsymbol{B}=\boldsymbol{C}$

（4）设 $\boldsymbol{A}$，$\boldsymbol{B}$ 为同阶方阵，且 $\boldsymbol{AB}=\boldsymbol{O}$，则必有（　　）

A. $\boldsymbol{A}=\boldsymbol{O}$ 或 $\boldsymbol{B}=\boldsymbol{O}$　　B. $\boldsymbol{A}+\boldsymbol{B}=\boldsymbol{O}$

C. $|\boldsymbol{A}|=0$ 或 $|\boldsymbol{B}|=0$　　D. $|\boldsymbol{A}|+|\boldsymbol{B}|=0$

（5）$\boldsymbol{A}$，$\boldsymbol{B}$ 为同阶方阵，则下列式子成立的是（　　）

A. $|\boldsymbol{A}+\boldsymbol{B}|=|\boldsymbol{A}|+|\boldsymbol{B}|$　　B. $\boldsymbol{AB}=\boldsymbol{BA}$

C. $|\boldsymbol{AB}|=|\boldsymbol{BA}|$　　D. $(\boldsymbol{A}+\boldsymbol{B})^{-1}=\boldsymbol{A}^{-1}+\boldsymbol{B}^{-1}$

三、计算题

（1）$\begin{pmatrix}4&3&1\\1&-2&3\\5&7&0\end{pmatrix}\begin{pmatrix}7\\2\\1\end{pmatrix}$。

(2) $(1, 2, 3)\begin{pmatrix}3\\2\\1\end{pmatrix}$。

(3) $\begin{pmatrix}2\\1\\3\end{pmatrix}(-1, 2)$。

(4) $(x_1, x_2, x_3)\begin{pmatrix}a_{11} & a_{12} & a_{13}\\a_{12} & a_{22} & a_{23}\\a_{13} & a_{23} & a_{33}\end{pmatrix}\begin{pmatrix}x_1\\x_2\\x_3\end{pmatrix}$。

第三节 逆矩阵

数的乘法存在着逆运算除法，当数 $a\neq0$ 时，逆 $\frac{1}{a}=a^{-1}$ 满足 $a^{-1}a=1$，这使得一元线性方程 $ax=b$ 的求解可简单得到，即方程两边同时乘以 a^{-1}，得解 $x=a^{-1}b=\frac{b}{a}$。那么，在解矩阵方程 $\boldsymbol{AX}=\boldsymbol{b}$（此处 $\boldsymbol{b}$ 为单列矩阵）时，是否也存在类似的逆 $\boldsymbol{A}^{-1}$，使得 $\boldsymbol{X}=\boldsymbol{A}^{-1}\boldsymbol{b}$ 呢？这就是要研究的可逆矩阵问题。

对于任意方阵 $\boldsymbol{A}$ 都有：

$$\boldsymbol{AE}=\boldsymbol{EA}=\boldsymbol{A}$$

这里 $\boldsymbol{E}$ 是单位矩阵。因此，从乘法的角度来看，n 级单位矩阵在同级方阵中的地位类似于 1 在复数中的地位。一个实数 $a\neq0$ 的倒数可以用等式

$$aa^{-1}=1,\ a^{-1}\cdot a=1$$

来刻划。

一、逆矩阵的定义

定义 1 对于 n 阶矩阵 $\boldsymbol{A}$，若存在一个 n 阶矩阵 $\boldsymbol{B}$，使得

$$\boldsymbol{AB}=\boldsymbol{BA}=\boldsymbol{E},$$

则矩阵 $\boldsymbol{A}$ 称为可逆矩阵，而矩阵 $\boldsymbol{B}$ 称为 $\boldsymbol{A}$ 的逆矩阵。$\boldsymbol{A}$ 的逆矩阵记作 $\boldsymbol{A}^{-1}$，即 $\boldsymbol{B}=\boldsymbol{A}^{-1}$。

注：(1) 如果矩阵 $\boldsymbol{A}$ 是可逆的，那么 $\boldsymbol{A}$ 的逆矩阵是唯一的。设 $\boldsymbol{B}$，$\boldsymbol{C}$ 都是 $\boldsymbol{A}$ 的逆矩阵，则有

$$\boldsymbol{B}=\boldsymbol{BE}=\boldsymbol{B}(\boldsymbol{AC})=(\boldsymbol{BA})\boldsymbol{C}=\boldsymbol{EC}=\boldsymbol{C},$$

所以 $\boldsymbol{A}$ 的逆矩阵是唯一的。

(2) 定义中 $\boldsymbol{A}$，$\boldsymbol{B}$ 的地位是对等的，因此 $\boldsymbol{B}$ 也可逆，且 $\boldsymbol{B}^{-1}=\boldsymbol{A}[(\boldsymbol{A}^{-1})^{-1}=\boldsymbol{A}]$，即是说 $\boldsymbol{A}$ 与 $\boldsymbol{B}$ 是互为逆矩阵。

例如，由于 $\boldsymbol{E}_n\boldsymbol{E}_n=\boldsymbol{E}_n$，所以 $\boldsymbol{E}_n$ 是可逆矩阵，且 $\boldsymbol{E}_n$ 的逆矩阵是 $\boldsymbol{E}_n$。同样，当 λ_1，λ_2，λ_3 都不为零时，由

$$\begin{pmatrix}\lambda_1 & 0 & 0\\ 0 & \lambda_2 & 0\\ 0 & 0 & \lambda_3\end{pmatrix}\begin{pmatrix}\lambda_1^{-1} & 0 & 0\\ 0 & \lambda_2^{-1} & 0\\ 0 & 0 & \lambda_3^{-1}\end{pmatrix}$$

$$=\begin{pmatrix}\lambda_1^{-1} & 0 & 0\\ 0 & \lambda_2^{-1} & 0\\ 0 & 0 & \lambda_3^{-1}\end{pmatrix}\begin{pmatrix}\lambda_1 & 0 & 0\\ 0 & \lambda_2 & 0\\ 0 & 0 & \lambda_3\end{pmatrix}$$

$$=\begin{pmatrix}1 & 0 & 0\\ 0 & 1 & 0\\ 0 & 0 & 1\end{pmatrix}$$

可知，对角阵

$$\begin{pmatrix}\lambda_1 & 0 & 0\\ 0 & \lambda_2 & 0\\ 0 & 0 & \lambda_3\end{pmatrix}$$

是可逆矩阵，且

$$\begin{pmatrix}\lambda_1^{-1} & 0 & 0\\ 0 & \lambda_2^{-1} & 0\\ 0 & 0 & \lambda_3^{-1}\end{pmatrix}$$

是其逆矩阵。

二、逆矩阵的求法

一个矩阵在什么条件下是可逆的呢？下面的定理回答了这个问题，并以行列式为工具给出了逆矩阵的一种求法。

首先介绍伴随矩阵的概念，设

$$\boldsymbol{A}=\begin{pmatrix}a_{11} & a_{12} & \cdots & a_{1n}\\ a_{21} & a_{22} & \cdots & a_{2n}\\ \vdots & \vdots & & \vdots\\ a_{n1} & a_{n2} & \cdots & a_{nn}\end{pmatrix}$$

则称 n 阶方阵

$$\boldsymbol{A}^*=\begin{pmatrix}A_{11} & A_{21} & \cdots & A_{n1}\\ A_{12} & A_{22} & \cdots & A_{n2}\\ \vdots & \vdots & & \vdots\\ A_{1n} & A_{2n} & \cdots & A_{nn}\end{pmatrix}$$

为矩阵 $\boldsymbol{A}$ 的伴随矩阵，其中 $\boldsymbol{A}_{ij}$ 为元素 a_{ij} 的代数余子式。

例如，$\boldsymbol{A}=\begin{pmatrix}1 & 2\\ 3 & 4\end{pmatrix}$，则 $\boldsymbol{A}^*=\begin{pmatrix}4 & -2\\ -3 & 1\end{pmatrix}$。

由矩阵乘法易知

$$AA^* = A^*A = |A|E$$

定理 1　n 阶方阵 A 可逆的充要条件是 $|A|\neq 0$，且当 $|A|\neq 0$ 时，$A^{-1}=\frac{1}{|A|}A^*$。

证明　必要性

因为 A 可逆，即有 A^{-1}，使得

$$AA^{-1}=E$$

故

$$|A||A^{-1}|=|E|=1,$$

所以

$$|A|\neq 0$$

充分性

设 $|A|\neq 0$，则由 $AA^*=A^*A=|A|E$，得：

$$A\left(\frac{1}{|A|}A^*\right)=\left(\frac{1}{|A|}A^*\right)A=E$$

由逆矩阵的定义及唯一性可知 A 可逆，且 $A^{-1}=\frac{1}{|A|}A^*$。

当 $|A|=0$，A 称为奇异矩阵，否则称为非奇异矩阵。由定理 1 可知可逆矩阵就是非奇异矩阵。

由定理 1 可得以下推论：

推论 1　若 n 阶方阵满足 $AB=O$，且 $|A|\neq 0$，则 $B=O$。

证明　因为 $|A|\neq 0$，所以 A 可逆，用 A^{-1} 左乘 $AB=O$ 两边，得 $B=O$。

推论 2　若 n 阶方阵满足 $AB=AC$，且 $|A|\neq 0$，则 $B=C$。

证明　因为 $|A|\neq 0$，所以 A 可逆，用 A^{-1} 左乘 $AB=AC$ 两边，得 $B=C$。

推论 3　设 A 为 n 阶方阵，若存在 n 阶方阵 B，使得 $AB=E$（或 $BA=E$），则 A 可逆，且 $B=A^{-1}$。

证明　因为 $|A||B|=|E|=1$，故 $|A|\neq 0$，因而 A^{-1} 存在，于是

$$B=EB=(A^{-1}A)B=A^{-1}(AB)=A^{-1}E=A^{-1}$$

推论 3 使检验可逆矩阵的过程减少一半，即由 $AB=E$ 或 $BA=E$，就可确定 B 是 A 的逆矩阵，但前提是 A，B 必须是同阶矩阵。

三、逆矩阵满足的运算率

方阵的逆矩阵满足下述运算规律：

（1）若矩阵 A 可逆，则 A^{-1} 亦可逆，且 $(A^{-1})^{-1}=A$；

（2）若矩阵 A 可逆，数 $k\neq 0$，则 kA 可逆，且 $(kA)^{-1}=\frac{1}{k}A^{-1}$。

证明　因为

$$(kA)\left(\frac{1}{k}A^{-1}\right)=k\cdot\frac{1}{k}AA^{-1}=E$$

则由推论 3 可知：

$$(k\boldsymbol{A})^{-1}=\frac{1}{k}\boldsymbol{A}^{-1}$$

(3) 若$\boldsymbol{A}$，$\boldsymbol{B}$为同阶矩阵且均可逆，则$\boldsymbol{AB}$亦可逆，且

$$(\boldsymbol{AB})^{-1}=\boldsymbol{B}^{-1}\boldsymbol{A}^{-1}$$

证明 因为

$$(\boldsymbol{AB})(\boldsymbol{B}^{-1}\boldsymbol{A}^{-1})=\boldsymbol{A}(\boldsymbol{BB}^{-1})\boldsymbol{A}^{-1}=\boldsymbol{AEA}^{-1}=\boldsymbol{AA}^{-1}=\boldsymbol{E}$$

则由推论 3 可知：

$$(\boldsymbol{AB})^{-1}=\boldsymbol{B}^{-1}\boldsymbol{A}^{-1}$$

(4) 可逆矩阵$\boldsymbol{A}$的转置$\boldsymbol{A}^{\mathrm{T}}$也可逆，且

$$(\boldsymbol{A}^{\mathrm{T}})^{-1}=(\boldsymbol{A}^{-1})^{\mathrm{T}}$$

证明 因为

$$\boldsymbol{A}^{\mathrm{T}}(\boldsymbol{A}^{-1})^{\mathrm{T}}=(\boldsymbol{A}^{-1}\boldsymbol{A})^{\mathrm{T}}=\boldsymbol{E}^{\mathrm{T}}=\boldsymbol{E}$$

则由推论 3 可知：

$$(\boldsymbol{A}^{\mathrm{T}})^{-1}=(\boldsymbol{A}^{-1})^{\mathrm{T}}$$

(5) 若矩阵$\boldsymbol{A}$可逆，则$|\boldsymbol{A}^{-1}|=|\boldsymbol{A}|^{-1}$。

证明 因为

$$\boldsymbol{AA}^{-1}=\boldsymbol{E}$$

所以

$$|\boldsymbol{A}||\boldsymbol{A}^{-1}|=|\boldsymbol{E}|=1$$

即

$$|\boldsymbol{A}^{-1}|=|\boldsymbol{A}|^{-1}$$

【例 2-13】 求二阶矩阵$\boldsymbol{A}=\begin{pmatrix}a & b\\ c & d\end{pmatrix}$ $(ad-bc\neq0)$的逆矩阵。

【解】 因为

$$|\boldsymbol{A}|=ad-bc,\ \boldsymbol{A}^{*}=\begin{pmatrix}d & -b\\ -c & a\end{pmatrix}$$

则

$$\boldsymbol{A}^{-1}=\frac{1}{|\boldsymbol{A}|}\boldsymbol{A}^{*}=\frac{1}{ad-bc}\begin{pmatrix}d & -b\\ -c & a\end{pmatrix}$$

【例 2-14】 求矩阵$\boldsymbol{A}=\begin{pmatrix}1 & 2 & 3\\ 2 & 2 & 1\\ 3 & 4 & 3\end{pmatrix}$的逆矩阵。

【解】 因为$|\boldsymbol{A}|=2\neq0$，所以$\boldsymbol{A}^{-1}$存在。下面再计算$|\boldsymbol{A}|$的代数余子式：

$$A_{11}=2,\quad A_{12}=-3,\quad A_{13}=2,$$
$$A_{21}=6,\quad A_{22}=-6,\quad A_{23}=2,$$
$$A_{31}=-4,\quad A_{32}=5,\quad A_{33}=-2$$

$$\boldsymbol{A}^{*}=\begin{pmatrix}2 & 6 & -4\\ -3 & -6 & 5\\ 2 & 2 & -2\end{pmatrix}$$

$$A^{-1}=\frac{1}{|A|}A^*=\begin{pmatrix}1 & 3 & -2\\ -\frac{3}{2} & -3 & \frac{5}{2}\\ 1 & 1 & -1\end{pmatrix}$$

【例 2-15】 求方阵 $A=\begin{pmatrix}3 & 7 & -3\\ -2 & -5 & 2\\ -4 & -10 & 3\end{pmatrix}$ 的逆矩阵。

【解】 因为

$$|A|=\begin{vmatrix}3 & 7 & -3\\ -2 & -5 & 2\\ -4 & -10 & 3\end{vmatrix}=1$$

所以 A 可逆。

$$A^{-1}=\frac{1}{|A|}A^*=A^*=\begin{pmatrix}A_{11} & A_{12} & A_{13}\\ A_{21} & A_{22} & A_{23}\\ A_{31} & A_{32} & A_{33}\end{pmatrix}$$

又可算得

$$A_{11}=\begin{vmatrix}-5 & 2\\ -10 & 3\end{vmatrix}=5$$

类似可算得 $A_{12}=-2$，$A_{13}=0$，$A_{21}=9$，$A_{22}=-3$，$A_{23}=2$，$A_{31}=-1$，$A_{32}=0$，$A_{33}=-1$。所以

$$A^{-1}=\begin{pmatrix}5 & 9 & -1\\ -2 & -3 & 0\\ 0 & 2 & -1\end{pmatrix}。$$

【例 2-16】 设方阵 A 满足方程 $aA^2+bA+cE=O$，证明 A 为可逆矩阵，并求 A^{-1}。(a，b，c 为常数，$c\neq0$)

【证明】 由 $aA^2+bA+cE=O$，得：

$$aA^2+bA=-cE$$

因 $c\neq0$，故

$$\left(-\frac{a}{c}A-\frac{b}{c}E\right)A=E$$

则由推论 3 可知 A 可逆，且

$$A^{-1}=-\frac{a}{c}A-\frac{b}{c}E$$

对矩阵方程

$$AX=B,\quad XA=B,\quad AXB=C,$$

利用矩阵乘法的运算规律和逆矩阵的运算性质，通过在方程两边左乘或右乘相应矩阵的逆矩阵，可求出其解，它们分别为：

$$X=A^{-1}B,\ X=BA^{-1},\ X=A^{-1}CB^{-1}$$

对于其他形式的矩阵方程，可通过矩阵的有关运算性质转化为标准矩阵方程后进行求解。

【例 2-17】 设

$$A=\begin{pmatrix}1&2&3\\2&2&1\\3&4&3\end{pmatrix},\ B=\begin{pmatrix}2&1\\5&3\end{pmatrix},\ C=\begin{pmatrix}1&3\\2&0\\3&1\end{pmatrix}$$

求矩阵 X，使满足 $AXB=C$。

【解】 因为 $|A|=2\neq0$，$|B|=1\neq0$，所以 A^{-1}，B^{-1}都存在，且

$$A^{-1}=\begin{pmatrix}1&3&-2\\-\frac{3}{2}&-3&\frac{5}{2}\\1&1&-1\end{pmatrix},\ B^{-1}=\begin{pmatrix}3&-1\\-5&2\end{pmatrix}$$

由于 $AXB=C$，得：

$$\begin{aligned}X&=A^{-1}CB^{-1}\\&=\begin{pmatrix}1&3&-2\\-\frac{3}{2}&-3&\frac{5}{2}\\1&1&-1\end{pmatrix}\begin{pmatrix}1&3\\2&0\\3&1\end{pmatrix}\begin{pmatrix}3&-1\\-5&2\end{pmatrix}\\&=\begin{pmatrix}-2&1\\10&-4\\-10&4\end{pmatrix}\end{aligned}$$

【例 2-18】 设方阵 A 满足方程 $A^2-3A-10E=O$，证明：A，$A-4E$ 都可逆，并求出它们的逆矩阵。

【证明】 由 $A^2-3A-10E=O$，得：

$$A(A-3E)=10E$$

即

$$A\left(\frac{A-3E}{10}\right)=E$$

故 A 可逆，且 $$A^{-1}=\frac{A-3E}{10}$$

再由 $A^2-3A-10E=O$，得：

$$(A+E)(A-4E)=6E$$

即 $$\frac{1}{6}(A+E)(A-4E)=E$$

故 $A-4E$ 可逆，且

$$(A-4E)^{-1}=\frac{A+E}{6}$$

习题　2.3

（1）求下列矩阵的逆矩阵$\begin{pmatrix}1 & 2 & -1\\ 3 & 4 & -2\\ 5 & -4 & 1\end{pmatrix}$。

（2）解方程：$X\begin{pmatrix}2 & 1 & -1\\ 2 & 1 & 0\\ 1 & -1 & 1\end{pmatrix}=\begin{pmatrix}1 & -1 & 3\\ 4 & 3 & 2\end{pmatrix}$。

（3）设$P^{-1}AP=B$，其中$P=\begin{pmatrix}-1 & -4\\ 1 & 1\end{pmatrix}$，$B=\begin{pmatrix}-1 & 0\\ 0 & 2\end{pmatrix}$，求$A^{10}$。

（4）设方阵A满足$A^2-A-2E=O$，证明A及$A+2E$可逆，并求A^{-1}和$(A+2E)^{-1}$。

第四节　分块矩阵

一、矩阵的分块

将矩阵A用若干条纵线和横线分成许多小矩阵，每一个小矩阵称为矩阵A的子块，以子块为元素的形式上的矩阵称为分块矩阵。分成子块的方法很多，矩阵分块的原则是：在同一行中，其各块矩阵的行数一致；在同一列中，其块矩阵的列数一致。

例如

$$A=\begin{pmatrix}a & 1 & 0 & 0\\ \vdots & \vdots & \vdots & \vdots\\ 0 & a & 0 & 0\\ 1 & 0 & b & 1\\ \vdots & \vdots & \vdots & \vdots\\ 0 & 1 & 1 & b\end{pmatrix}=\begin{pmatrix}A_1\\ A_2\\ A_3\end{pmatrix}$$

常用的几种分块方法有：

（1）列向量分法，即$A=(\alpha_1, \alpha_2, \cdots, \alpha_n)$，其中$\alpha_i$为$A$的列向量；

（2）行向量分法，即$A=\begin{pmatrix}\beta_1\\ \vdots\\ \beta_m\end{pmatrix}$，其中$\beta_i$为$A$的行向量；

（3）分两块，即$A=(A_1, A_2)$或$B=\begin{pmatrix}B_1\\ B_2\end{pmatrix}$；

（4）分四块，即$A=\begin{pmatrix}A_1 & A_2\\ A_3 & A_4\end{pmatrix}$。

二、分块矩阵的运算

1. 加法

设$A=(a_{ij})_{m\times n}$，$B=(b_{ij})_{m\times n}$为同型矩阵，若采用相同的分块法，即：

$$\boldsymbol{A}=\begin{pmatrix}\boldsymbol{A}_{11} & \boldsymbol{A}_{12} & \cdots & \boldsymbol{A}_{1s}\\ \boldsymbol{A}_{21} & \boldsymbol{A}_{22} & \cdots & \boldsymbol{A}_{2s}\\ \vdots & \vdots & & \vdots\\ \boldsymbol{A}_{r1} & \boldsymbol{A}_{r2} & \cdots & \boldsymbol{A}_{rs}\end{pmatrix},\ \boldsymbol{B}=\begin{pmatrix}\boldsymbol{B}_{11} & \boldsymbol{B}_{12} & \cdots & \boldsymbol{B}_{1s}\\ \boldsymbol{B}_{21} & \boldsymbol{B}_{22} & \cdots & \boldsymbol{B}_{2s}\\ \vdots & \vdots & & \vdots\\ \boldsymbol{B}_{r1} & \boldsymbol{B}_{r2} & \cdots & \boldsymbol{B}_{rs}\end{pmatrix},$$

则

$$\boldsymbol{A}\pm\boldsymbol{B}=\begin{pmatrix}\boldsymbol{A}_{11}\pm\boldsymbol{B}_{11} & \boldsymbol{A}_{12}\pm\boldsymbol{B}_{12} & \cdots & \boldsymbol{A}_{1s}\pm\boldsymbol{B}_{1s}\\ \boldsymbol{A}_{21}\pm\boldsymbol{B}_{21} & \boldsymbol{A}_{22}\pm\boldsymbol{B}_{22} & \cdots & \boldsymbol{A}_{2s}\pm\boldsymbol{B}_{2s}\\ \vdots & \vdots & & \vdots\\ \boldsymbol{A}_{r1}\pm\boldsymbol{B}_{r1} & \boldsymbol{A}_{r2}\pm\boldsymbol{B}_{r2} & \cdots & \boldsymbol{A}_{rs}\pm\boldsymbol{B}_{rs}\end{pmatrix}。$$

注：相加矩阵的行、列的分块方式要一致，即行块列块数对应相等、对应位置上的子块的行列数对应相等。

【例 2-19】 已知

$$\boldsymbol{A}=\begin{pmatrix}1 & 0 & 1 & 3\\ 0 & 1 & 2 & 4\\ 0 & 0 & -1 & 0\\ 0 & 0 & 0 & -1\end{pmatrix},\ \boldsymbol{B}=\begin{pmatrix}1 & 2 & 0 & 0\\ 2 & 0 & 0 & 0\\ 6 & -2 & 1 & 0\\ 0 & 3 & 0 & 1\end{pmatrix},$$

用矩阵的分块计算 $\boldsymbol{A}+\boldsymbol{B}$。

【解】

$$\boldsymbol{A}+\boldsymbol{B}=\left(\begin{array}{cc:cc}1 & 0 & 1 & 3\\ 0 & 1 & 2 & 4\\ \hdashline 0 & 0 & -1 & 0\\ 0 & 0 & 0 & -1\end{array}\right)+\left(\begin{array}{cc:cc}1 & 2 & 0 & 0\\ 2 & 0 & 0 & 0\\ \hdashline 6 & -2 & 1 & 0\\ 0 & 3 & 0 & 1\end{array}\right)$$

$$=\begin{pmatrix}\boldsymbol{E} & \boldsymbol{A}_1\\ \boldsymbol{O} & -\boldsymbol{E}\end{pmatrix}+\begin{pmatrix}\boldsymbol{B}_1 & \boldsymbol{O}\\ \boldsymbol{B}_2 & \boldsymbol{E}\end{pmatrix}$$

$$=\begin{pmatrix}\boldsymbol{E}+\boldsymbol{B}_1 & \boldsymbol{A}_1\\ \boldsymbol{B}_2 & -\boldsymbol{E}+\boldsymbol{E}\end{pmatrix}$$

$$=\begin{pmatrix}\boldsymbol{E}+\boldsymbol{B}_1 & \boldsymbol{A}_1\\ \boldsymbol{B}_2 & -\boldsymbol{O}\end{pmatrix}$$

$$=\begin{pmatrix}2 & 2 & 1 & 3\\ 2 & 1 & 2 & 4\\ 6 & -2 & 0 & 0\\ 0 & 3 & 0 & 0\end{pmatrix}$$

2. 数乘

$$\lambda\boldsymbol{A}=\lambda\begin{pmatrix}A_{11} & A_{12} & \cdots & A_{1s}\\ A_{21} & A_{22} & \cdots & A_{2s}\\ \vdots & \vdots & & \vdots\\ A_{r1} & A_{r2} & \cdots & A_{rs}\end{pmatrix}$$

$$
=\begin{pmatrix} \lambda A_{11} & \lambda A_{12} & \cdots & \lambda A_{1s} \\ \lambda A_{21} & \lambda A_{22} & \cdots & \lambda A_{2s} \\ \vdots & \vdots & & \vdots \\ \lambda A_{r1} & \lambda A_{r2} & \cdots & \lambda A_{rs} \end{pmatrix}
$$

3. 乘法

一般情况下，若 $\boldsymbol{A}$ 和 $\boldsymbol{B}$ 可乘，则将 $\boldsymbol{A}$，$\boldsymbol{B}$ 分别表示成分块矩阵作乘法时，要求 $\boldsymbol{A}$ 的列的分法与 $\boldsymbol{B}$ 的行的分法必须一致，以保证除了分块矩阵可行，而且各子块间的运算也可行，而对 $\boldsymbol{A}$ 的行的分法及 $\boldsymbol{A}$ 的列的分法没有限制。当矩阵中出现单位矩阵子块或零矩阵子块时，矩阵的分块乘法更加简便。

设 $\boldsymbol{A}$ 是 $m\times l$ 矩阵，$\boldsymbol{B}$ 为 $l\times n$ 矩阵，分块时应分为：

$$
\boldsymbol{A}=\begin{pmatrix} \boldsymbol{A}_{11} & \boldsymbol{A}_{12} & \cdots & \boldsymbol{A}_{1s} \\ \boldsymbol{A}_{21} & \boldsymbol{A}_{22} & \cdots & \boldsymbol{A}_{2s} \\ \vdots & \vdots & & \vdots \\ \boldsymbol{A}_{s1} & \boldsymbol{A}_{s2} & \cdots & \boldsymbol{A}_{st} \end{pmatrix},\quad \boldsymbol{B}=\begin{pmatrix} \boldsymbol{B}_{11} & \boldsymbol{B}_{12} & \cdots & \boldsymbol{B}_{1r} \\ \boldsymbol{B}_{21} & \boldsymbol{B}_{22} & \cdots & \boldsymbol{B}_{2r} \\ \vdots & \vdots & & \vdots \\ \boldsymbol{B}_{t1} & \boldsymbol{B}_{t2} & \cdots & \boldsymbol{B}_{tr} \end{pmatrix}。
$$

其中 $\boldsymbol{A}_{i1}$，$\boldsymbol{A}_{i2}$，…，$\boldsymbol{A}_{it}$的列数分别等于 $\boldsymbol{B}_{1j}$，$\boldsymbol{B}_{2j}$，…，$\boldsymbol{B}_{tj}$的行数，那么

$$
\boldsymbol{AB}=\boldsymbol{C}=\begin{pmatrix} \boldsymbol{C}_{11} & \boldsymbol{C}_{12} & \cdots & \boldsymbol{C}_{1r} \\ \boldsymbol{C}_{21} & \boldsymbol{C}_{22} & \cdots & \boldsymbol{C}_{2r} \\ \vdots & \vdots & & \vdots \\ \boldsymbol{C}_{s1} & \boldsymbol{C}_{s2} & \cdots & \boldsymbol{C}_{sr} \end{pmatrix},
$$

其中 $\boldsymbol{C}_{ij}=\sum\limits_{k=1}^{t}\boldsymbol{A}_{ik}\boldsymbol{B}_{kj}$（$i=1$，…，$s$；$j=1$，…，$r$）。

【例 2-20】 设 $\boldsymbol{A}=\begin{pmatrix} 1 & 0 & 0 & 0 \\ 0 & 1 & 0 & 0 \\ -1 & 2 & 1 & 0 \\ 1 & 1 & 0 & 1 \end{pmatrix}$，$\boldsymbol{B}=\begin{pmatrix} 1 & 0 & 1 & 0 \\ -1 & 2 & 0 & 1 \\ 1 & 0 & 4 & 1 \\ -1 & -1 & 2 & 0 \end{pmatrix}$，求 $\boldsymbol{AB}$。

【解】 令

$$
\boldsymbol{A}=\left(\begin{array}{cc:cc} 1 & 0 & 0 & 0 \\ 0 & 1 & 0 & 0 \\ \hdashline -1 & 2 & 1 & 0 \\ 1 & 1 & 0 & 1 \end{array}\right)=\begin{pmatrix} \boldsymbol{E} & \boldsymbol{O} \\ \boldsymbol{A}_1 & \boldsymbol{E} \end{pmatrix}
$$

$$
\boldsymbol{B}=\left(\begin{array}{cc:cc} 1 & 0 & 1 & 0 \\ -1 & 2 & 0 & 1 \\ \hdashline 1 & 0 & 4 & 1 \\ -1 & -1 & 2 & 0 \end{array}\right)=\begin{pmatrix} \boldsymbol{B}_{11} & \boldsymbol{E} \\ \boldsymbol{B}_{21} & \boldsymbol{B}_{22} \end{pmatrix}
$$

则

$$
\boldsymbol{AB}=\begin{pmatrix} \boldsymbol{E} & \boldsymbol{O} \\ \boldsymbol{A}_1 & \boldsymbol{E} \end{pmatrix}\begin{pmatrix} \boldsymbol{B}_{11} & \boldsymbol{E} \\ \boldsymbol{B}_{21} & \boldsymbol{B}_{22} \end{pmatrix}
$$

$$=\begin{pmatrix} \boldsymbol{B}_{11} & \boldsymbol{E} \\ \boldsymbol{A}_1\boldsymbol{B}_{11}+\boldsymbol{B}_{21} & \boldsymbol{A}_1+\boldsymbol{B}_{22} \end{pmatrix}$$

其中

$$\begin{aligned}
&\boldsymbol{A}_1\boldsymbol{B}_{11}+\boldsymbol{B}_{21}\\
&=\begin{pmatrix} -1 & 2 \\ 1 & 1 \end{pmatrix}\begin{pmatrix} 1 & 0 \\ -1 & 2 \end{pmatrix}+\begin{pmatrix} 1 & 0 \\ -1 & -1 \end{pmatrix}\\
&=\begin{pmatrix} -2 & 4 \\ -1 & 1 \end{pmatrix}
\end{aligned}$$

$$\begin{aligned}
&\boldsymbol{A}_1+\boldsymbol{B}_{22}\\
&=\begin{pmatrix} -1 & 2 \\ 1 & 1 \end{pmatrix}+\begin{pmatrix} 4 & 1 \\ 2 & 0 \end{pmatrix}\\
&=\begin{pmatrix} 3 & 3 \\ 3 & 1 \end{pmatrix}
\end{aligned}$$

因此

$$\boldsymbol{AB}=\left(\begin{array}{cc:cc} 1 & 0 & 1 & 0 \\ -1 & 2 & 0 & 1 \\ \hdashline -2 & 4 & 3 & 3 \\ -1 & 1 & 3 & 1 \end{array}\right)$$

4. 分块矩阵的简单基本性质

形如

$$\boldsymbol{A}=\begin{pmatrix} \boldsymbol{A}_1 & & & \\ & \boldsymbol{A}_2 & & \\ & & \ddots & \\ & & & \boldsymbol{A}_s \end{pmatrix}$$

的矩阵称为准对角矩阵。其包括以下性质:

(1) $\det\boldsymbol{A}=(\det\boldsymbol{A}_1)(\det\boldsymbol{A}_2)\cdots(\det\boldsymbol{A}_s)$;

(2) 对于两个同类型的 n 阶准对角矩阵（其中 $\boldsymbol{A}_i$，$\boldsymbol{B}_i$ 同为 n_i 阶方阵），

$$\boldsymbol{A}=\begin{pmatrix} \boldsymbol{A}_1 & & & \\ & \boldsymbol{A}_2 & & \\ & & \ddots & \\ & & & \boldsymbol{A}_s \end{pmatrix},\quad \boldsymbol{B}=\begin{pmatrix} \boldsymbol{B}_1 & & & \\ & \boldsymbol{B}_2 & & \\ & & \ddots & \\ & & & \boldsymbol{B}_s \end{pmatrix}$$

有

$$\boldsymbol{AB}=\begin{pmatrix} \boldsymbol{A}_1\boldsymbol{B}_1 & & & \\ & \boldsymbol{A}_2\boldsymbol{B}_2 & & \\ & & \ddots & \\ & & & \boldsymbol{A}_s\boldsymbol{B}_s \end{pmatrix};$$

(3) $\boldsymbol{A}$ 可逆等价于 $\boldsymbol{A}_i$ ($i=1,2,\cdots,n$) 可逆，且

$$\boldsymbol{A}^{-1}=\begin{pmatrix}\boldsymbol{A}_1^{-1} & & & \\ & \boldsymbol{A}_2^{-1} & & \\ & & \ddots & \\ & & & \boldsymbol{A}_r^{-1}\end{pmatrix}。$$

【例 2-21】 已知 $\boldsymbol{A}=\left(\begin{array}{c:cc}5 & 0 & 0 \\ \hdashline 0 & 3 & 1 \\ 0 & 2 & 1\end{array}\right)=\begin{pmatrix}\boldsymbol{A}_1 & \boldsymbol{O} \\ \boldsymbol{O} & \boldsymbol{A}_2\end{pmatrix}$，求 $\boldsymbol{A}^{-1}$。

【解】

$$\boldsymbol{A}^{-1}=\begin{pmatrix}\boldsymbol{A}_1^{-1} & \boldsymbol{O} \\ \boldsymbol{O} & \boldsymbol{A}_2^{-1}\end{pmatrix}=\left(\begin{array}{c:cc}\frac{1}{5} & 0 & 0 \\ \hdashline 0 & 1 & -1 \\ 0 & -2 & 3\end{array}\right)$$

习题 2.4

(1) 设 $\boldsymbol{A}=\begin{pmatrix}1 & 0 & 0 & 0 \\ 0 & 1 & 0 & 0 \\ -1 & 2 & 1 & 0 \\ 1 & 1 & 0 & 1\end{pmatrix}$，$\boldsymbol{B}=\begin{pmatrix}1 & 0 & 3 & 2 \\ -1 & 2 & 0 & 1 \\ 1 & 0 & 4 & 1 \\ -1 & -1 & 2 & 0\end{pmatrix}$，计算 $\boldsymbol{AB}$。

(2) 设 $\boldsymbol{A}=\begin{pmatrix}2 & 1 & 0 & 0 \\ 3 & 2 & 0 & 0 \\ 0 & 0 & 3 & 1 \\ 0 & 0 & 5 & 2\end{pmatrix}$，求 $\boldsymbol{A}^{-1}$ 和 $|\boldsymbol{A}^2|$。

第五节 矩阵的初等变换和初等矩阵

一、初等变换和初等矩阵

1. 初等变换

定义1 设矩阵 $\boldsymbol{A}=(a_{ij})_{m\times n}$，则包括以下三种行（列）变换：

(1) $\boldsymbol{A}$ 的某两行（列）元素对换，即：

$$\begin{pmatrix}a_{11} & a_{12} & \cdots & a_{1n} \\ \vdots & \vdots & & \vdots \\ a_{i1} & a_{i2} & \cdots & a_{in} \\ \vdots & \vdots & & \vdots \\ a_{j1} & a_{j2} & \cdots & a_{jn} \\ \vdots & \vdots & & \vdots \\ a_{1n} & a_{2n} & \cdots & a_{nn}\end{pmatrix}\begin{matrix} \\ \\ i\text{行} \\ \\ j\text{行} \\ \\ \\ \end{matrix}\xrightarrow{r_i\leftrightarrow r_j}\begin{pmatrix}a_{11} & a_{12} & \cdots & a_{1n} \\ \vdots & \vdots & & \vdots \\ a_{j1} & a_{j2} & \cdots & a_{jn} \\ \vdots & \vdots & & \vdots \\ a_{i1} & a_{i2} & \cdots & a_{in} \\ \vdots & \vdots & & \vdots \\ a_{1n} & a_{2n} & \cdots & a_{nn}\end{pmatrix}\begin{matrix} \\ \\ i\text{行} \\ \\ j\text{行} \\ \\ \\ \end{matrix},$$

或 $\begin{pmatrix} a_{11} & \cdots & a_{1i} & \cdots & a_{1j} & \cdots & a_{1m} \\ a_{21} & \cdots & a_{2i} & \cdots & a_{2j} & \cdots & a_{2m} \\ \vdots & & \vdots & & \vdots & & \vdots \\ a_{m1} & \cdots & a_{mi} & \cdots & a_{mj} & \cdots & a_{mm} \end{pmatrix} \xrightarrow{c_i \leftrightarrow c_j} \begin{pmatrix} a_{11} & \cdots & a_{1j} & \cdots & a_{1i} & \cdots & a_{1m} \\ a_{21} & \cdots & a_{2j} & \cdots & a_{2i} & \cdots & a_{2m} \\ \vdots & & \vdots & & \vdots & & \vdots \\ a_{m1} & \cdots & a_{mj} & \cdots & a_{mi} & \cdots & a_{mm} \end{pmatrix}$；

（左矩阵：i 列、j 列；右矩阵：i 列、j 列）

（2）用一个非零数 k 乘以 $\boldsymbol{A}$ 的某一行（列）的元素；

（3）$\boldsymbol{A}$ 的某行（列）元素的 k 倍对应加到另一行（列），称为矩阵的初等行（列）变换。一般情况下，将矩阵的初等行、列的变换统称为矩阵的初等变换。

2. 初等矩阵

定义 2 由 n 阶单位矩阵 $\boldsymbol{E}_n$ 经过一次初等行（或列）变换得到的矩阵称为初等矩阵。

对应于三种初等变换，可以得到三种初等矩阵。

（1）对换单位阵的 i, j 两行（或两列）而得到的初等矩阵记为 $E_n(i, j)$，常常也简记为 $\boldsymbol{E}(i, j)$。这种矩阵形如

$$\boldsymbol{E}(i, j) = \begin{pmatrix} 1 & & & & & & & & & \\ & \ddots & & & & & & & & \\ & & 1 & & & & & & & \\ & & & 0 & \cdots & \cdots & \cdots & 1 & & \\ & & & \vdots & 1 & & & \vdots & & \\ & & & \vdots & & \ddots & & \vdots & & \\ & & & \vdots & & & 1 & \vdots & & \\ & & & 1 & \cdots & \cdots & \cdots & 0 & & \\ & & & & & & & & 1 & \\ & & & & & & & & & \ddots \\ & & & & & & & & & & 1 \end{pmatrix} \begin{matrix} \\ \\ \\ i\text{行} \\ \\ \\ \\ j\text{行} \\ \\ \\ \\ \end{matrix}$$

（2）用一个非零数 k 乘以 $\boldsymbol{A}$ 的第 i 行(或第 i 列)的元素得到的初等矩阵记为 $\boldsymbol{E}(i(k))$；

（3）将矩阵 $\boldsymbol{A}$ 的第 i 行（或第 j 列）元素的 k 倍对应加到第 j 行（或第 i 列）去，得到的初等矩阵记为 $\boldsymbol{E}(j, i(k))$。

因为初等矩阵都是由单位矩阵经过一次初等变换得到的，依据行列式的性质知道初等矩阵的行列式值不为零，故它们都可逆。初等矩阵的逆矩阵也是初等矩阵。它们的逆矩阵为：

$$\boldsymbol{E}(i, j)^{-1} = \boldsymbol{E}(i, j);\ \boldsymbol{E}(i(k))^{-1} = \boldsymbol{E}\left(i\left(\frac{1}{k}\right)\right);\ \boldsymbol{E}(j, i(k))^{-1} = \boldsymbol{E}(j, i(-k))。$$

3. 初等变换与初等矩阵的关系

定理 1 设 $\boldsymbol{A} = (a_{ij})_{m\times n}$，则对 $\boldsymbol{A}$ 施行一次初等行变换，相当于用一个 m 阶的同类型初等矩阵（单位阵经相同初等变换而得到的初等矩阵）左乘矩阵 $\boldsymbol{A}$；对 $\boldsymbol{A}$ 施行一次初等列变换，相当于用一个 n 阶的同类型初等矩阵右乘矩阵 $\boldsymbol{A}$，即：

$$\boldsymbol{A}_{m\times n} \xrightarrow{r_i \leftrightarrow r_j} \boldsymbol{E}_m(i, j)\boldsymbol{A}_{m\times n};\ \boldsymbol{A}_{m\times n} \xrightarrow{c_i \leftrightarrow c_j} \boldsymbol{A}_{m\times n}\boldsymbol{E}_n(i, j);$$

$$\boldsymbol{A}_{m\times n} \xrightarrow{kr_i} \boldsymbol{E}_m((ki))\boldsymbol{A}_{m\times n};\ \boldsymbol{A}_{m\times n} \xrightarrow{cr_i} \boldsymbol{A}_{m\times n}\boldsymbol{E}_n(k(i));$$

$$A_{m\times n}\xrightarrow{r_j+kr_i}E_m((j,\ i(k))A_{m\times n};\ A_{m\times n}\xrightarrow{c_j+kc_i}A_{m\times n}E_n(j,\ i\ (k))。$$

4. 将矩阵化为行阶梯型、行最简型、标准型

将矩阵化为行阶梯型、行最简型、标准型就是利用矩阵的初等变换。下面是以上三种形式的定义。

若满足以下两个条件：

（1）若有零行（元全为0的行），则零行位于非零行（元不全为0的行）的下方；

（2）每个首非零元（非零行从左边数起第一个不为零的元）前面零的个数逐行增加。则为行阶梯型，简称阶梯型。

首非零元为1，且首非零元所在的列其他元都为0的行阶梯形称为行最简矩阵，简称最简形。

对任何 $m\times n$ 矩阵 $\boldsymbol{A}$，必可经有限次初等变换化为如下形式的矩阵：

$$\boldsymbol{N}=\begin{pmatrix}\boldsymbol{E}_r & \boldsymbol{O}\\ \boldsymbol{O} & \boldsymbol{O}\end{pmatrix},$$

其中，称 $\boldsymbol{N}$ 为矩阵 $\boldsymbol{A}$ 的等价标准形。此标准形是由 m，n，r 完全确定的，其中 r 就是行阶梯矩阵中非零行的个数。

定理2　任意 $m\times n$ 矩阵 $\boldsymbol{A}$ 总可以经初等变换行阶梯型及行最简型矩阵。

推论　$m\times n$ 矩阵 $\boldsymbol{A}$ 经过初等变换化为的行最简型是唯一的。

【例2-22】　利用初等行变换把矩阵 $\begin{pmatrix}-1 & 3 & -6 & 4\\ 0 & 8 & -24 & 10\\ 0 & -4 & 12 & -2\\ 0 & 4 & -12 & 8\end{pmatrix}$ 化为最简型。

【解】

$$\begin{pmatrix}-1 & 3 & -6 & 4\\ 0 & 8 & -24 & 10\\ 0 & -4 & 12 & -2\\ 0 & 4 & -12 & 8\end{pmatrix}\xrightarrow{r_1+r_3}\begin{pmatrix}-1 & 3 & -6 & 4\\ 0 & 8 & -24 & 10\\ 0 & -4 & 12 & -2\\ 0 & 4 & -12 & 8\end{pmatrix}$$

$$\xrightarrow[r_4+2r_1]{\substack{r_2+3r_1\\ r_3-r_1}}\begin{pmatrix}-1 & 3 & -6 & 4\\ 0 & 8 & -24 & 10\\ 0 & -4 & 12 & -2\\ 0 & 4 & -12 & 8\end{pmatrix}\xrightarrow{\substack{r_4+r_3\\ r_3+\frac{1}{2}r_1}}\begin{pmatrix}-1 & 3 & -6 & 4\\ 0 & 8 & -24 & 10\\ 0 & 0 & 0 & 3\\ 0 & 0 & 0 & 6\end{pmatrix}$$

$$\xrightarrow{r_4-2r_3}\begin{pmatrix}-1 & 3 & -6 & 4\\ 0 & 8 & -24 & 10\\ 0 & 0 & 0 & 3\\ 0 & 0 & 0 & 0\end{pmatrix}=\boldsymbol{B}$$

$$\begin{pmatrix}-1 & 3 & -6 & 4\\ 0 & 8 & -24 & 10\\ 0 & -4 & 12 & -2\\ 0 & 4 & -12 & -8\end{pmatrix}\xrightarrow[\substack{r_1-4r_3\\ \frac{1}{8}r_2}]{\substack{\frac{1}{3}r_1\\ r_2-10r_3}}\begin{pmatrix}-1 & 3 & -6 & 0\\ 0 & 1 & -3 & 0\\ 0 & 0 & 0 & 1\\ 0 & 0 & 0 & 0\end{pmatrix}\xrightarrow[-r_1]{r_1-3r_2}\begin{pmatrix}1 & 0 & -3 & 0\\ 0 & 1 & -3 & 0\\ 0 & 0 & 0 & 1\\ 0 & 0 & 0 & 0\end{pmatrix}$$

$=\boldsymbol{C}$

其中，$\boldsymbol{B}$ 为阶梯型，$\boldsymbol{C}$ 为最简型。

二、求逆矩阵的初等变换法

定义 3 如果矩阵 $\boldsymbol{A}$ 经过有限次初等变换变成矩阵 $\boldsymbol{B}$，则称矩阵 $\boldsymbol{A}$ 与 $\boldsymbol{B}$ 等价，记为 $\boldsymbol{A}\sim\boldsymbol{B}$。

不难验证矩阵的等价具有下列性质：

（1）反身性，$\boldsymbol{A}\sim\boldsymbol{A}$；

（2）对称性，若 $\boldsymbol{A}\sim\boldsymbol{B}$，则 $\boldsymbol{B}\sim\boldsymbol{A}$；

（3）传递性，若 $\boldsymbol{A}\sim\boldsymbol{B}$，$\boldsymbol{B}\sim\boldsymbol{C}$，则 $\boldsymbol{A}\sim\boldsymbol{C}$。

【例 2-23】 设矩阵 $\boldsymbol{A}=\begin{pmatrix}1&1&0&2\\-1&1&-1&0\\2&1&2&1\end{pmatrix}$，试将 $\boldsymbol{A}$ 化为等价标准形。

【解】

$$\boldsymbol{A}=\begin{pmatrix}1&1&0&2\\-1&1&-1&0\\2&1&2&1\end{pmatrix}\xrightarrow[c_4-2c_1]{c_2-c_1}\begin{pmatrix}1&0&0&0\\-1&2&-1&2\\2&-1&2&-3\end{pmatrix}$$

$$\xrightarrow[r_3-2r_1]{r_2+r_1}\begin{pmatrix}1&0&0&0\\0&2&-1&2\\0&-1&2&-3\end{pmatrix}\xrightarrow{r_2\leftrightarrow r_3}\begin{pmatrix}1&0&0&0\\0&-1&2&-3\\0&2&-1&2\end{pmatrix}$$

$$\xrightarrow[r_3+2r_2]{-r_2}\begin{pmatrix}1&0&0&0\\0&1&-2&3\\0&0&3&-4\end{pmatrix}\xrightarrow[c_4-3c_2]{c_3+2c_2}\begin{pmatrix}1&0&0&0\\0&1&0&0\\0&0&3&-4\end{pmatrix}$$

$$\xrightarrow[c_4+4c_3/3]{c_3/3}\begin{pmatrix}1&0&0&0\\0&1&0&0\\0&0&1&0\end{pmatrix}$$

定理 3 一个 n 阶方阵 $\boldsymbol{A}$ 可逆的充分必要条件是它的等价标准形为单位阵，且 $\boldsymbol{A}$ 可以表示成一系列初等矩阵的乘积。

【例 2-24】 已知 $\boldsymbol{A}=\begin{pmatrix}2&-4&1\\1&-5&2\\1&-1&1\end{pmatrix}$，$\boldsymbol{B}=\begin{pmatrix}1&2&3\\2&4&6\\2&1&3\end{pmatrix}$，求 $\boldsymbol{A}^{-1}$，$\boldsymbol{B}^{-1}$。

【解】

$$(\boldsymbol{A}\ \vdots\ \boldsymbol{E})=\left(\begin{array}{ccc:ccc}2&-4&1&1&0&0\\1&-5&2&0&1&0\\1&-1&1&0&0&1\end{array}\right)\to\left(\begin{array}{ccc:ccc}1&-1&1&0&0&1\\1&-5&2&0&1&0\\2&-4&1&1&0&0\end{array}\right)$$

$$\to\left(\begin{array}{ccc:ccc}1&-1&1&0&0&1\\0&-4&1&0&1&-1\\0&-2&-1&1&0&-2\end{array}\right)\to\left(\begin{array}{ccc:ccc}1&-1&1&0&0&1\\0&-2&-1&1&0&-2\\0&-4&1&0&1&-1\end{array}\right)$$

$$\rightarrow\left(\begin{array}{ccc:ccc}1&-1&1&0&0&1\\0&-2&-1&1&0&-2\\0&0&3&-2&1&3\end{array}\right)\rightarrow\left(\begin{array}{ccc:ccc}1&-1&0&\frac{2}{3}&-\frac{1}{3}&0\\0&-2&0&\frac{1}{3}&\frac{1}{3}&-1\\0&0&1&-\frac{2}{3}&\frac{1}{3}&1\end{array}\right)$$

$$\rightarrow\left(\begin{array}{ccc:ccc}1&0&0&\frac{1}{2}&-\frac{1}{2}&\frac{1}{2}\\0&1&0&-\frac{1}{6}&-\frac{1}{6}&\frac{1}{2}\\0&0&1&-\frac{2}{3}&\frac{1}{3}&1\end{array}\right)$$

所以

$$\boldsymbol{A}^{-1}=\begin{pmatrix}\frac{1}{2}&-\frac{1}{2}&\frac{1}{2}\\-\frac{1}{6}&-\frac{1}{6}&\frac{1}{2}\\-\frac{2}{3}&\frac{1}{3}&1\end{pmatrix}$$

$$(\boldsymbol{B}\vdots\boldsymbol{E})=\left(\begin{array}{ccc:ccc}1&2&3&1&0&0\\2&4&6&0&1&0\\2&1&3&0&0&1\end{array}\right)$$

$$\rightarrow\left(\begin{array}{ccc:ccc}1&2&3&1&0&0\\0&0&0&-2&1&0\\2&1&3&0&0&1\end{array}\right)$$

故 $\boldsymbol{B}$ 不可逆，即 $\boldsymbol{B}^{-1}$不存在。

【例 2-25】　用逆矩阵或初等变换解下列矩阵方程。

（1）$\boldsymbol{AX}=\boldsymbol{A}+2\boldsymbol{X}$，其中 $\boldsymbol{A}=\begin{pmatrix}4&2&3\\1&1&0\\-1&2&3\end{pmatrix}$；

（2）$\begin{pmatrix}2&5\\1&3\end{pmatrix}\boldsymbol{X}\begin{pmatrix}1&0&0\\0&2&1\\3&0&1\end{pmatrix}=\begin{pmatrix}-1&1&2\\2&0&1\end{pmatrix}$。

【解】　（1）由 $\boldsymbol{AX}=\boldsymbol{A}+2\boldsymbol{X}$ 得：

$$(\boldsymbol{A}-2\boldsymbol{E})\boldsymbol{X}=\boldsymbol{A}。$$

$$(\boldsymbol{A}-2\boldsymbol{E})=\begin{pmatrix}4&2&3\\1&1&0\\-1&2&3\end{pmatrix}-2\begin{pmatrix}1&&\\&1&\\&&1\end{pmatrix}$$

$$=\begin{pmatrix}2&2&3\\1&-1&0\\-1&2&1\end{pmatrix}$$

又 $|\boldsymbol{A}-2\boldsymbol{E}|=\begin{vmatrix}2&2&3\\1&-1&0\\-1&2&1\end{vmatrix}=-1$

故（$\boldsymbol{A}-2\boldsymbol{E}$）可逆，从而得出 $\boldsymbol{X}=(\boldsymbol{A}-2\boldsymbol{E})^{-1}\boldsymbol{A}$。

因为

$$(\boldsymbol{A}-2\boldsymbol{E}\vdots\boldsymbol{A})=\left(\begin{array}{ccc:ccc}2&2&3&4&2&3\\1&-1&0&1&1&0\\-1&2&1&-1&2&3\end{array}\right)\rightarrow\left(\begin{array}{ccc:ccc}1&-1&0&1&1&0\\2&2&3&4&2&3\\-1&2&1&-1&2&3\end{array}\right)$$

$$\rightarrow\left(\begin{array}{ccc:ccc}1&-1&0&1&1&0\\0&4&3&2&0&3\\0&1&1&0&3&3\end{array}\right)\rightarrow\left(\begin{array}{ccc:ccc}1&-1&0&1&1&0\\0&1&0&2&-9&-6\\0&1&1&0&3&3\end{array}\right)$$

$$\rightarrow\left(\begin{array}{ccc:ccc}1&0&0&3&-8&-6\\0&1&0&2&-9&-6\\0&0&1&-2&12&9\end{array}\right)$$

所以

$$\boldsymbol{X}=(\boldsymbol{A}-2\boldsymbol{E})^{-1}\boldsymbol{A}=\begin{pmatrix}3&-8&-6\\2&-9&-6\\-2&12&9\end{pmatrix}$$

（2）因为

$$\left(\begin{array}{ccc}1&0&0\\0&2&1\\3&0&1\\\hdashline-1&1&2\\2&0&1\end{array}\right)\rightarrow\left(\begin{array}{ccc}1&1&0\\0&1&0\\3&0&1\\\hdashline-1&\frac{1}{2}&\frac{3}{2}\\2&0&1\end{array}\right)\rightarrow\left(\begin{array}{ccc}1&0&0\\0&1&0\\0&0&1\\\hdashline-\frac{11}{2}&\frac{1}{2}&\frac{3}{2}\\-1&0&1\end{array}\right)$$

所以

$$\begin{pmatrix}2&5\\1&3\end{pmatrix}X=\begin{pmatrix}-1&1&2\\2&0&1\end{pmatrix}\begin{pmatrix}1&0&0\\0&2&1\\3&0&1\end{pmatrix}^{-1}=\begin{pmatrix}-\frac{11}{2}&\frac{1}{2}&\frac{3}{2}\\-1&0&1\end{pmatrix}$$

又

$$\begin{pmatrix}2&5\\1&3\end{pmatrix}^{-1}=\begin{pmatrix}3&-5\\-1&2\end{pmatrix}$$

所以

$$\begin{aligned}X&=\begin{pmatrix}2&5\\1&3\end{pmatrix}^{-1}\begin{pmatrix}-\frac{11}{2}&\frac{1}{2}&\frac{3}{2}\\-1&0&1\end{pmatrix}\\&=\begin{pmatrix}3&-5\\-1&2\end{pmatrix}\begin{pmatrix}-\frac{11}{2}&\frac{1}{2}&\frac{3}{2}\\-1&0&1\end{pmatrix}\\&=\begin{pmatrix}-\frac{23}{2}&\frac{3}{2}&-\frac{1}{2}\\\frac{7}{2}&-\frac{1}{2}&\frac{1}{2}\end{pmatrix}\end{aligned}$$

习题　2.5

（1）用初等行变换把下列矩阵化为行最简形矩阵。

1）$\begin{pmatrix}1&-1&2\\3&2&1\\1&-2&0\end{pmatrix}$；

2）$\begin{pmatrix}1&-1&2&1\\1&1&-1&0\\2&0&1&1\end{pmatrix}$。

（2）试利用矩阵的初等变换，求方阵$\begin{pmatrix}1&2&-1\\3&4&-2\\5&-4&1\end{pmatrix}$的逆矩阵。

（3）设$A=\begin{pmatrix}2&2&0\\2&1&3\\0&1&0\end{pmatrix}$，试用初等变换的方法求 X，使 $XA=A+X$。

（4）设$A=\begin{pmatrix}a_1&b_1&c_1\\a_2&b_2&c_2\\a_3&b_3&c_3\end{pmatrix}$，若$AP=\begin{pmatrix}a_1&c_1&b_1\\a_2&c_2&b_2\\a_3&c_3&b_3\end{pmatrix}$，求矩阵 P。

第六节 矩阵的秩

一、矩阵的秩

定义1 设 $\boldsymbol{A}$ 是一个 $m\times n$ 矩阵，在 $\boldsymbol{A}$ 中任取 k 行和 k 列，位于该 k 行和 k 列交叉处的元素组成的 k 阶行列式，称为矩阵 $\boldsymbol{A}$ 的一个 k 阶子式，其中 $k\leqslant\min(m,n)$。其中，n 阶方阵只有一个 n 阶子式，这个子式称为 $\boldsymbol{A}$ 的行列式，用记号 $|\boldsymbol{A}|$ 表示。

【例 2-26】 设

$$\boldsymbol{A}=\begin{pmatrix}2 & -1 & 3 & 6\\ 0 & 5 & 1 & 7\\ 0 & 0 & 4 & -2\\ 0 & 0 & 0 & 0\\ 0 & 0 & 0 & 0\end{pmatrix},$$

取 $\boldsymbol{A}$ 中的第 1、2、3 行和第 1、2、4 列，得到 $\boldsymbol{A}$ 的一个 3 阶子式 $\begin{vmatrix}2 & -1 & 6\\ 0 & 5 & 7\\ 0 & 0 & -2\end{vmatrix}=-20$。

取 $\boldsymbol{A}$ 中的第 1、2、3、5 行和第 1、2、3、4 列，得到 $\boldsymbol{A}$ 的一个 4 阶子式

$$\begin{vmatrix}2 & -1 & 3 & 6\\ 0 & 5 & 1 & 7\\ 0 & 0 & 4 & -2\\ 0 & 0 & 0 & 0\end{vmatrix}=0。$$

因 $\boldsymbol{A}$ 只有 3 个非零行，所以 $\boldsymbol{A}$ 的任意一个 4 阶子式必定有一行为零，从而 $\boldsymbol{A}$ 的任意一个 4 阶子式都等于零，因此，$\boldsymbol{A}$ 的不为零的子式的最高阶数是 3。

定义 2 设 $\boldsymbol{A}$ 为 $m\times n$ 矩阵，$\boldsymbol{A}$ 中不为零的子式的最高阶数 r，称为矩阵 $\boldsymbol{A}$ 的秩，记为秩 $(\boldsymbol{A})=r$ 或 $r(\boldsymbol{A})=r$。

元素全为零的 $m\times n$ 矩阵，称为零矩阵，记为 $\boldsymbol{O}_{m\times n}$ 或 $\boldsymbol{O}$。规定零矩阵的秩为零。

在例 2-26 中，显然 $\boldsymbol{A}$ 为 3 阶子式，即 $|\boldsymbol{A}|=0$，而有一个 2 阶子式 $\begin{vmatrix}1 & 0\\ 0 & 1\end{vmatrix}=1\neq 0$，所以 $r(\boldsymbol{A})=2$，并且它的行秩与列秩相等，都等于 $r(\boldsymbol{A})$。

定理 1 任一矩阵的行秩与列秩相等，都等于该矩阵的秩 r。

二、矩阵秩的计算

现在来讨论矩阵秩的计算，矩阵秩的计算可有两种方法。

方法 1 利用定义 2，求矩阵不为零的子式的最高阶数。

若矩阵中有一个 r 阶子式不为零，而所有的 $r+1$ 阶子式均为零或不存在，则 $r(\boldsymbol{A})=r$。

【例 2-27】 设 $\boldsymbol{A}=\begin{pmatrix}1 & 2 & 3 & 0\\ 0 & 1 & 2 & 1\\ 2 & 4 & 6 & 0\end{pmatrix}$，求 $\boldsymbol{A}$ 的秩 $r(\boldsymbol{A})$。

【解】　$\boldsymbol{A}$ 中有二阶子式 $\begin{vmatrix} 1 & 2 \\ 0 & 1 \end{vmatrix} = 1 \neq 0$，但由于第一行与第三行的元素对应成比例，所以它的任何 3 阶子行列式均为零，所以 $r(\boldsymbol{A}) = 2$。

【例 2-28】　设 $\boldsymbol{A} = \begin{pmatrix} a_1 & a_2 & a_3 & a_4 & a_5 \\ 0 & b_2 & b_3 & b_4 & b_5 \\ 0 & 0 & 0 & c_4 & c_5 \\ 0 & 0 & 0 & 0 & 0 \end{pmatrix}$，其中 $a_1 \neq 0$，$b_2 \neq 0$，$c_4 \neq 0$。

【解】

因 $\boldsymbol{A}$ 中只有三个非零行，所以 $\boldsymbol{A}$ 的任意一个 4 阶子式都有一行为零，于是所有 4 阶子式均等于零。而 3 阶子式 $\begin{vmatrix} a_1 & a_2 & a_4 \\ 0 & b_2 & b_4 \\ 0 & 0 & c_4 \end{vmatrix} = a_1 b_2 c_4 \neq 0$，所以 $r(\boldsymbol{A}) = 3$。

方法 2　利用矩阵的初等变换求矩阵的秩。

上面例 2-28 中的矩阵 $\boldsymbol{A}$ 是阶梯形矩阵，从上述计算过程中看，由于 $\boldsymbol{A}$ 有三个非零行，因此算得 $r(\boldsymbol{A}) = 3$。这个规律对任意一个阶梯形矩阵都成立，即阶梯形矩阵的秩等于它的非零行的行数。

定理 2　矩阵的初等变换不改变矩阵的秩。

证明　先证矩阵的行变换不改变其秩。

由于互换变换、倍法变换均不改变子式是否为零，因此这两类初等变换均不改变矩阵的秩。

考察第三种变换，设 $\boldsymbol{A} \sim \boldsymbol{B}$，且 $r(\boldsymbol{A}) = r$，取 $\boldsymbol{B}$ 的任一个 t 阶子式

$$\boldsymbol{B}\begin{pmatrix} i_1 & i_2 & \cdots & i_t \\ j_1 & j_2 & \cdots & j_t \end{pmatrix} = \boldsymbol{M} \quad t > r$$

若 $i \overline{\in} \{i_1, i_2, \cdots, i_t\}$，则 $\boldsymbol{M}$ 是 $\boldsymbol{A}$ 的一个 t 阶子式，有 $\boldsymbol{M} = \boldsymbol{O}$；

若 $i, j \in \{i_1, i_2, \cdots, i_t\}$，则 $\boldsymbol{M}$ 与 $\boldsymbol{A}$ 中的一个相应 t 阶子式相等，也有 $\boldsymbol{M} = \boldsymbol{O}$；

若 $i \in \{i_1, i_2, \cdots, i_t\}$，$j \overline{\in} \{i_1, i_2, \cdots, i_t\}$，则：

$$\boldsymbol{M} = k\boldsymbol{D}_1 + \boldsymbol{D}_2,$$

其中 $\boldsymbol{D}_1$，$\boldsymbol{D}_2$ 是 $\boldsymbol{A}$ 的两个 t 阶子式，且至多相差一个符号，由 $r(\boldsymbol{A}) = r$ 知，$\boldsymbol{D}_1 = \boldsymbol{D}_2 = \boldsymbol{O}$，所以 $\boldsymbol{M} = \boldsymbol{O}$。

综上得：$r(\boldsymbol{B}) \leqslant r(\boldsymbol{A})$。

由于矩阵 $\boldsymbol{B}$ 亦可经初等行变换化为 $\boldsymbol{A}$（只需对 $\boldsymbol{B}$ 作将 $\boldsymbol{A}$ 化为 $\boldsymbol{B}$ 时相同的初等变换即可），因而有 $r(\boldsymbol{A}) \leqslant r(\boldsymbol{B})$，故 $r(\boldsymbol{A}) = r(\boldsymbol{B})$。

同理可证初等列变换也不改变矩阵的秩。

由定理 2 可知，一个矩阵经过初等行（列）变换得到的阶梯形矩阵与原矩阵有相同的秩。因此，为求矩阵 $\boldsymbol{A}$ 的秩，先将其化为阶梯形矩阵，则秩 $r(\boldsymbol{A})$ 等于阶梯形矩阵非零行的行数。

【例 2-29】 设$\boldsymbol{A}=\begin{pmatrix}1&-1&1&2\\2&3&3&2\\1&1&2&1\end{pmatrix}$，$\boldsymbol{B}=\begin{pmatrix}1&3&-1&-2\\2&-1&2&3\\3&2&1&1\\1&-4&3&5\end{pmatrix}$，求$r(\boldsymbol{A})$，$r(\boldsymbol{B})$。

【解】

$$\boldsymbol{A}=\begin{pmatrix}1&-1&1&2\\2&3&3&2\\1&1&2&1\end{pmatrix}\to\begin{pmatrix}1&-1&1&2\\0&5&1&-2\\0&2&1&-1\end{pmatrix}\to\begin{pmatrix}1&0&0&0\\0&5&1&-2\\0&2&1&-1\end{pmatrix}$$

$$\to\begin{pmatrix}1&0&0&0\\0&5&1&-2\\0&-3&0&1\end{pmatrix}\to\begin{pmatrix}1&0&0&0\\0&0&1&0\\0&-3&0&1\end{pmatrix}\to\begin{pmatrix}1&0&0&0\\0&0&1&0\\0&-3&0&1\end{pmatrix}$$

$$\to\begin{pmatrix}1&0&0&0\\0&0&1&0\\0&0&0&1\end{pmatrix}$$

所以$r(\boldsymbol{A})=3$。

$$\boldsymbol{B}=\begin{pmatrix}1&3&-1&-2\\2&-1&2&3\\3&2&1&1\\1&-4&3&5\end{pmatrix}\to\begin{pmatrix}1&3&-1&-2\\0&-7&4&7\\0&-7&4&7\\0&-7&4&7\end{pmatrix}\to\begin{pmatrix}1&3&-1&-2\\0&-7&4&7\\0&0&0&0\\0&0&0&0\end{pmatrix}$$

所以$r(\boldsymbol{B})=2$。

习题 2.6

（1）求下列矩阵的秩。

1）$\begin{pmatrix}1&3&5&-1\\2&-1&-3&4\\3&1&-1&7\\7&7&9&1\end{pmatrix}$；

2）$\begin{pmatrix}2&-1&3&-2&4\\4&-2&5&1&7\\2&-1&1&8&2\end{pmatrix}$。

（2）已知矩阵$\boldsymbol{A}=\begin{pmatrix}1&3&2&k\\-1&1&k&1\\1&7&5&3\end{pmatrix}$的秩为 2，求$k$。

【知识点总结】

【要点】

（1）矩阵的概念：$m\times n$ 矩阵 $\boldsymbol{A}=(a_{ij})_{m\times n}$ 是一个矩阵表，当 $m=n$ 时，称 $\boldsymbol{A}$ 为 n 阶矩阵，此时由 $\boldsymbol{A}$ 的元素按原来排列的形式构成的 n 阶行列式，称为矩阵 $\boldsymbol{A}$ 的行列式，记为 $|\boldsymbol{A}|$。

注：矩阵和行列式是两个完全不同的两个概念。

（2）几种特殊的矩阵包括：对角阵，数量阵，单位阵，三角形矩阵，对称矩阵。

（3）矩阵的运算；矩阵的加减法；数与矩阵的乘法；矩阵的转置；矩阵的乘法。包括如下性质：

1）矩阵的乘法不满足交换律和消去律，两个非零矩阵相乘可能是零矩阵。如果两矩阵 $\boldsymbol{A}$ 与 $\boldsymbol{B}$ 相乘，有 $\boldsymbol{AB}=\boldsymbol{BA}$，则称矩阵 $\boldsymbol{A}$ 与 $\boldsymbol{B}$ 可换。

注：矩阵乘积不一定符合交换。

2）方阵的幂：对于 n 阶矩阵 A 及自然数 k，满足 $\boldsymbol{A}^k=\underbrace{\boldsymbol{A}\cdot\boldsymbol{A}\cdot\cdots\cdot\boldsymbol{A}}_{k\text{个}}$。规定 $\boldsymbol{A}^0=\boldsymbol{I}$，其中 $\boldsymbol{I}$ 为单位阵。

3）设多项式函数 $\varphi(\lambda)=a_0\lambda^k+a_1\lambda^{k-1}+\cdots+a_{k-1}\lambda+a_k$，$\boldsymbol{A}$ 为方阵，矩阵 $\boldsymbol{A}$ 的多项式 $\varphi(\boldsymbol{A})=a_0\boldsymbol{A}^k+a_1\boldsymbol{A}^{k-1}+\cdots+a_{k-1}\boldsymbol{A}+a_k\boldsymbol{I}$，其中 $\boldsymbol{I}$ 为单位阵。

4）对于 n 阶矩阵 $\boldsymbol{A}$ 和 $\boldsymbol{B}$，满足 $|\boldsymbol{AB}|=|\boldsymbol{A}||\boldsymbol{B}|$。

5）对于 n 阶矩阵 $\boldsymbol{A}$，满足 $|\lambda\boldsymbol{A}|=\lambda^n|\boldsymbol{A}|$。

（4）分块矩阵及其运算。

（5）逆矩阵：可逆矩阵（若矩阵 $\boldsymbol{A}$ 可逆，则其逆矩阵是唯一的）；矩阵 $\boldsymbol{A}$ 的伴随矩阵记为 $\boldsymbol{A}^*$，

$$\boldsymbol{AA}^*=\boldsymbol{A}^*\boldsymbol{A}=|\boldsymbol{A}|\boldsymbol{E}$$

矩阵可逆的充要条件；逆矩阵的性质。

（6）矩阵的初等变换：初等变换与初等矩阵；初等变换和初等矩阵的关系；矩阵在等价意义下的标准形；矩阵 $\boldsymbol{A}$ 可逆的又一充分必要条件为：$\boldsymbol{A}$ 可以表示成一些初等矩阵的乘积；用初等变换求逆矩阵。

（7）矩阵的秩：矩阵的 k 阶子式；矩阵秩的概念；用初等变换求矩阵的秩。

（8）矩阵的等价。

【基本要求】

（1）理解矩阵的概念；矩阵的元素；矩阵的相等；矩阵的记号等。

（2）了解几种特殊的矩阵及其性质。

（3）掌握矩阵的乘法；数与矩阵的乘法；矩阵的加减法；矩阵的转置等运算及性质。

（4）理解和掌握逆矩阵的概念；矩阵可逆的充分条件；伴随矩阵和逆矩阵的关系；当 $\boldsymbol{A}$ 可逆时，会用伴随矩阵求逆矩阵。

（5）了解分块矩阵及其运算的方法。其中包括：

1）在对矩阵的分法符合分块矩阵运算规则的条件下，其分块矩阵的运算在形式上与不分块矩阵的运算是一致的。

2）特殊分法的分块矩阵的乘法。例如，$\boldsymbol{A}_{m\times n}$，$\boldsymbol{B}_{n\times l}$，将矩阵 $\boldsymbol{B}$ 分块为 $\boldsymbol{B}=(b_1b_2\cdots b_l)$，其中 $b_j(j=1,2,\cdots,l)$ 是矩阵 $\boldsymbol{B}$ 的第 j 列，则

$$\boldsymbol{AB}=\boldsymbol{A}(b_1b_2\cdots b_l)=(\boldsymbol{A}b_1\boldsymbol{A}b_2\cdots\boldsymbol{A}b_l)。$$

又如将 n 阶矩阵 $\boldsymbol{P}$ 分块为 $\boldsymbol{P}=(\boldsymbol{p}_1,\boldsymbol{p}_2,\cdots,\boldsymbol{p}_n)$，其中 $p_j(j=1,2,\cdots n)$ 是矩阵 $\boldsymbol{P}$ 的第 j 列，则

$$\boldsymbol{P}\begin{pmatrix}\lambda_1 & 0 & 0 & \cdots & 0\\ 0 & \lambda_2 & 0 & \cdots & 0\\ \vdots & \vdots & \vdots & & \vdots\\ 0 & 0 & 0 & \cdots & \lambda_n\end{pmatrix}=(\boldsymbol{p}_1,\boldsymbol{p}_2,\cdots,\boldsymbol{p}_n)\begin{pmatrix}\lambda_1 & 0 & 0 & \cdots & 0\\ 0 & \lambda_2 & 0 & \cdots & 0\\ \vdots & \vdots & \vdots & & \vdots\\ 0 & 0 & 0 & \cdots & \lambda_n\end{pmatrix}$$
$$=(\lambda_1p_1,\lambda_2p_2,\cdots,\lambda_np_n)$$

3）设对角分块矩阵

$$\boldsymbol{A}=\begin{pmatrix}\boldsymbol{A}_{11} & & & \\ & \boldsymbol{A}_{22} & & \\ & & \ddots & \\ & & & \boldsymbol{A}_{ss}\end{pmatrix}\boldsymbol{A}_{PP}\ (P=1,2,\cdots,s)\ \text{均为方阵，}$$

$\boldsymbol{A}$ 可逆的充要条件是 $\boldsymbol{A}_{PP}$ 均可逆（$P=1,2,\cdots,s$），且

$$\boldsymbol{A}^{-1}=\begin{pmatrix}\boldsymbol{A}_{11}^{-1} & & & \\ & \boldsymbol{A}_{22}^{-1} & & \\ & & \ddots & \\ & & & \boldsymbol{A}_{ss}^{-1}\end{pmatrix}。$$

（6）理解和掌握矩阵的初等变换和初等矩阵及其有关理论；掌握矩阵的初等变换；化矩阵为行最简形；会用初等变换求矩阵的秩，求逆矩阵。

（7）理解矩阵的秩的概念以及初等变换不改变矩阵的秩等有关理论。

（8）若矩阵 $\boldsymbol{A}$ 经过有限次初等变换得到矩阵 $\boldsymbol{B}$，则称矩阵 $\boldsymbol{A}$ 和矩阵 $\boldsymbol{B}$ 等价，记为 $\boldsymbol{A}\cong\boldsymbol{B}$。

$m\times n$ 矩阵 $\boldsymbol{A}$ 和 $\boldsymbol{B}$ 等价当且仅当 $r(\boldsymbol{A})=r(\boldsymbol{B})$，在等价意义下的标准型：若 $r(\boldsymbol{A})=r$，则：

$$\boldsymbol{A}\cong\boldsymbol{D}_r,\ \boldsymbol{D}_r=\begin{pmatrix}\boldsymbol{I}_r & \boldsymbol{O}\\ \boldsymbol{O} & \boldsymbol{O}\end{pmatrix}\ (\boldsymbol{I}_r\ \text{为}\ r\ \text{阶单位矩阵})。$$

因此 n 阶矩阵 $\boldsymbol{A}$ 可逆的充要条件为 $\boldsymbol{A}\cong\boldsymbol{I}_n$。

总习题 2

一、填空题

（1）若 $\boldsymbol{A}$，$\boldsymbol{B}$ 为同阶方阵，则 $(\boldsymbol{A}+\boldsymbol{B})(\boldsymbol{A}-\boldsymbol{B})=\boldsymbol{A}^2-\boldsymbol{B}^2$ 的充分必要条件

是__________。

(2) 若 n 阶方阵 $\boldsymbol{A}$，$\boldsymbol{B}$，$\boldsymbol{C}$ 满足 $\boldsymbol{ABC}=\boldsymbol{I}$，$\boldsymbol{I}$ 为 n 阶单位矩阵，则 $\boldsymbol{C}^{-1}=$__________。

(3) 设 $\boldsymbol{A}$，$\boldsymbol{B}$ 都是 n 阶可逆矩阵，若 $\boldsymbol{C}=\begin{pmatrix}\boldsymbol{O} & \boldsymbol{B}\\ \boldsymbol{A} & \boldsymbol{O}\end{pmatrix}$，则 $\boldsymbol{C}^{-1}=$__________。

(4) 设 $\boldsymbol{A}=\begin{pmatrix}2 & -1\\ -1 & 1\end{pmatrix}$，则 $\boldsymbol{A}^{-1}=$__________。

(5) 设 $\boldsymbol{A}=\begin{pmatrix}1 & -1 & 1\\ 1 & 1 & -1\end{pmatrix}$，$\boldsymbol{B}=\begin{pmatrix}1 & 2 & 3\\ -1 & -2 & 4\end{pmatrix}$。则 $\boldsymbol{A}+2\boldsymbol{B}=$__________。

(6) 设 $\boldsymbol{A}=\begin{pmatrix}1 & 0 & 0\\ 0 & 2 & 0\\ 0 & 0 & 3\end{pmatrix}$，则 $\boldsymbol{A}^{-1}=$__________。

(7) 设矩阵 $\boldsymbol{A}=\begin{pmatrix}1 & -1 & 3\\ 2 & 0 & 1\end{pmatrix}$，$\boldsymbol{B}=\begin{pmatrix}2 & 0\\ 0 & 1\end{pmatrix}$，$\boldsymbol{A}^{\mathrm{T}}$ 为 $\boldsymbol{A}$ 的转置，则 $\boldsymbol{A}^{\mathrm{T}}\boldsymbol{B}=$__________。

(8) $\boldsymbol{A}=\begin{pmatrix}1 & 2 & 0\\ 3 & 1 & 2\\ 0 & 1 & 1\end{pmatrix}$，$\boldsymbol{B}$ 为秩等于 2 的 3 阶方阵，则 $\boldsymbol{AB}$ 的秩等于__________。

二、判断题

(1) 设 $\boldsymbol{A}$，$\boldsymbol{B}$ 均为 n 阶方阵，则 $(\boldsymbol{AB})^k=\boldsymbol{A}^k\boldsymbol{B}^k$（$k$ 为正整数） (　　)

(2) 设 $\boldsymbol{A}$，$\boldsymbol{B}$，$\boldsymbol{C}$ 为 n 阶方阵，若 $\boldsymbol{ABC}=\boldsymbol{I}$，则 $\boldsymbol{C}^{-1}=\boldsymbol{B}^{-1}\boldsymbol{A}^{-1}$ (　　)

(3) 设 $\boldsymbol{A}$，$\boldsymbol{B}$ 为 n 阶方阵，若 $\boldsymbol{AB}$ 不可逆，则 $\boldsymbol{A}$，$\boldsymbol{B}$ 都不可逆 (　　)

(4) 设 $\boldsymbol{A}$，$\boldsymbol{B}$ 为 n 阶方阵，且 $\boldsymbol{AB}=\boldsymbol{O}$，其中 $\boldsymbol{A}\neq\boldsymbol{O}$，则 $\boldsymbol{B}=\boldsymbol{O}$ (　　)

(5) 设 $\boldsymbol{A}$，$\boldsymbol{B}$，$\boldsymbol{C}$ 都是 n 阶矩阵，且 $\boldsymbol{AB}=\boldsymbol{I}$，$\boldsymbol{CA}=\boldsymbol{I}$，则 $\boldsymbol{B}=\boldsymbol{C}$ (　　)

(6) 若 $\boldsymbol{A}$ 是 n 阶对角矩阵，$\boldsymbol{B}$ 为 n 阶矩阵，且 $\boldsymbol{AB}=\boldsymbol{AC}$，则 $\boldsymbol{B}$ 也是 n 阶对角矩阵 (　　)

(7) 两个矩阵 $\boldsymbol{A}$ 与 $\boldsymbol{B}$，如果 $r(\boldsymbol{A})$ 等于 $r(\boldsymbol{B})$，那么 $\boldsymbol{A}$ 与 $\boldsymbol{B}$ 等价 (　　)

(8) 矩阵 $\boldsymbol{A}$ 的秩与它的转置矩阵 $\boldsymbol{A}^{\mathrm{T}}$ 的秩相等 (　　)

三、选择题

(1) 设 $\boldsymbol{A}$ 为 3×4 矩阵，若矩阵 $\boldsymbol{A}$ 的秩为 2，则矩阵 $3\boldsymbol{A}^{\mathrm{T}}$ 的秩等于 (　　)

A. 1　　B. 2　　C. 3　　D. 4

(2) 假定 $\boldsymbol{A}$，$\boldsymbol{B}$，$\boldsymbol{C}$ 为 n 阶方阵，关于矩阵乘法，下述哪一个是错误的 (　　)

A. $\boldsymbol{ABC}=\boldsymbol{A}(\boldsymbol{BC})$　　B. $k\boldsymbol{AB}=\boldsymbol{A}(k\boldsymbol{B})$

C. $\boldsymbol{AB}=\boldsymbol{BA}$　　D. $\boldsymbol{C}(\boldsymbol{A}+\boldsymbol{B})=\boldsymbol{CA}+\boldsymbol{CB}$

(3) 已知 $\boldsymbol{A}$，$\boldsymbol{B}$ 为 n 阶方阵，则下列性质不正确的是 (　　)

A. $\boldsymbol{AB}=\boldsymbol{BA}$　　B. $(\boldsymbol{AB})\boldsymbol{C}=\boldsymbol{A}(\boldsymbol{BC})$

C. $(\boldsymbol{A}+\boldsymbol{B})\boldsymbol{C}=\boldsymbol{AC}+\boldsymbol{BC}$　　D. $\boldsymbol{C}(\boldsymbol{A}+\boldsymbol{B})=\boldsymbol{CA}+\boldsymbol{CB}$

(4) 设 $\boldsymbol{PAQ}=\boldsymbol{I}$，其中 $\boldsymbol{P}$，$\boldsymbol{Q}$，$\boldsymbol{A}$ 都是 n 阶方阵，则 (　　)

A. $\boldsymbol{A}^{-1}=\boldsymbol{P}^{-1}\boldsymbol{Q}^{-1}$　　B. $\boldsymbol{A}^{-1}=\boldsymbol{Q}^{-1}\boldsymbol{P}^{-1}$

C. $A^{-1}=PQ$　　D. $A^{-1}=QP$

(5) 设 n 阶方阵 A，如果与所有的 n 阶方阵 B 都可以交换，即 $AB=BA$，那么 A 必定是（　　）

A. 可逆矩阵　B. 数量矩阵　C. 单位矩阵　D. 反对称矩阵

(6) 两个 n 阶初等矩阵的乘积为（　　）

A. 初等矩阵　B. 单位矩阵　C. 可逆矩阵　D. 不可逆矩阵

(7) 有矩阵 $A_{3\times2}$，$B_{2\times3}$，$C_{3\times3}$，下列哪一个运算不可行（　　）

A. AC　B. BC　C. ABC　D. $AB(-C)$

(8) 设 A 与 B 为矩阵，且 $AC=CB$，C 为 $m\times n$ 的矩阵，则 A 与 B 分别是什么矩阵（　　）

A. $n\times m$，$m\times n$　B. $m\times n$，$n\times m$　C. $n\times n$，$m\times m$　D. $m\times m$，$n\times n$

(9) 设 A 为 n 阶可逆矩阵，则下列不正确的是（　　）

A. A^{-1}可逆　B. $I+A$ 可逆　C. $-2A$ 可逆　D. A^2 可逆

(10) A，B 均为 n 阶方阵，下面等式成立的是（　　）

A. $AB=BA$　　B. $(A+B)^{\mathrm{T}}=A^{\mathrm{T}}+B^{\mathrm{T}}$

C. $(A+B)^{-1}=A^{-1}+B^{-1}$　　D. $(AB)^{-1}=A^{-1}B^{-1}$

(11) 设 A，B 都是 n 阶矩阵，且 $AB=O$，则下列一定成立的是（　　）

A. $A=O$ 或 $B=O$　　B. A，B 都不可逆

C. A，B 中至少有一个不可逆　　D. $A+B=O$

(12) 设 A，B 是两个 n 阶可逆方阵，则 $[(AB)^{\mathrm{T}}]^{-1}$等于（　　）

A. $(A^{\mathrm{T}})^{-1}(B^{\mathrm{T}})^{-1}$　　B. $(B^{\mathrm{T}})^{-1}(A^{\mathrm{T}})^{-1}$

C. $(B^{-1})^{\mathrm{T}}(A^{-1})^{\mathrm{T}}$　　D. $(B^{-1})^{\mathrm{T}}(A^{\mathrm{T}})^{-1}$

(13) 若 A，B 都是 n 阶方阵，且 A，B 都可逆，则下述错误的是（　　）

A. $A+B$ 也可逆　　B. AB 也可逆

C. B^{-1}也可逆　　D. $A^{-1}B^{-1}$也可逆

(14) A，B 为可逆矩阵，则下述不一定可逆的是（　　）

A. AB　B. $A+B$　C. BA　D. BAB

(15) 设 A，B 均为 n 阶方阵，下列情况下能推出 A 是单位矩阵的是（　　）

A. $AB=B$　B. $AB=BA$　C. $AA=I$　D. $A^{-1}=I$

(16) 设 A，B 都是 n 阶方阵，则下列结论正确的是（　　）

A. 若 A 和 B 都是对称矩阵，则 AB 也是对称矩阵

B. 若 $A\neq O$ 且 $B\neq O$，则 $AB\neq O$

C. 若 AB 是奇异矩阵，则 A 和 B 都是奇异矩阵

D. 若 AB 是可逆矩阵，则 A 和 B 都是可逆矩阵

(17) 若 A 与 B 均为 n 阶非零矩阵，且 $AB=O$，则（　　）

A. $r(A)<n$　　B. $r(A)=n$

C. $r(A)=0$　　D. $r(B)=0$

四、解答题

（1）给定矩阵 $\boldsymbol{A}=\begin{pmatrix}1 & -1 & -1\\ 2 & -1 & -3\\ -3 & 4 & 4\end{pmatrix}$，$\boldsymbol{B}=\begin{pmatrix}1 & 2 & 3\\ 2 & 2 & 1\\ 3 & 4 & 3\end{pmatrix}$，求 $\boldsymbol{B}^{\mathrm{T}}\boldsymbol{A}$ 及 $\boldsymbol{A}^{-1}$。

（2）求解矩阵方程 $\begin{pmatrix}1 & 0 & 1\\ 1 & 1 & 0\\ 0 & 1 & 1\end{pmatrix}\boldsymbol{X}=\begin{pmatrix}1 & 1 & 3\\ 4 & 3 & 2\\ 1 & 2 & 5\end{pmatrix}$。

（3）求解矩阵方程 $\boldsymbol{XA}=\boldsymbol{B}$，其中 $\boldsymbol{A}=\begin{pmatrix}1 & 1 & -1\\ 0 & 2 & 2\\ 1 & -1 & 0\end{pmatrix}$，$\boldsymbol{B}=\begin{pmatrix}1 & -1 & 1\\ 1 & 1 & 0\\ 2 & 1 & 1\end{pmatrix}$。

（4）求解下面矩阵方程中的矩阵 $\boldsymbol{X}$：

$$\begin{pmatrix}0 & 1 & 0\\ 1 & 0 & 0\\ 0 & 0 & 1\end{pmatrix}\boldsymbol{X}\begin{pmatrix}1 & 0 & 0\\ 0 & 0 & 1\\ 0 & 1 & 0\end{pmatrix}=\begin{pmatrix}1 & -4 & 3\\ 2 & 0 & -1\\ 1 & -2 & 0\end{pmatrix}。$$

（5）设矩阵 $\boldsymbol{A}=\begin{pmatrix}4 & 2 & 3\\ 1 & 1 & 0\\ -1 & 2 & 3\end{pmatrix}$，求矩阵 $\boldsymbol{B}$，使其满足矩阵方程 $\boldsymbol{AB}=\boldsymbol{A}+2\boldsymbol{B}$。

五、证明题

（1）若 $\boldsymbol{A}$ 是反对称阵，证明 $\boldsymbol{A}^2$ 是对称阵。

（2）设矩阵 $\boldsymbol{A}$，$\boldsymbol{B}$ 及 $\boldsymbol{A}+\boldsymbol{B}$ 都可逆，证明 $\boldsymbol{A}^{-1}+\boldsymbol{B}^{-1}$ 也可逆。

（3）设 $\boldsymbol{A}$，$\boldsymbol{B}$ 为两个 n 阶方阵，试证明：$(\boldsymbol{A}-\boldsymbol{B})(\boldsymbol{A}+\boldsymbol{B})=\boldsymbol{A}^2-\boldsymbol{B}^2$ 的充要条件是 $\boldsymbol{AB}=\boldsymbol{BA}$。

（4）$\boldsymbol{A}$ 是反对称矩阵，$\boldsymbol{B}$ 是对称矩阵，证明：$\boldsymbol{AB}$ 是反对称矩阵的充要条件是 $\boldsymbol{AB}=\boldsymbol{BA}$。

第三章　线性方程组

【学习目标】

（1）了解线性方程组的基本概念，掌握线性方程组解的存在性判定原理及方法，并能熟练运用；

（2）理解线性方程组通解的结构，熟练掌握解线性方程组的基本步骤和方法；

（3）理解向量组等价和向量线性相关性的概念、判定以及具体应用等。

第一章已经介绍了求解线性方程组的克莱姆法则，虽然克莱姆法则在理论上具有重要的意义，但是利用它求解线性方程组，要受到一定的限制。首先，它要求线性方程组中方程的个数与未知量的个数相等，其次还要求方程组的系数行列式不等于零。即使方程组具备上述条件，在求解时，也需计算 $n+1$ 个 n 阶行列式。由此可见，应用克莱姆法则只能求解一些较为特殊的线性方程组且计算量较大。

本章讨论一般的 n 元线性方程组的求解问题，一般的线性方程组的形式为

$$\begin{cases} a_{11}x_1+a_{12}x_2+\cdots+a_{1n}x_n=b_1 \\ a_{21}x_1+a_{22}x_2+\cdots+a_{2n}x_n=b_2 \\ \vdots \qquad \vdots \qquad\qquad \vdots \qquad \vdots \\ a_{m1}x_1+a_{m2}x_2+\cdots+a_{mn}x_n=b_m \end{cases}$$

方程的个数 m 与未知量的个数 n 不一定相等，当 $m=n$ 时，系数行列式也有可能等于零，因此不能用克莱姆法则求解。对于此线性方程组，需要研究以下三个问题：

（1）怎样判断线性方程组是否有解，即它有解的充分必要条件是什么？

（2）方程组有解时，它究竟有多少个解及如何去求解？

（3）当方程组的解不唯一时，解与解之间的关系如何？

第一节　消 元 法

在工程技术和工程管理中有许多问题经常可以归结为线性方程组类型的数学模型，这些模型中方程和未知量个数常常有多个，而且方程个数与未知量个数也不一定相同。那么这样的线性方程组是否有解呢？如果有解，解是否唯一？若解不唯一，解的结构如何呢？这就是下面要讨论的问题。

一、线性方程组

设含有 n 个未知量、m 个方程式组成的方程组

$$\begin{cases} a_{11}x_1+a_{12}x_2+\cdots+a_{1n}x_n=b_1 \\ a_{21}x_1+a_{22}x_2+\cdots+a_{2n}x_n=b_2 \\ \vdots \qquad \vdots \qquad \vdots \qquad \vdots \\ a_{m1}x_1+a_{m2}x_2+\cdots+a_{mn}x_n=b_m \end{cases} \tag{3-1}$$

其中，系数 a_{ij}，常数 b_j 都是已知数，x_i 是未知量（也称为未知数）。当右端常数项 b_1，b_2，…，b_m 不全为 0 时，称方程组(3-1)为非齐次线性方程组；当 $b_1=b_2=\cdots=b_m=0$ 时，即

$$\begin{cases} a_{11}x_1+a_{12}x_2+\cdots+a_{1n}x_n=0 \\ a_{21}x_1+a_{22}x_2+\cdots+a_{2n}x_n=0 \\ \vdots \qquad \vdots \qquad \vdots \qquad \vdots \\ a_{m1}x_1+a_{m2}x_2+\cdots+a_{mn}x_n=0 \end{cases} \tag{3-2}$$

称为齐次线性方程组。

由 n 个数 k_1，k_2，…，k_n 组成的一个有序数组（k_1，k_2，…，k_n），如果将它们依次代入方程组(3-1)中的 x_1，x_2，…，x_n 后，方程组(3-1)中的每个方程都变成恒等式，则称这个有序数组(k_1，k_2，…，k_n)为方程组(3-1)的一个解。显然由 $x_1=0$，$x_2=0$，…，$x_n=0$ 组成的有序数组(0，0，…，0)是齐次线性方程组(3-2)的一个解，称之为齐次线性方程组(3-2)的零解，而当齐次线性方程组的未知量取值不全为零时，称之为非零解。

利用矩阵来讨论线性方程组的解的情况或求线性方程组的解是很方便的，因此，先给出线性方程组的矩阵表示形式。

非齐次线性方程组(3-1)的矩阵表示形式为

$$\boldsymbol{AX}=\boldsymbol{B},$$

其中，

$$\boldsymbol{A}=\begin{pmatrix} a_{11} & a_{12} & \cdots & a_{1n} \\ a_{21} & a_{22} & \cdots & a_{2n} \\ \vdots & \vdots & & \vdots \\ a_{m1} & a_{m2} & \cdots & a_{mn} \end{pmatrix}, \quad \boldsymbol{X}=\begin{pmatrix} x_1 \\ x_2 \\ \vdots \\ x_n \end{pmatrix}, \quad \boldsymbol{B}=\begin{pmatrix} b_1 \\ b_2 \\ \vdots \\ b_n \end{pmatrix},$$

称 $\boldsymbol{A}$ 为方程组(3-1)的系数矩阵，$\boldsymbol{X}$ 为未知矩阵，$\boldsymbol{B}$ 为常数矩阵。将系数矩阵 $\boldsymbol{A}$ 和常数矩阵 $\boldsymbol{B}$ 放在一起构成的矩阵

$$(\boldsymbol{A} \vdots \boldsymbol{B})=\left(\begin{array}{cccc:c} a_{11} & a_{12} & \cdots & a_{1n} & b_1 \\ a_{21} & a_{22} & \cdots & a_{2n} & b_2 \\ \vdots & \vdots & & \vdots & \vdots \\ a_{m1} & a_{m2} & \cdots & a_{mn} & b_m \end{array}\right)$$

称为方程组(3-1)的增广矩阵。

齐次线性方程组(3-2)的矩阵表示形式为 $\boldsymbol{AX}=\boldsymbol{O}$。

二、高斯消元法

下面介绍利用矩阵求解方程组的方法，那么矩阵初等行变换会不会改变方程组的解呢？先看一个定理。

定理 1 若用初等行变换将增广矩阵（$\boldsymbol{A} \vdots \boldsymbol{B}$）化为（$\boldsymbol{C} \vdots \boldsymbol{D}$），则 $\boldsymbol{AX}=\boldsymbol{B}$ 与 $\boldsymbol{CX}=\boldsymbol{D}$ 是

同解方程组。

证 由定理 1 可知，存在初等矩阵 $\boldsymbol{P}_1$，$\boldsymbol{P}_2$，…，$\boldsymbol{P}_k$，使

$$\boldsymbol{P}_k \cdots \boldsymbol{P}_2 \boldsymbol{P}_1 (\boldsymbol{A} \vdots \boldsymbol{B}) = (\boldsymbol{C} \vdots \boldsymbol{D})$$

记 $\boldsymbol{P}_k, \cdots, \boldsymbol{P}_2\boldsymbol{P}_1 = \boldsymbol{P}$，则 $\boldsymbol{P}$ 可逆，即 $\boldsymbol{P}^{-1}$ 存在。

设 $\boldsymbol{X}_1$ 为方程组 $\boldsymbol{AX}=\boldsymbol{B}$ 的解，即

$$\boldsymbol{AX}_1 = \boldsymbol{B}$$

在上式两边左乘 $\boldsymbol{P}$，得：

$$\boldsymbol{PAX}_1 = \boldsymbol{PB}$$

即

$$\boldsymbol{CX}_1 = \boldsymbol{D}$$

说明 $\boldsymbol{X}_1$ 也是方程组 $\boldsymbol{CX}=\boldsymbol{D}$ 的解，反之，设 $\boldsymbol{X}_2$ 为方程组 $\boldsymbol{CX}=\boldsymbol{D}$ 的解，即

$$\boldsymbol{CX}_2 = \boldsymbol{D}$$

在上式两边左乘 $\boldsymbol{P}^{-1}$，得：

$$\boldsymbol{P}^{-1}\boldsymbol{CX}_2 = \boldsymbol{P}^{-1}\boldsymbol{D}$$

即

$$\boldsymbol{AX}_2 = \boldsymbol{B}$$

说明 $\boldsymbol{X}_2$ 也是方程组 $\boldsymbol{AX}=\boldsymbol{B}$ 的解。

因此，方程组 $\boldsymbol{AX}=\boldsymbol{B}$ 与 $\boldsymbol{CX}=\boldsymbol{D}$ 的解相同，即它们是同解方程组。

由定理 1 可知，求方程组(3-1)的解，可以利用初等行变换将其增广矩阵（$\boldsymbol{A} \vdots \boldsymbol{B}$）化简，又通过初等行变换可以将（$\boldsymbol{A} \vdots \boldsymbol{B}$）化成阶梯形矩阵。因此，得到了求解线性方程组(3-1)的一般方法，即：

用初等行变换将方程组(3-1)的增广矩阵（$\boldsymbol{A} \vdots \boldsymbol{B}$）化成阶梯形矩阵，再写出该阶梯形矩阵所对应的方程组，逐步回代，求出方程组的解。因为它们为同解方程组，所以也就得到了原方程组(3-1)的解。这种方法被称为高斯消元法。

下面举例说明用消元法求一般线性方程组解的方法和步骤。

【例 3-1】 解线性方程组
$$\begin{cases} x_1+x_2-2x_3-x_4=-1 \\ x_1+5x_2-3x_3-2x_4=0 \\ 3x_1-x_2+x_3+4x_4=2 \\ -2x_1+2x_2+x_3-x_4=1 \end{cases} \tag{3-3}$$

【解】 先写出增广矩阵（$\boldsymbol{A} \vdots \boldsymbol{B}$），再用初等行变换将其逐步化成阶梯形矩阵，即：

$$(\boldsymbol{A} \vdots \boldsymbol{B}) = \left(\begin{array}{cccc:c} 1 & 1 & -2 & -1 & -1 \\ 1 & 5 & -3 & -2 & 0 \\ 3 & -1 & 1 & 4 & 2 \\ -2 & 2 & 1 & -1 & 1 \end{array}\right) \xrightarrow[\text{④+①（2）}]{\substack{\text{②+①（-1）} \\ \text{③+①（-3）}}} \left(\begin{array}{cccc:c} 1 & 1 & -2 & -1 & -1 \\ 0 & 4 & -1 & -1 & 1 \\ 0 & -4 & 7 & 7 & 5 \\ 0 & 4 & -3 & -3 & -1 \end{array}\right)$$

$$\xrightarrow[\text{④+②（-1）}]{\text{③+②}} \left(\begin{array}{cccc:c} 1 & 1 & -2 & -1 & -1 \\ 0 & 4 & -1 & -1 & 1 \\ 0 & 0 & 6 & 6 & 6 \\ 0 & 0 & -2 & -2 & -2 \end{array}\right) \xrightarrow{\text{④+③}\left(\frac{1}{3}\right)} \left(\begin{array}{cccc:c} 1 & 1 & -2 & -1 & -1 \\ 0 & 4 & -1 & -1 & 1 \\ 0 & 0 & 6 & 6 & 6 \\ 0 & 0 & 0 & 0 & 0 \end{array}\right)$$

上述四个增广矩阵所表示的四个线性方程组是同解方程组，最后一个增广矩阵表示的线性方程组为：

$$\begin{cases}x_1+x_2-2x_3-x_4=-1\\4x_2-x_3-x_4=1\\6x_3+6x_4=6\end{cases}$$

将最后一个方程乘$\frac{1}{6}$，再将 x_4 项移至等号的右端，得：

$$x_3=-x_4+1$$

将其代入第二个方程，解得：

$$x_2=\frac{1}{2}$$

再将 x_2，x_3 代入第一个方程组，解得：

$$x_1=-x_4+\frac{1}{2}$$

因此，方程组(3-3)的解为

$$\begin{cases}x_1=-x_4+\dfrac{1}{2}\\x_2=\dfrac{1}{2}\\x_3=-x_4+1\end{cases}\qquad(3-4)$$

其中，x_4 可以任意取值。

由于未知量 x_4 的取值是任意实数，故方程组(3-3)的解有无穷多个。由此可知，表示式(3-4)表示了方程组(3-3)的所有解。表示式(3-4)中等号右端的未知量 x_4 称为自由未知量，用自由未知量表示其他未知量的表示式(3-4)称为方程组(3-3)的一般解，当表示式(3-4)中的未知量 x_4 取定一个值(如 $x_4=1$)，得到方程组(3-3)的一个解（如 $x_1=-\frac{1}{2}$，$x_2=\frac{1}{2}$，$x_3=0$，$x_4=1$)，称之为方程组（3-3）的特解。

注：自由未知量的选取不是唯一的，如例 3-1 也可以将 x_3 取作自由未知量。

如果将表示式(3-4)中的自由未知量 x_4 取一任意常数 k，即令 $x_4=k$，那么方程组(3-3)的一般解为：

$$\begin{cases}x_1=-k+\dfrac{1}{2}\\x_2=\dfrac{1}{2}\\x_3=-k+1\\x_4=k\end{cases}\quad(k\text{ 为任意常数})$$

用矩阵形式表示为：

$$\begin{pmatrix} x_1 \\ x_2 \\ x_3 \\ x_4 \end{pmatrix} = \begin{pmatrix} -k+\frac{1}{2} \\ \frac{1}{2} \\ -k+1 \\ k \end{pmatrix} = k\begin{pmatrix} -1 \\ 0 \\ -1 \\ 1 \end{pmatrix} + \begin{pmatrix} \frac{1}{2} \\ \frac{1}{2} \\ 1 \\ 0 \end{pmatrix} \tag{3-5}$$

其中，k 为任意常数。表示式(3-5)为方程组(3-3)的全部解。

用消元法解线性方程组的过程中，当增广矩阵经过初等行变换成阶梯形矩阵后，要写出相应的方程组，然后再用回代的方法求出解。如果用矩阵将回代的过程表示出来，这个过程实际上就是对阶梯形矩阵进一步简化，使其最终化成一个特殊的矩阵，从这个特殊矩阵中，就可以直接解出或读出方程组的解。例如，对例 3-1 中的阶梯形矩阵进一步化简，即：

$$\left(\begin{array}{cccc:c} 1 & 1 & -2 & -1 & -1 \\ 0 & 4 & -1 & -1 & 1 \\ 0 & 0 & 6 & 6 & 6 \\ 0 & 0 & 0 & 0 & 0 \end{array}\right) \xrightarrow[\substack{①+③2 \\ ②+③}]{③\frac{1}{6}} \left(\begin{array}{cccc:c} 1 & 1 & 0 & 1 & 1 \\ 0 & 4 & 0 & 0 & 2 \\ 0 & 0 & 1 & 1 & 1 \\ 0 & 0 & 0 & 0 & 0 \end{array}\right) \xrightarrow[①+②(-1)]{②\frac{1}{4}} \left(\begin{array}{cccc:c} 1 & 0 & 0 & 1 & \frac{1}{2} \\ 0 & 1 & 0 & 0 & \frac{1}{2} \\ 0 & 0 & 1 & 1 & 1 \\ 0 & 0 & 0 & 0 & 0 \end{array}\right)。$$

上述矩阵对应的方程组为：

$$\begin{cases} x_1+x_4=\frac{1}{2} \\ x_2=\frac{1}{2} \\ x_3+x_4=1 \end{cases},$$

将此方程组中含 x_4 的项移到等号的右端，就得到原方程组(3-3)的一般解，即：

$$\begin{cases} x_1=-x_4+\frac{1}{2} \\ x_2=\frac{1}{2} \\ x_3=-x_4+1 \end{cases}。$$

其中，x_4 可以任意取值。

【例 3-2】 解线性方程组 $\begin{cases} x_1+2x_2-3x_3=4 \\ 2x_1+3x_2-5x_3=7 \\ 4x_1+3x_2-9x_3=9 \\ 2x_1+5x_2-8x_3=8 \end{cases}$。

【解】 利用初等行变换，将方程组的增广矩阵（$\boldsymbol{A} \vdots \boldsymbol{B}$）化成阶梯阵，再求解，即：

$$(\boldsymbol{A} \vdots \boldsymbol{B}) = \left(\begin{array}{ccc:c} 1 & 2 & -3 & 4 \\ 2 & 3 & -5 & 7 \\ 4 & 3 & -9 & 9 \\ 2 & 5 & -8 & 8 \end{array}\right) \to \left(\begin{array}{ccc:c} 1 & 2 & -3 & 4 \\ 0 & -1 & 1 & -1 \\ 0 & -5 & 3 & -7 \\ 0 & 1 & -2 & 0 \end{array}\right) \to \left(\begin{array}{ccc:c} 1 & 2 & -3 & 4 \\ 0 & -1 & 1 & -1 \\ 0 & 0 & -2 & -2 \\ 0 & 0 & -1 & -1 \end{array}\right)$$

$$\to \left(\begin{array}{ccc:c} 1 & 2 & -3 & 4 \\ 0 & -1 & 1 & -1 \\ 0 & 0 & 1 & 1 \\ 0 & 0 & 0 & 0 \end{array}\right) \to \left(\begin{array}{ccc:c} 1 & 2 & 0 & 7 \\ 0 & 1 & 0 & 2 \\ 0 & 0 & 1 & 1 \\ 0 & 0 & 0 & 0 \end{array}\right) \to \left(\begin{array}{ccc:c} 1 & 0 & 0 & 3 \\ 0 & 1 & 0 & 2 \\ 0 & 0 & 1 & 1 \\ 0 & 0 & 0 & 0 \end{array}\right)$$

一般解为：

$$\begin{cases} x_1 = 3 \\ x_2 = 2 \\ x_3 = 1 \end{cases}$$

【例 3-3】 解线性方程组$\begin{cases} x_1+x_2+x_3=1 \\ -x_1+2x_2-4x_3=2 \\ 2x_1+5x_2-x_3=3 \end{cases}$。

【解】 利用初等行变换，将方程组的增广矩阵（$\boldsymbol{A} \vdots \boldsymbol{B}$）化成阶梯阵，再求解，即：

$$(\boldsymbol{A} \vdots \boldsymbol{B}) = \left(\begin{array}{ccc:c} 1 & 1 & 1 & 1 \\ -1 & 2 & -4 & 2 \\ 2 & 5 & -1 & 3 \end{array}\right)$$

$$\to \left(\begin{array}{ccc:c} 1 & 1 & 1 & 1 \\ 0 & 3 & -3 & 3 \\ 0 & 3 & -3 & 1 \end{array}\right)$$

$$\to \left(\begin{array}{ccc:c} 1 & 1 & 1 & 1 \\ 0 & 3 & -3 & 3 \\ 0 & 0 & 0 & -2 \end{array}\right)$$

阶梯形矩阵的第三行“0，0，0，-2”所表示的方程为：$0x_1+0x_2+0x_3=-2$，由该方程可知，无论 x_1，x_2，x_3 取何值，都不能满足这个方程，因此原方程组无解。

三、线性方程组的解的判定

前面介绍了用高斯消元法解线性方程组的方法，通过例题可知，线性方程组的解的情况有无穷多解、唯一解和无解。从求解过程可以看出，方程组(3-1)是否有解，关键在于增广矩阵（$\boldsymbol{A} \vdots \boldsymbol{B}$）化成阶梯非零行的行数与系数矩阵 $\boldsymbol{A}$ 化成阶梯形矩阵后非零行的行数是否相等。因此，线性方程组是否有解，可以用其系数矩阵和增广矩阵的秩来描述。

定理 2 线性方程组(3-1)有解的充分必要是 $r(\boldsymbol{A}) = r(\boldsymbol{A} \vdots \boldsymbol{B})$。

证 设系数矩阵 $\boldsymbol{A}$ 的秩为 r，即 $r(\boldsymbol{A})=r$。利用初等行变换将增广矩阵（$\boldsymbol{A} \vdots \boldsymbol{B}$）化成阶梯阵：

$$(\boldsymbol{A} \vdots \boldsymbol{B}) \xrightarrow{\text{初等航变换}} \begin{pmatrix} \underline{c_{11}} & \cdots & \underline{*} & * & \cdots & * & c_{1s} & \cdots & c_{1n} & d_1 \\ 0 & \cdots & 0 & \underline{c_{2k}} & \cdots & * & c_{2s} & \cdots & c_{2n} & d_2 \\ \vdots & \vdots & \vdots & \vdots & \underline{\vdots} & \underline{\vdots} & \vdots & \vdots & \vdots & \vdots \\ 0 & \cdots & 0 & 0 & \cdots & 0 & \underline{c_{rs}} & \underline{\cdots} & \underline{c_{rn}} & d_r \\ 0 & \cdots & 0 & 0 & \cdots & 0 & 0 & \cdots & 0 & d_{r+1} \\ \cdots & \cdots & \cdots & \cdots & \cdots & \cdots & \cdots & \cdots & \cdots & \cdots \\ 0 & \cdots & 0 & 0 & \cdots & 0 & 0 & \cdots & 0 & 0 \end{pmatrix} = (\boldsymbol{C} \vdots \boldsymbol{D})$$

故 $\boldsymbol{AX}=\boldsymbol{B}$ 与 $\boldsymbol{CX}=\boldsymbol{D}$ 是同解方程组，因此

$$\boldsymbol{AX}=\boldsymbol{B}\ \text{有解} \Leftrightarrow d_{r+1}=0 \Leftrightarrow r(\boldsymbol{CD})=r(\boldsymbol{C})=r$$

即

$$r(\boldsymbol{AB})=r(\boldsymbol{A})=r$$

推论1 线性方程组有唯一解的充分必要条件是 $r(\boldsymbol{A})=r(\boldsymbol{AB})=n$。

推论 2 线性方程组有无穷多解的充分必要条件是 $r(\boldsymbol{A})=r(\boldsymbol{AB})<n$。

将上述结论应用到齐次线性方程组(3-2)上，则总有 $r(\boldsymbol{A})=r(\boldsymbol{A} \vdots \boldsymbol{B})$。因此齐次线性方程组一定有解。

【例 3-4】 判别下列方程组是否有解，若有解，是有唯一解还是有无穷多解？

(1) $\begin{cases} x_1+2x_2-3x_3=-11 \\ -x_1-x_2+x_3=7 \\ 2x_1-3x_2+x_3=6 \\ -3x_1+x_2+2x_3=4 \end{cases}$

(2) $\begin{cases} x_1+2x_2-3x_3=-11 \\ -x_1-x_2+2x_3=7 \\ 2x_1-3x_2+x_3=6 \\ -3x_1+x_2+2x_3=5 \end{cases}$

(3) $\begin{cases} x_1+2x_2-3x_3=-11 \\ -x_1-x_2+x_3=7 \\ 2x_1-3x_2+x_3=6 \\ -3x_1+x_2+2x_3=5 \end{cases}$

【解】 (1) 用初等行变换将增广矩阵化成阶梯阵，即：

$$(\boldsymbol{A} \vdots \boldsymbol{B}) = \begin{pmatrix} 1 & 2 & -3 & -11 \\ -1 & -1 & 1 & 7 \\ 2 & -3 & 1 & 6 \\ -3 & 1 & 2 & 4 \end{pmatrix}$$

$$\rightarrow \begin{pmatrix} 1 & 2 & -3 & -11 \\ 0 & 1 & -2 & -4 \\ 0 & -7 & 7 & 28 \\ 0 & 7 & -7 & -29 \end{pmatrix}$$

$$\rightarrow\begin{pmatrix}1 & 2 & -3 & -11\\0 & 1 & -2 & -4\\0 & 0 & -7 & 0\\0 & 0 & 0 & -1\end{pmatrix}$$

因为 $r(\boldsymbol{A}\vdots\boldsymbol{B})=4$，$r(\boldsymbol{A})=3$，两者不等，所以方程组无解。

（2）用初等行变换将增广矩阵化成阶梯阵，即：

$$(\boldsymbol{A}\vdots\boldsymbol{B})=\left(\begin{array}{ccc:c}1 & 2 & -3 & -11\\-1 & -1 & 2 & 7\\2 & -3 & 1 & 6\\-3 & 1 & 2 & 5\end{array}\right)\rightarrow\cdots\rightarrow\left(\begin{array}{ccc:c}1 & 2 & -3 & -11\\0 & 1 & -1 & -4\\0 & 0 & 0 & 0\\0 & 0 & 0 & 0\end{array}\right)$$

因为 $r(\boldsymbol{A}\cdots\boldsymbol{B})=r(\boldsymbol{A})=22<n$（$n=3$），所以方程组有无穷多解。

（3）用初等行变换将增广矩阵化成阶梯形矩阵，即：

$$(\boldsymbol{A}\cdots\boldsymbol{B})=\left(\begin{array}{ccc:c}1 & 2 & -3 & -11\\-1 & -1 & 1 & 7\\2 & -3 & 1 & 6\\-3 & 1 & 2 & 5\end{array}\right)\rightarrow\cdots\rightarrow\left(\begin{array}{ccc:c}1 & 2 & -3 & -11\\0 & 1 & -2 & -4\\0 & 0 & -7 & 0\\0 & 0 & 0 & 0\end{array}\right)$$

因为 $r(\boldsymbol{A}\vdots\boldsymbol{B})=r(\boldsymbol{A})=3=n$,所以方程组有唯一解。

【例 3-5】 判别下列齐次方程组是否有非零解。

$$\begin{cases}x_1+3x_2-7x_3-8x_4=0\\2x_1+5x_2+4x_3+4x_4=0\\-3x_1-7x_2-2x_3-3x_4=0\\x_1+4x_2-12x_3-16x_4=0\end{cases}$$

【解】 用初等行变换将系数矩阵化成阶梯形矩阵，即：

$$\boldsymbol{A}=\begin{pmatrix}1 & 3 & -7 & -8\\2 & 5 & 4 & 4\\-3 & -7 & -2 & -3\\1 & 4 & -12 & -16\end{pmatrix}\rightarrow\begin{pmatrix}1 & 3 & -7 & -8\\0 & -1 & 18 & 20\\0 & 2 & -23 & -27\\0 & 1 & -5 & -8\end{pmatrix}$$

$$\rightarrow\begin{pmatrix}1 & 3 & -7 & -8\\0 & -1 & 18 & 20\\0 & 0 & 13 & 13\\0 & 0 & 13 & 12\end{pmatrix}\rightarrow\begin{pmatrix}1 & 3 & -7 & -8\\0 & -1 & 18 & 20\\0 & 0 & 13 & 13\\0 & 0 & 0 & -1\end{pmatrix}$$

因为 $r(\boldsymbol{A})=4=n$，所以齐次方程组只有零解。

习题 3.1

（1）求解下列方程组。

1）$\begin{cases}2x_1-x_2+3x_3=1\\4x_1-2x_2+5x_3=4;\\2x_1-x_2+4x_3=0\end{cases}$

2) $\begin{cases} x_1+3x_2-2x_3=4 \\ 3x_1+2x_2-5x_3=11 \\ 2x_1+x_2+x_3=3 \end{cases}$；

3) $\begin{cases} x_1-2x_2+2x_3+x_4=0 \\ 2x_1+x_2-2x_3-2x_4=0 \\ x_1-x_2-4x_3-3x_4=0 \end{cases}$。

（2）设有线性方程组 $\begin{cases} (1+\lambda)\ x_1+x_2+x_3=0 \\ x_1+\ (1+\lambda)\ x_2+x_3=3 \\ x_2+x_2+\ (1+\lambda)\ x_3=\lambda \end{cases}$

在什么情况下此方程组有唯一解、无解或有无穷多解？

第二节　向量空间

第一节介绍了消元法,用消元法解线性方程组就是对增广矩阵施行初等变换. 增广矩阵的每一行都表示一个方程，方程组的第 i 个方程是用一组有序的数（a_{i1}，a_{i2}，⋯，a_{in}，b_i）来表示的。从解方程组的过程得知，一个线性方程组的解的情况是由方程组中方程之间的关系所决定的。如方程组

$$\begin{cases} x_1+x_2+x_3+x_4=1 \\ 3x_1+2x_2+x_3+x_4=-3 \\ x_2+3x_3+2x_4=5 \\ 5x_1+4x_2+3x_3+3x_4=-1 \end{cases}$$

第 2 个方程加上第 1 个方程的 2 倍即可得到第 4 个方程，所以第 4 个方程是一个多余的方程，从方程中删除第 4 个方程不会影响到方程组的解。

由此可见，方程组中方程之间的关系是十分重要的，因而研究有序数组之间的关系也是十分重要的。为了进一步研究这种关系，从理论上深入地讨论线性方程组的解的问题，需要引入 n 维向量这个概念。

定义 1　由数域 **P** 中的 n 个数 a_1，a_2，⋯，a_n 组成的有序数组（a_1，a_2，⋯，a_n）称为一个 n 维向量。a_i 称为向量的第 i 个分量，通常用希腊字母 α，β，γ 等表示向量，而用拉丁字母 a，b，c 等表示分量。当数域 **P** 为实数域时，即由 n 个实数构成的向量称为实向量。

在平面直角坐标系中，平面上的几何向量 $\overrightarrow{OP}$ 可用它的终点的坐标(x，y)表示，其中 x，y 都是实数，因此它是实数域上的二维向量。

在空间直角坐标系中，几何向量 $\overrightarrow{OP}$ 建立了与实数数组(x，y，z)的一一对应. 因此几何向量可看成是实数域上的三维向量. 二维、三维实向量都是几何向量。n 维向量是二维、三维向量的推广，但四维以上的向量没有几何意义。

定义 2　如果 n 维向量 $\boldsymbol{\alpha}=$（a_1，a_2，⋯，a_n），$\boldsymbol{\beta}=$(b_1，b_2，⋯，b_n)的对应分量相等，即：

$$a_i=b_i\ (i=1,\ 2,\cdots,\ n)$$

则称向量 $\boldsymbol{\alpha}$ 与 $\boldsymbol{\beta}$ 相等，记作 $\boldsymbol{\alpha}=\boldsymbol{\beta}$。

分量都是零的向量称为零向量，记为 $\mathbf{0}$，即：

$$\mathbf{0}=(0,\ 0,\cdots,\ 0)$$

若 $\boldsymbol{\alpha}=(a_1,\ a_2,\cdots,\ a_n)$，则向量 $(-a_1,\ -a_2,\cdots,\ -a_n)$ 称为向量 $\boldsymbol{\alpha}=(a_1,\ a_2,\cdots,\ a_n)$ 的负向量，记为 $-\boldsymbol{\alpha}$。

二维、三维向量之间的最基本的关系是用向量的加法和数量乘法表达的，对于 n 维向量，也作类似的模拟。

定义 3　两个 n 维向量 $\boldsymbol{\alpha}=(a_1,\ a_2,\cdots,\ a_n)$ 与 $\boldsymbol{\beta}=(b_1,\ b_2,\cdots,\ b_n)$ 的对应分量之和构成的向量，称为向量 $\boldsymbol{\alpha}$ 与 $\boldsymbol{\beta}$ 的和，记为 $\boldsymbol{\alpha}+\boldsymbol{\beta}$，即 $\boldsymbol{\alpha}+\boldsymbol{\beta}=(a_1+b_1,\ a_2+b_2,\cdots,\ a_n+b_n)$。由向量的加法及负向量的定义，可以定义向量的减法：

$$\begin{aligned}\boldsymbol{\alpha}-\boldsymbol{\beta}&=\boldsymbol{\alpha}+(-\boldsymbol{\beta})=(a_1,\ a_2,\cdots,\ a_n)+(-b_1,\ -b_2,\cdots,\ -b_n)\\&=(a_1-b_1,\ a_2-b_2,\cdots,\ a_n-b_n)。\end{aligned}$$

定义 4　n 维向量 $\boldsymbol{\alpha}=(a_1,\ a_2,\cdots,\ a_n)$ 的各分量都乘以数 k 所构成的向量，称为数 k 与向量 $\boldsymbol{\alpha}$ 的数量乘积，记为 $k\boldsymbol{\alpha}$，即：

$$k\boldsymbol{\alpha}=(ka_1,\ ka_2,\cdots,\ ka_n)。$$

向量的加法与数量乘积这两种运算统称为向量的线性运算。向量的线性运算满足下列八条运算规律：

(1) $\boldsymbol{\alpha}+\boldsymbol{\beta}=\boldsymbol{\beta}+\boldsymbol{\alpha}$;

(2) $\boldsymbol{\alpha}+(\boldsymbol{\beta}+\boldsymbol{\gamma})=(\boldsymbol{\alpha}+\boldsymbol{\beta})+\boldsymbol{\gamma}$;

(3) $\mathbf{0}+\boldsymbol{\alpha}=\boldsymbol{\alpha}$;

(4) $\boldsymbol{\alpha}+(-\boldsymbol{\alpha})=\mathbf{0}$;

(5) $k(\boldsymbol{\alpha}+\boldsymbol{\beta})=k\boldsymbol{\alpha}+k\boldsymbol{\beta}$;

(6) $(k+l)\boldsymbol{\alpha}=k\boldsymbol{\alpha}+l\boldsymbol{\alpha}$;

(7) $k(l\boldsymbol{\alpha})=(kl)\boldsymbol{\alpha}$;

(8) $1\cdot\boldsymbol{\alpha}=\boldsymbol{\alpha}$。

其中 $\boldsymbol{\alpha}$，$\boldsymbol{\beta}$，$\boldsymbol{\gamma}$ 都是 n 维向量；k，l 都是 $\mathbf{P}$ 中的数。

这些运算规律只需按加法与数与向量的乘积的定义逐一验证即可知其正确性。

由定义还可以推出：

$0\cdot\boldsymbol{\alpha}=0$，$k\cdot\mathbf{0}=\mathbf{0}$。

如果 $k\neq0$，$\boldsymbol{\alpha}\neq\mathbf{0}$，则 $k\boldsymbol{\alpha}\neq\mathbf{0}$，且有 $-(k\boldsymbol{\alpha})=k(-\boldsymbol{\alpha})=-k\boldsymbol{\alpha}$

向量有时写成列的形式 $\boldsymbol{\alpha}=\begin{pmatrix}a_1\\a_2\\\vdots\\a_n\end{pmatrix}$，$\boldsymbol{\beta}=\begin{pmatrix}b_1\\b_2\\\vdots\\b_n\end{pmatrix}$。这时，$\boldsymbol{\alpha}$ 与 $\boldsymbol{\beta}$ 的相等、向量间的加法、数量乘法等定义及性质与上面的讨论完全类似，例如 $\boldsymbol{\alpha}+\boldsymbol{\beta}=\begin{pmatrix}a_1+b_1\\a_2+b_2\\\vdots\\a_n+b_n\end{pmatrix}$，$k\boldsymbol{\alpha}=\begin{pmatrix}ka_1\\ka_2\\\vdots\\ka_n\end{pmatrix}$，$k\in\boldsymbol{P}$。

为了方便，行、列向量的关系用下列符号来表示，即：

$$(a_1,\ a_2,\cdots,\ a_n)^{\mathrm{T}}=\begin{pmatrix}a_1\\a_2\\\vdots\\a_n\end{pmatrix}。$$

利用向量有许多方便之处，例如利用向量运算可以将一般线性方程组

$$\begin{cases}a_{11}x_1+a_{12}x_2+\cdots+a_{1n}x_n=b_1\\a_{21}x_1+a_{22}x_2+\cdots+a_{2n}x_n=b_2\\\cdots\quad\cdots\qquad\qquad\cdots\quad\cdots\\a_{m1}x_1+a_{m2}x_2+\cdots+a_{mn}x_n=b_m\end{cases}$$

简写成向量形式

$$\boldsymbol{\alpha}_1x_1+\boldsymbol{\alpha}_2x_2+\cdots+\boldsymbol{\alpha}_nx_n=\boldsymbol{\beta}。$$

其中

$$\boldsymbol{\alpha}_1=\begin{pmatrix}a_{11}\\a_{21}\\\vdots\\a_{m1}\end{pmatrix},\ \boldsymbol{\alpha}_2=\begin{pmatrix}a_{12}\\a_{22}\\\vdots\\a_{m2}\end{pmatrix},\ \cdots,\ \boldsymbol{\alpha}_n=\begin{pmatrix}a_{1n}\\a_{2n}\\\vdots\\a_{mn}\end{pmatrix},\ \boldsymbol{\beta}=\begin{pmatrix}b_1\\b_2\\\vdots\\b_m\end{pmatrix}。$$

这样，就可以借助于向量讨论线性方程组。

向量的线性运算也是建立 n 维向量空间概念的基础，下面给出 n 维向量空间的定义。

定义 5 数域 $\mathbf{P}$ 上全体 n 维向量构成的集合，连同定义在这个集合上的加法与数量乘法两种运算，称为数域 $\mathbf{P}$ 上的 n 维向量空间，记作 $\mathbf{P}^n$。

【例 3-6】 设 $\boldsymbol{\alpha}=(2,\ 0,\ -1,\ 3)$，$\boldsymbol{\beta}=(1,\ 7,\ 4,\ -2)$，$\boldsymbol{\gamma}=(0,\ 1,\ 0,\ 1)$，

（1）求 $2\boldsymbol{\alpha}+\boldsymbol{\beta}-3\boldsymbol{\gamma}$；

（2）若有向量 $\boldsymbol{\mu}$，满足 $3\boldsymbol{\alpha}-\boldsymbol{\beta}+5\boldsymbol{\gamma}+2\boldsymbol{\mu}=\mathbf{0}$，求 $\boldsymbol{\mu}$。

【解】 （1）$2\boldsymbol{\alpha}+\boldsymbol{\beta}-3\boldsymbol{\gamma}=2(2,\ 0,\ 1,\ 3)+(1,\ 7,\ 4,\ -2)-3(0,\ 1,\ 0,\ 1)$

$=(5,\ 4,\ 2,\ 1)$。

（2）由 $3\boldsymbol{\alpha}-\boldsymbol{\beta}+5\boldsymbol{\gamma}+2\boldsymbol{\mu}=\mathbf{0}$ 得：

$$\boldsymbol{\mu}=\frac{1}{2}(-3\boldsymbol{\alpha}+\boldsymbol{\beta}-5\boldsymbol{\gamma})=(-\frac{5}{2},\ 1,\ \frac{7}{2},\ -8)。$$

习题 3.2

设 $\boldsymbol{\alpha}_1=(2,\ 5,\ 1,\ 3)$，$\boldsymbol{\alpha}_2=(10,\ 1,\ 5,\ 10)$，$\boldsymbol{\alpha}_3=(4,\ 1,\ -1,\ 1)$，如果 $3(\boldsymbol{\alpha}_1-\boldsymbol{\alpha})+2(\boldsymbol{\alpha}_2+\boldsymbol{\alpha})=5(\boldsymbol{\alpha}_3+\boldsymbol{\alpha})$，求 $\boldsymbol{\alpha}$。

第三节 向量组的线性相关性

一、向量组及其线性组合

定义1 n 个数 $a_1,\ a_2,\cdots,\ a_n$ 构成的有序数组，记作 $\boldsymbol{\alpha}=(a_1,\ a_2,\cdots,\ a_n)$，称为 n

维行向量。

a_i 称为向量 $\boldsymbol{\alpha}$ 的第 i 个分量；若 $a_i \in \boldsymbol{R}$ 称 $\boldsymbol{\alpha}$ 为实向量（下面主要讨论实向量）；若 $a_i \in \mathbf{C}$称 $\boldsymbol{\alpha}$ 为复向量；零向量：$\boldsymbol{\theta}=(0, 0, \cdots, 0)$；负向量：$(-\boldsymbol{\alpha})=(-a_1, -a_2, \cdots, -a_n)$。

列向量：n 个数 a_1，$a_2, \cdots$，a_n 构成的有序数组，记作 $\boldsymbol{\alpha}=\begin{pmatrix} a_1 \\ a_2 \\ \vdots \\ a_n \end{pmatrix}$，或者 $\boldsymbol{\alpha}=(a_1, a_2, \cdots, a_n)^{\mathrm{T}}$，称为 n 维列向量。

定义 2（线性组合）对 n 维向量 $\boldsymbol{\alpha}$ 及 $\boldsymbol{\alpha}_1, \cdots$，$\boldsymbol{\alpha}_m$，若有数组 k_1，$k_2, \cdots$，k_m 使得

$$\boldsymbol{\alpha}=k_1\boldsymbol{\alpha}_1+\cdots+k_m\boldsymbol{\alpha}_m,$$

称 $\boldsymbol{\alpha}$ 为 $\boldsymbol{\alpha}_1, \cdots$，$\boldsymbol{\alpha}_m$ 的线性组合，或 $\boldsymbol{\alpha}$ 可由 $\boldsymbol{\alpha}_1, \cdots$，$\boldsymbol{\alpha}_m$ 线性表示。

【例 3-7】 $\boldsymbol{\beta}_1=\begin{pmatrix} 1 \\ 0 \\ -1 \end{pmatrix}$，$\boldsymbol{\beta}_2=\begin{pmatrix} 1 \\ 1 \\ 1 \end{pmatrix}$，$\boldsymbol{\beta}_3=\begin{pmatrix} 3 \\ 1 \\ -1 \end{pmatrix}$，$\boldsymbol{\beta}_4=\begin{pmatrix} 5 \\ 3 \\ 1 \end{pmatrix}$判断$\boldsymbol{\beta}_4$ 可否由$\boldsymbol{\beta}_1$，$\boldsymbol{\beta}_2$，$\boldsymbol{\beta}_3$ 线性表示？

【解】 设$\boldsymbol{\beta}_4=k_1\boldsymbol{\beta}_1+k_2\boldsymbol{\beta}_2+k_3\boldsymbol{\beta}_3$，比较两端的对应分量可得：

$$\begin{pmatrix} 1 & 1 & 3 \\ 0 & 1 & 1 \\ -1 & 1 & -1 \end{pmatrix}\begin{pmatrix} k_1 \\ k_2 \\ k_3 \end{pmatrix}=\begin{pmatrix} 5 \\ 3 \\ 1 \end{pmatrix}$$

求得一组解为：

$$\begin{pmatrix} k_1 \\ k_2 \\ k_3 \end{pmatrix}=\begin{pmatrix} 0 \\ 2 \\ 1 \end{pmatrix}$$

于是有

$$\boldsymbol{\beta}_4=0\boldsymbol{\beta}_1+2\boldsymbol{\beta}_2+1\boldsymbol{\beta}_3$$

即$\boldsymbol{\beta}_4$ 可由$\boldsymbol{\beta}_1$，$\boldsymbol{\beta}_2$，$\boldsymbol{\beta}_3$ 线性表示。

注：取另一组解$\begin{pmatrix} k_1 \\ k_2 \\ k_3 \end{pmatrix}=\begin{pmatrix} 2 \\ 3 \\ 0 \end{pmatrix}$时，有

$$\boldsymbol{\beta}_4=2\boldsymbol{\beta}_1+3\boldsymbol{\beta}_2+0\boldsymbol{\beta}_3。$$

定理 1 向量$\boldsymbol{\beta}$ 可由 $\boldsymbol{\alpha}_1$，$\boldsymbol{\alpha}_1, \cdots$，$\boldsymbol{\alpha}_{\mathrm{m}}$ 线性表出的充分必要条件是：线性方程组$\boldsymbol{\beta}=x_1\boldsymbol{\alpha}_1+x_2\boldsymbol{\alpha}_2+\cdots+x_m\boldsymbol{\alpha}_m$ 有解。

证 设

$$\boldsymbol{\alpha}_1=\begin{pmatrix} a_{11} \\ a_{21} \\ \vdots \\ a_{n1} \end{pmatrix}, \boldsymbol{\alpha}_2=\begin{pmatrix} a_{12} \\ a_{22} \\ \vdots \\ a_{n2} \end{pmatrix}, \cdots, \boldsymbol{\alpha}_m=\begin{pmatrix} a_{1m} \\ a_{2m} \\ \vdots \\ a_{nm} \end{pmatrix}, \boldsymbol{\beta}=\begin{pmatrix} b_1 \\ b_2 \\ \vdots \\ b_n \end{pmatrix}$$

$\boldsymbol{\beta}$ 可由 $\boldsymbol{\alpha}_1$，$\boldsymbol{\alpha}_2$，…，$\boldsymbol{\alpha}_m$ 线性表出，即存在一组数 k_1，…，k_m，使得

$$\boldsymbol{\beta}=k_1\boldsymbol{\alpha}_1+k_2\boldsymbol{\alpha}_2+\cdots+k_m\boldsymbol{\alpha}_m$$

即

$$\begin{pmatrix}b_1\\b_2\\\vdots\\b_n\end{pmatrix}=k_1\begin{pmatrix}a_{11}\\a_{21}\\\vdots\\a_{n1}\end{pmatrix}+k_2\begin{pmatrix}a_{12}\\a_{22}\\\vdots\\a_{n2}\end{pmatrix}+\cdots+k_m\begin{pmatrix}a_{1m}\\a_{2m}\\\vdots\\a_{nm}\end{pmatrix}$$

亦即

$$\begin{cases}a_{11}k_1+a_{12}k_2+\cdots+a_{1m}k_m=b_1\\a_{21}k_1+a_{22}k_2+\cdots+a_{2m}k_m=b_2\\\quad\cdots\quad\cdots\qquad\cdots\quad\cdots\\a_{n1}k_1+a_{n2}k_2+\cdots+a_{nm}k_m=b_n\end{cases}$$

方程组

$$\begin{cases}a_{11}x_1+a_{12}x_2+\cdots+a_{1m}x_m=b_1\\a_{21}x_1+a_{22}x_2+\cdots+a_{2m}x_m=b_2\\\quad\cdots\quad\cdots\qquad\cdots\quad\cdots\\a_{n1}x_1+a_{n2}x_2+\cdots+a_{nm}x_m=b_n\end{cases}$$

有解，且 $k_1,\cdots$，k_m 是它的一个解。

推论　向量 $\boldsymbol{b}$ 能由向量组 $\boldsymbol{A}$：$\boldsymbol{a}_1$，$\boldsymbol{a}_2,\cdots$，$\boldsymbol{a}_m$ 线性表示的充分必要条件是矩阵 $\boldsymbol{A}=$（$\boldsymbol{a}_1$，$\boldsymbol{a}_2,\cdots$，$\boldsymbol{a}_m$）的秩等于矩阵 $\boldsymbol{B}=$（$\boldsymbol{a}_1$，$\boldsymbol{a}_2,\cdots$，$\boldsymbol{a}_m$，$\boldsymbol{b}$）的秩。

定义 3　设有两个向量组 $\boldsymbol{A}$：$\boldsymbol{a}_1$，$\boldsymbol{a}_2,\cdots$，$\boldsymbol{a}_m$ 及 $\boldsymbol{B}$：$\boldsymbol{b}_1$，$\boldsymbol{b}_2,\cdots$，$\boldsymbol{b}_l$，若 $\boldsymbol{B}$ 组中每个向量都能由向量组 $\boldsymbol{A}$ 线性表示，则称向量组 $\boldsymbol{B}$ 能由向量组 $\boldsymbol{A}$ 线性表示。若向量组 $\boldsymbol{A}$ 与向量组 $\boldsymbol{B}$ 能互相线性表示，则称这两个向量组等价。

定理 2　向量组 $\boldsymbol{B}$：$\boldsymbol{b}_1$，$\boldsymbol{b}_2,\cdots$，$\boldsymbol{b}_l$ 能由向量组 $\boldsymbol{A}$：$\boldsymbol{a}_1$，$\boldsymbol{a}_2,\cdots$，$\boldsymbol{a}_m$ 线性表示的充分必要条件是矩阵 $\boldsymbol{A}=$（$\boldsymbol{a}_1$，$\boldsymbol{a}_2,\cdots$，$\boldsymbol{a}_m$）的秩等于矩阵（$\boldsymbol{A}$，$\boldsymbol{B}$）=（$\boldsymbol{a}_1$，$\boldsymbol{a}_2,\cdots$，$\boldsymbol{a}_m$，$\boldsymbol{b}_1$，$\mathrm{b}_2,\cdots$，$\boldsymbol{b}_l$）的秩，$r(\boldsymbol{A})=r(\boldsymbol{A},\boldsymbol{B})$。

推论　向量组 $\boldsymbol{A}$：$\boldsymbol{a}_1$，$\boldsymbol{a}_2,\cdots$，$\boldsymbol{a}_m$ 与向量组 $\boldsymbol{B}$：$\boldsymbol{b}_1$，$\boldsymbol{b}_2,\cdots$，$\boldsymbol{b}_l$ 等价的充分必要条件是 $r(\boldsymbol{A})=r(\boldsymbol{B})=r(\boldsymbol{A},\boldsymbol{B})$，其中 $\boldsymbol{A}$ 和 $\boldsymbol{B}$ 是向量组 $\boldsymbol{A}$ 和 $\boldsymbol{B}$ 所构成的矩阵。

【例 3-8】　设 $\boldsymbol{\alpha}_1=\begin{pmatrix}1\\1\\2\\2\end{pmatrix}$，$\boldsymbol{\alpha}_2=\begin{pmatrix}1\\2\\1\\3\end{pmatrix}$，$\boldsymbol{\alpha}_3=\begin{pmatrix}1\\-1\\4\\0\end{pmatrix}$，$\boldsymbol{\beta}=\begin{pmatrix}1\\0\\3\\1\end{pmatrix}$，试证明向量 $\boldsymbol{\beta}$ 可由向量组 $\boldsymbol{\alpha}_1$，$\boldsymbol{\alpha}_2$，$\boldsymbol{\alpha}_3$ 线性表示，并求出表示式。

【证明】　因为

$$(\boldsymbol{A},\boldsymbol{B})=(\boldsymbol{\alpha}_1,\boldsymbol{\alpha}_2,\boldsymbol{\alpha}_3,\boldsymbol{\beta})=\begin{pmatrix}1&1&1&1\\1&2&-1&0\\2&1&4&3\\2&3&0&1\end{pmatrix}$$

$$\rightarrow\begin{pmatrix}1 & 1 & 1 & 1\\0 & 1 & -2 & -1\\0 & 0 & 0 & 0\\0 & 0 & 0 & 0\end{pmatrix}$$

所以 $r(\boldsymbol{A})=r(\boldsymbol{A},\ \boldsymbol{B})=2$，所以向量 $\boldsymbol{\beta}$ 可由向量组 $\boldsymbol{\alpha}_1$，$\boldsymbol{\alpha}_2$，$\boldsymbol{\alpha}_3$ 线性表示，且

$$\boldsymbol{\beta}=2\boldsymbol{\alpha}_1-\boldsymbol{\alpha}_2+0\boldsymbol{\alpha}_3。$$

二、向量组的线性相关性

定义 4　对 n 维向量组 $\boldsymbol{\alpha}_1$，$\boldsymbol{\alpha}_2,\cdots$，$\boldsymbol{\alpha}_m$，若有数组 k_1，$k_2\cdots$，k_m 不全为 0，使得

$$k_1\boldsymbol{\alpha}_1+k_2\boldsymbol{\alpha}_2+\cdots+k_m\boldsymbol{\alpha}_m=\boldsymbol{\theta},$$

称向量组 $\boldsymbol{\alpha}_1$，$\boldsymbol{\alpha}_2$，$\cdots,\boldsymbol{\alpha}_m$ 线性相关，否则称为线性无关。

对 n 维向量组 $\boldsymbol{\alpha}_1$，$\boldsymbol{\alpha}_2,\cdots$，$\boldsymbol{\alpha}_m$ 仅当数组 $k_1,\cdots$，k_m 全为 0 时，才有

$$k_1\boldsymbol{\alpha}_1+k_2\boldsymbol{\alpha}_2+\cdots+k_n\boldsymbol{\alpha}_m=\boldsymbol{\theta}$$

称向量组 $\boldsymbol{\alpha}_1$，$\boldsymbol{\alpha}_2,\cdots\boldsymbol{\alpha}_m$ 线性无关，否则称为线性相关。

注：对于单个向量 $\boldsymbol{\alpha}$，若 $\boldsymbol{\alpha}=\boldsymbol{\theta}$，则 $\boldsymbol{\alpha}$ 线性相关；若 $\boldsymbol{\alpha}\neq\boldsymbol{\theta}$，则 $\boldsymbol{\alpha}$ 线性无关。

对于两个向量的向量组，若对应分量成比例，则该向量组线性相关，否则线性无关。

【例 3-9】　判断例 3-7 中向量组 $\boldsymbol{\beta}_1$，$\boldsymbol{\beta}_2$，$\boldsymbol{\beta}_3$，$\boldsymbol{\beta}_4$ 的线性相关性。

【解】　设 $k_1\boldsymbol{\beta}_1+k_2\boldsymbol{\beta}_2+k_3\boldsymbol{\beta}_3+k_4\boldsymbol{\beta}_4=\boldsymbol{\theta}$，比较两端的对应分量可得：

$$\begin{pmatrix}1 & 1 & 3 & 5\\0 & 1 & 1 & 3\\-1 & 1 & -1 & 1\end{pmatrix}\begin{pmatrix}k_1\\k_2\\k_3\\k_4\end{pmatrix}=\begin{pmatrix}0\\0\\0\end{pmatrix}$$

即
$$\boldsymbol{Ax}=0$$

因为未知量的个数是 4，而 $r(\boldsymbol{A})<4$，所以 $\boldsymbol{Ax}=\boldsymbol{0}$ 有非零解，由定义知 $\boldsymbol{\beta}_1$，$\boldsymbol{\beta}_2$，$\boldsymbol{\beta}_3$，$\boldsymbol{\beta}_4$ 线性相关。

【例 3-10】　已知向量组 $\boldsymbol{\alpha}_1$，$\boldsymbol{\alpha}_2$，$\boldsymbol{\alpha}_3$ 线性无关，证明向量组 $\boldsymbol{\beta}_1=\boldsymbol{\alpha}_1+\boldsymbol{\alpha}_2$，$\boldsymbol{\beta}_2=\boldsymbol{\alpha}_2+\boldsymbol{\alpha}_3$，$\boldsymbol{\beta}_3=\boldsymbol{\alpha}_2+\boldsymbol{\alpha}_3$ 线性无关。

【解】　设 $k_1\boldsymbol{\beta}_1+k_2\boldsymbol{\beta}_2+k_3\boldsymbol{\beta}_3=\boldsymbol{\theta}$，则有：

$$(k_1+k_3)\boldsymbol{\alpha}_1+(k_1+k_2)\boldsymbol{\alpha}_2+(k_2+k_3)\boldsymbol{\alpha}_3=\boldsymbol{\theta}$$

因为 $\boldsymbol{\alpha}_1$，$\boldsymbol{\alpha}_2$，$\boldsymbol{\alpha}_3$ 线性无关，所以：

$$\begin{cases}k_1+k_3=0\\k_1+k_2=0\\k_2+k_3=0\end{cases}$$

即

$$\begin{pmatrix}1 & 0 & 1\\1 & 1 & 0\\0 & 1 & 1\end{pmatrix}\begin{pmatrix}k_1\\k_2\\k_2\end{pmatrix}=\begin{pmatrix}0\\0\\0\end{pmatrix}$$

系数行列式 $\begin{vmatrix}1&0&1\\1&1&0\\0&1&1\end{vmatrix}=2\neq0$，该齐次方程组只有零解，故 $\boldsymbol{\beta}_1\boldsymbol{\beta}_2\boldsymbol{\beta}_3$ 线性无关。

【例 3-11】　判断向量组 $\boldsymbol{e}_1=(1,0,0,\cdots,0)$，$\boldsymbol{e}_2(0,1,0,\cdots,0)$，$\cdots$，$\boldsymbol{e}_n(0,0,\cdots,0,1)$ 的线性相关性。

【解】　设 $k_1\boldsymbol{e}_1+k_2\boldsymbol{e}_2+\cdots+k_n\boldsymbol{e}_n=\boldsymbol{\theta}$，则有：

$$(k_1,k_2,\cdots,k_n)=\boldsymbol{\theta}$$

即只有

$$k_1=0,k_2=0,\cdots,k_n=0$$

故 $\boldsymbol{e}_1$，$\boldsymbol{e}_2$，$\cdots$，$\boldsymbol{e}_n$ 线性无关。

有关结论：

（1）一个零向量必线性相关，而一个非零向量必线性无关；

（2）含有零向量的任意一个向量组必线性相关；

（3）n 维基本单位向量组线性无关。

三、线性相关的判定定理

定理 3　向量组 $\boldsymbol{\alpha}_1$，$\boldsymbol{\alpha}_2$，$\cdots$，$\boldsymbol{\alpha}_m$（$m\geqslant2$）线性相关的充分必要条件是其中至少有一个向量可由其余 $m-1$ 个向量线性表示。

证　必要性

已知 $\boldsymbol{\alpha}_1$，$\boldsymbol{\alpha}_2$，$\cdots$，$\boldsymbol{\alpha}_m$ 线性相关，则存在 k_1，k_2，$\cdots$，k_3 不全为零，使得：

$$k_1\boldsymbol{\alpha}_1+k_2\boldsymbol{\alpha}_2+\cdots+k_m\boldsymbol{\alpha}_m=\boldsymbol{\theta}$$

不妨设 $k_1\neq0$，则有：

$$\boldsymbol{\alpha}_1=(-\frac{k_2}{k_1})\boldsymbol{\alpha}_2+\cdots+(-\frac{k_m}{k_1})\boldsymbol{\alpha}_m$$

充分性

不妨设 $\boldsymbol{\alpha}_1=k_2\boldsymbol{\alpha}_2+\cdots+k_m\boldsymbol{\alpha}_m$，则有：

$$-1\boldsymbol{\alpha}_1+k_2\boldsymbol{\alpha}_2+\cdots+k_m\boldsymbol{\alpha}_m=\boldsymbol{\theta}$$

因为 (-1)，k_2，$\cdots$，k_m 不全为零，所以 $\boldsymbol{\alpha}_1$，$\boldsymbol{\alpha}_2$，$\cdots$，$\boldsymbol{\alpha}_m$ 线性相关。

定理 4　若向量组 $\boldsymbol{\alpha}_1$，$\boldsymbol{\alpha}_2$，$\cdots$，$\boldsymbol{\alpha}_m$ 线性无关，$\boldsymbol{\alpha}_1$，$\boldsymbol{\alpha}_2$，$\cdots$，$\boldsymbol{\alpha}_m$，$\boldsymbol{\beta}$ 线性相关，则 $\boldsymbol{\beta}$ 可由 $\boldsymbol{\alpha}_1$，$\boldsymbol{\alpha}_2$，$\cdots$，$\boldsymbol{\alpha}_m$ 线性表示，且表示式唯一。

证　因为 $\boldsymbol{\alpha}_1$，$\boldsymbol{\alpha}_2$，$\cdots$，$\boldsymbol{\alpha}_m$，$\boldsymbol{\beta}$ 线性相关，所以存在数组 k_1，$\cdots$，k_m，k 不全为零，使得

$$k_1\boldsymbol{\alpha}_1+k_2\boldsymbol{\alpha}_2+\cdots+k_m\boldsymbol{\alpha}_m+k\boldsymbol{\beta}=\boldsymbol{\theta}$$

若 $k=0$，则有

$$k_1\boldsymbol{\alpha}_1+k_2\boldsymbol{\alpha}_2+\cdots+k_m\boldsymbol{\alpha}_m=\boldsymbol{\theta}$$

即 $k_1=0,\cdots,k_m=0$ 矛盾！

故 $k\neq0$，从而有

$$\boldsymbol{\beta}=(-\frac{k_1}{k})\boldsymbol{\alpha}_1+(-\frac{k_2}{k})\boldsymbol{\alpha}_2+\cdots+(-\frac{k_m}{k})\boldsymbol{\alpha}_m$$

下面证明表示式唯一

若

$$\boldsymbol{\beta}=k_1\boldsymbol{\alpha}_1+k_2\boldsymbol{\alpha}_2+\cdots+k_m\boldsymbol{\alpha}_m$$

$$\boldsymbol{\beta}=l_1\boldsymbol{\alpha}_1+l_2\boldsymbol{\alpha}_2+\cdots+l_m\boldsymbol{\alpha}_m$$

则有

$$(k_1-l_1)\boldsymbol{\alpha}_1+(k_2-l_2)\boldsymbol{\alpha}_2+\cdots+(k_m-l_m)\boldsymbol{\alpha}_m=\boldsymbol{\theta}$$

因为 $\boldsymbol{\alpha}_1$，$\boldsymbol{\alpha}_2$，…，$\boldsymbol{\alpha}_m$ 线性无关，所以

$$k_1-l_1=0,\ k_2-l_2=0$$

得

$$k_1=l_1,\cdots,\ k_m=l_m$$

即 $\boldsymbol{\beta}$ 的表示式唯一。

定理 5　$\boldsymbol{\alpha}_1$，$\boldsymbol{\alpha}_2$，…，$\boldsymbol{\alpha}_r$ 线性相关的充分条件是 $\boldsymbol{\alpha}_1$，…，$\boldsymbol{\alpha}_r$，$\boldsymbol{\alpha}_r+1$，…，$\boldsymbol{\alpha}_m$（$m>r$）线性相关。

证　因为 $\boldsymbol{\alpha}_1$，$\boldsymbol{\alpha}_2$，…，$\boldsymbol{\alpha}_r$ 线性相关，所以存在数组 k_1，k_2，…，k_r 不全为零，使得

$$k_1\boldsymbol{\alpha}_1+k_2\boldsymbol{\alpha}_2+\cdots+k_r\boldsymbol{\alpha}_r=\boldsymbol{\theta}$$

即

$$k_1\boldsymbol{\alpha}_1+\cdots+k_r\boldsymbol{\alpha}_r+0\boldsymbol{\alpha}_{r+1}+\cdots+0\boldsymbol{\alpha}_m=\boldsymbol{\theta},$$

因为数组 k_1，…，k_r，θ，…，0 不全为零，故 $\boldsymbol{\alpha}_1$，…，$\boldsymbol{\alpha}_r$，$\boldsymbol{\alpha}_{r+1}$，…，$\alpha_m$ 线性相关。

推论 1　含零向量的向量组线性相关。

推论 2　向量组线性无关充分条件是任意的部分组线性无关。

定理 6　设 $\boldsymbol{\alpha}_i=(a_{i1},\ a_{i2},\cdots,\ a_{im})$（$i=1,\ 2,\cdots,\ m$）

$$\boldsymbol{A}=\begin{pmatrix}\alpha_1\\ \alpha_2\\ \vdots\\ \alpha_m\end{pmatrix}=\begin{pmatrix}a_{11} & a_{12} & \cdots & a_{1n}\\ a_{21} & a_{22} & \cdots & a_{2n}\\ \vdots & \vdots & & \vdots\\ a_m & a_{m2} & \cdots & a_{mn}\end{pmatrix}$$

（1）$\boldsymbol{\alpha}_1$，$\boldsymbol{\alpha}_2$，…，$\boldsymbol{\alpha}_m$ 线性相关充分必要条件是 $\mathrm{rank}A<m$；

（2）$\boldsymbol{\alpha}_1$，$\boldsymbol{\alpha}_2$，…，$\boldsymbol{\alpha}_m$ 线性无关充分必要条件是 $\mathrm{rank}A<m$。

证　设 $k_{\boldsymbol{\alpha}1}+k_2\boldsymbol{\alpha}_2+\cdots+k_m\boldsymbol{\alpha}_m=\boldsymbol{\theta}$ 比较等式两端向量的对应分量可得：

$$\begin{pmatrix}a_{11} & a_{21} & \cdots & a_{m1}\\ a_{12} & a_{22} & \cdots & a_{m2}\\ \vdots & \vdots & & \vdots\\ a_{1n} & a_{2n} & \cdots & a_{mn}\end{pmatrix}\begin{pmatrix}k_1\\ k_2\\ \vdots\\ k_m\end{pmatrix}=\begin{pmatrix}0\\ 0\\ \vdots\\ 0\end{pmatrix}$$

即 $\boldsymbol{A}^{\mathrm{T}}\boldsymbol{x}=0$，由定理 5 可得：

$\boldsymbol{\alpha}_1$，$\boldsymbol{\alpha}_2$，…，$\boldsymbol{\alpha}_m$ 线性相关 $\Leftrightarrow$ $\boldsymbol{A}^{\mathrm{T}}\boldsymbol{x}=\boldsymbol{0}$ 有非零解 $\Leftrightarrow$ $\mathrm{rank}\boldsymbol{A}^{\mathrm{T}}<m$ $\Leftrightarrow$ $\mathrm{rank}\boldsymbol{A}<m$

推论 1　在定理 6 中，当 $m=n$ 时，有：

（1）$\boldsymbol{\alpha}_1$，$\boldsymbol{\alpha}_2$，…，$\boldsymbol{\alpha}_n$ 线性相关的充分必要条件是 $\det\boldsymbol{A}=0$；

（2）$\boldsymbol{\alpha}_1$，$\boldsymbol{\alpha}_2$，…，$\boldsymbol{\alpha}_n$ 线性无关的充分必要条件是 $\det\boldsymbol{A}\neq0$。

推论 2　在定理 6 中，当 $m<n$ 时，有：

（1）$\boldsymbol{\alpha}_1$，$\boldsymbol{\alpha}_2$，…，$\boldsymbol{\alpha}_m$ 线性相关的充分必要条件是 $\boldsymbol{A}$ 中所有的 m 阶子式 $\Leftrightarrow$ $D_{\mathrm{m}}=0(r(A)<m)$；

（2）$\boldsymbol{\alpha}_1$，$\boldsymbol{\alpha}_2$，…，$\boldsymbol{\alpha}_m$ 线性无关的充分必要条件是 $\boldsymbol{A}$ 中至少有一个 m 阶子式 $D_m\neq0(r(A)=m)$。

推论 3　在定理 6 中，当 $m>n$ 时，必有 $\boldsymbol{\alpha}_1$，$\boldsymbol{\alpha}_2$，…，$\boldsymbol{\alpha}_m$ 线性相关。

因为 $r(\boldsymbol{A})\leqslant n<m$，由定理 6 即得。

推论 4 向量组 $\boldsymbol{T}_1$：$\boldsymbol{\alpha}_i=(a_{i1},a_{i2},\cdots,a_{ir})(i=1,2,\cdots,m)$，向量组 $\boldsymbol{T}_2$：$\boldsymbol{\beta}_i=(a_{i1},a_{i2},\cdots,a_{ir},a_{i,r+1},\cdots,a_{in})(i=1,2,\cdots,m)$。若 $\boldsymbol{T}_1$ 线性无关，则 $\boldsymbol{T}_2$ 线性无关。

证

$$\boldsymbol{A}_{m\times r}=\begin{pmatrix}\alpha_1\\\alpha_2\\\vdots\\\alpha_m\end{pmatrix}=\begin{pmatrix}a_{11}&a_{12}&\cdots&a_{1r}\\a_{21}&a_{22}&\cdots&a_{2r}\\\vdots&\vdots&&\vdots\\a_{m1}&a_{m2}&\cdots&a_{mr}\end{pmatrix}$$

$$B_{m\times n}=\begin{pmatrix}\beta_1\\\beta_2\\\vdots\\\beta_m\end{pmatrix}=\begin{pmatrix}a_{11}&\cdots&a_{1r}&a_{1,r+1}&\cdots&a_{1n}\\a_{21}&\cdots&a_{2r}&a_{2,r+1}&\cdots&a_{2n}\\\vdots&&\vdots&\vdots&&\vdots\\a_{m1}&\cdots&a_{mr}&a_{m,r+1}&\cdots&a_{mn}\end{pmatrix}$$

$\boldsymbol{T}_1$ 线性无关 $\Rightarrow r(\boldsymbol{A})=m$；$\boldsymbol{A}$ 是 $\boldsymbol{B}$ 的子矩阵 $\Rightarrow r(\boldsymbol{B})\geqslant r(\boldsymbol{A})=m\Rightarrow r(\boldsymbol{B})=m\Rightarrow\boldsymbol{T}_2$ 线性无关。

定理 7 划分 $\boldsymbol{A}_{m\times n}=\begin{pmatrix}\alpha_1\\\alpha_2\\\vdots\\\alpha_m\end{pmatrix}=(\boldsymbol{\beta}_1,\boldsymbol{\beta}_2,\cdots,\boldsymbol{\beta}_n)$，则有：

(1) $\boldsymbol{A}$ 中某个 $D_r\neq0$ 充分条件是 $\boldsymbol{A}$ 中 D_r 所在的 r 个行向量线性无关；$\boldsymbol{A}$ 中 D_r 所在的 r 个列向量线性无关。

(2) $\boldsymbol{A}$ 中所有 $D_r=0$ 充分条件是 $\boldsymbol{A}$ 中任意的 r 个行向量线性相关；$\boldsymbol{A}$ 中任意的 r 个列向量线性相关。

证（只证"行的情形"）

(1) 设 D_r 位于 $\boldsymbol{A}$ 的 $i_1,\cdots,i_r$ 行，作矩阵 $\boldsymbol{B}_{r\times n}=\begin{pmatrix}\alpha_{i_1}\\\vdots\\\alpha_{i_r}\end{pmatrix}$，则有

$$r(\boldsymbol{B})=r$$

即 $\alpha_{i_1},\cdots,\alpha_{i_r}$ 线性无关。

(2) 任取 $\boldsymbol{A}$ 中 r 个行，设为 $i_1,\cdots,i_r$ 行，作矩阵 $\boldsymbol{B}_{r\times n}=\begin{pmatrix}\boldsymbol{\alpha}_{i_1}\\\vdots\\\boldsymbol{\alpha}_{i_r}\end{pmatrix}$，则有

$$r(\boldsymbol{B})<r$$

即 $\boldsymbol{\alpha}_{i_1},\cdots,\boldsymbol{\alpha}_{i_r}$ 线性相关。

注：称 $\boldsymbol{\alpha}_1,\boldsymbol{\alpha}_2,\cdots,\boldsymbol{\alpha}_m$ 为 $\boldsymbol{A}$ 的行向量组，$\boldsymbol{\beta}_1,\boldsymbol{\beta}_2,\cdots,\boldsymbol{\beta}_n$ 为 $\boldsymbol{A}$ 的列向量组。

习题 3.3

一、选择题

(1) n 维向量 $\boldsymbol{\alpha}_1,\boldsymbol{\alpha}_2,\cdots,\boldsymbol{\alpha}_s$ ($\boldsymbol{\alpha}_1\neq0$) 线性相关的充分必要条件是（　　）

A. 对于任何一组不全为零的数组都有 $k_1\boldsymbol{\alpha}_1+k_2\boldsymbol{\alpha}_2+\cdots+k_s\boldsymbol{\alpha}_s=\boldsymbol{0}$

B. $\boldsymbol{\alpha}_1$，$\boldsymbol{\alpha}_2$，…，$\boldsymbol{\alpha}_s$ 中任何 j（$j\leqslant s$）个向量线性相关

C. 设 $\boldsymbol{A}=(\boldsymbol{\alpha}_1, \boldsymbol{\alpha}_2, \cdots, \boldsymbol{\alpha}_s)$，非齐次线性方程组 $\boldsymbol{AX}=\boldsymbol{B}$ 有唯一解

D. 设 $\boldsymbol{A}=(\boldsymbol{\alpha}_1, \boldsymbol{\alpha}_2, \cdots, \boldsymbol{\alpha}_s)$，$\boldsymbol{A}$ 的行秩$<s$

（2）若向量组 $\boldsymbol{\alpha}$，$\boldsymbol{\beta}$，$\boldsymbol{\gamma}$ 线性无关，向量组 $\boldsymbol{\alpha}$，$\boldsymbol{\beta}$，$\boldsymbol{\delta}$ 线性相关，则（　　）

A. $\boldsymbol{\alpha}$ 必可由 $\boldsymbol{\beta}$，$\boldsymbol{\gamma}$，$\boldsymbol{\delta}$ 线性表示

B. $\boldsymbol{\beta}$ 必不可由 $\boldsymbol{\alpha}$，$\boldsymbol{\gamma}$，$\boldsymbol{\delta}$ 线性表示

C. $\boldsymbol{\delta}$ 必可由 $\boldsymbol{\alpha}$，$\boldsymbol{\beta}$，$\boldsymbol{\gamma}$ 线性表示

D. $\boldsymbol{\delta}$ 必不可由 $\boldsymbol{\alpha}$，$\boldsymbol{\beta}$，$\boldsymbol{\gamma}$ 线性表示

二、填空题

（1）设 $\alpha_1=(1, 1, 0)^{\mathrm{T}}$，$\boldsymbol{\alpha}_2=(0, 1, 1)^{T}$，$\boldsymbol{\alpha}_3=(3, 4, 0)^{\mathrm{T}}$，则 $\boldsymbol{\alpha}_1-\boldsymbol{\alpha}_2=$________，$3\boldsymbol{\alpha}_1+2\boldsymbol{\alpha}_2-\boldsymbol{\alpha}_3=$________。

（2）设 $3(\boldsymbol{\alpha}_1-\boldsymbol{\alpha})+2(\boldsymbol{\alpha}_2+\boldsymbol{\alpha})=5(\boldsymbol{\alpha}_3+\boldsymbol{\alpha})$，其中 $\boldsymbol{\alpha}_1=(2, 5, 1, 3)^{\mathrm{T}}$，$\boldsymbol{\alpha}_2=(10, 1, 5, 10)^{\mathrm{T}}$，$\boldsymbol{\alpha}_3=(4, 1, -1, 1)^{\mathrm{T}}$，则 $\boldsymbol{\alpha}=$________。

（3）已知 $\boldsymbol{\alpha}_1=(1, 1, 2, 1)^{\mathrm{T}}$，$\boldsymbol{\alpha}_2=(1, 0, 0, 2)^{\mathrm{T}}$，$\boldsymbol{\alpha}_3=(-1, -4, -8, k)^{\mathrm{T}}$ 线性相关，则 $k=$________。

（4）设向量组 $\boldsymbol{\alpha}_1=(a, 0, c)$，$\boldsymbol{\alpha}_2=(b, c, 0)$，$\boldsymbol{\alpha}_3=(0, a, b)$ 线性无关，则 a，b，c 满足关系式________。

三、计算题

（1）设有向量 $\boldsymbol{\alpha}_1=\begin{pmatrix}1+\lambda\\1\\1\end{pmatrix}$，$\alpha_2=\begin{pmatrix}1\\1+\lambda\\1\end{pmatrix}$，$\boldsymbol{\alpha}_3=\begin{pmatrix}1\\1\\1+\lambda\end{pmatrix}$，$\boldsymbol{\beta}=\begin{pmatrix}0\\\lambda\\\lambda^2\end{pmatrix}$，试问当 λ 取何值时，

1）$\boldsymbol{\beta}$ 可由 $\boldsymbol{\alpha}_1$，$\boldsymbol{\alpha}_2$，$\boldsymbol{\alpha}_3$ 线性表示，且表达式唯一；

2）$\boldsymbol{\beta}$ 可由 $\boldsymbol{\alpha}_1$，$\boldsymbol{\alpha}_2$，$\boldsymbol{\alpha}_3$ 线性表示，但表达式不唯一；

3）$\boldsymbol{\beta}$ 不能由 $\boldsymbol{\alpha}_1$，$\boldsymbol{\alpha}_2$，$\boldsymbol{\alpha}_3$ 线性表示。

（2）试问下列向量 $\boldsymbol{\beta}$ 能否由其余向量线性表示？若能，写出其线性表示式。

1）$\boldsymbol{\alpha}_1=(1, 2)^{\mathrm{T}}$，$\boldsymbol{\alpha}_2=(-1, 0)^{\mathrm{T}}$，$\boldsymbol{\beta}=(3, 4)^{\mathrm{T}}$；

2）$\boldsymbol{\alpha}_1^{\mathrm{T}}=(1, 0, 2)^{\mathrm{T}}$，$\boldsymbol{\alpha}_2^{\mathrm{T}}=(2, -8, 0)^{\mathrm{T}}$，$\boldsymbol{\beta}^{\mathrm{T}}=(1, 2, -1)^{\mathrm{T}}$。

（3）设 $\boldsymbol{\beta}_1=\boldsymbol{\alpha}_1+\boldsymbol{\alpha}_2$，$\boldsymbol{\beta}_2=\boldsymbol{\alpha}_2+\boldsymbol{\alpha}_3$，$\boldsymbol{\beta}_3=\boldsymbol{\alpha}_3+\boldsymbol{\alpha}_4$，$\boldsymbol{\beta}_4=\boldsymbol{\alpha}_4+\boldsymbol{\alpha}_1$，证明向量组 $\boldsymbol{\beta}_1$，$\boldsymbol{\beta}_2$，$\boldsymbol{\beta}_3$，$\boldsymbol{\beta}_4$ 线性相关。

第四节　向量组的秩

一、向量组的极大无关组

一个线性相关向量组的部分组不一定是线性相关的，例如向量组 $\boldsymbol{\alpha}_1=\begin{pmatrix}2\\-1\\3\\1\end{pmatrix}$，$\boldsymbol{\alpha}_2=$

$\begin{pmatrix}4\\-2\\5\\4\end{pmatrix}$，$\boldsymbol{\alpha}_3=\begin{pmatrix}2\\-1\\4\\-1\end{pmatrix}$，由于

$$3\boldsymbol{\alpha}_1-\boldsymbol{\alpha}_2-\boldsymbol{\alpha}_3=\boldsymbol{0},$$

所以向量组是线性相关的，但是其部分组 $\boldsymbol{\alpha}_1$ 是线性无关的，$\boldsymbol{\alpha}_1$，$\boldsymbol{\alpha}_2$ 也是线性无关的。

可以看出，上例中 $\boldsymbol{\alpha}_1$，$\boldsymbol{\alpha}_2$，$\boldsymbol{\alpha}_3$ 的线性无关的部分组中最多含有两个向量，如果再添加一个向量进去，就变成线性相关了。为了确切地说明这一问题。引入极大线性无关组的概念。

定义 1 设有向量组 $\boldsymbol{\alpha}_1$，$\boldsymbol{\alpha}_2$，$\cdots$，$\boldsymbol{\alpha}_m$，如果它的一个部分组 $\boldsymbol{\alpha}_{i1}$，$\boldsymbol{\alpha}_{i2}$，$\cdots$，$\boldsymbol{\alpha}_{ir}$ 满足：

（1）$\boldsymbol{\alpha}_{i1}$，$\boldsymbol{\alpha}_{i2}$，$\cdots$，$\boldsymbol{\alpha}_{ir}$ 线性无关；

（2）向量组 $\boldsymbol{\alpha}_1$，$\boldsymbol{\alpha}_2$，$\cdots$，$\boldsymbol{\alpha}_m$ 中的任意一个向量都可由部分组 $\boldsymbol{\alpha}_{i1}$，$\boldsymbol{\alpha}_{i2}$，$\cdots$，$\boldsymbol{\alpha}_{ir}$ 线性表出，则称部分组 $\boldsymbol{\alpha}_{i1}$，$\boldsymbol{\alpha}_{i2}$，$\cdots$，$\boldsymbol{\alpha}_{ir}$ 是向量组 $\boldsymbol{\alpha}_1$，$\boldsymbol{\alpha}_2$，$\cdots$，$\boldsymbol{\alpha}_m$ 的一个极大线性无关组，简称为极大无关组。

在上例中除 $\boldsymbol{\alpha}_1$，$\boldsymbol{\alpha}_2$ 线性无关外，$\boldsymbol{\alpha}_1$，$\boldsymbol{\alpha}_3$ 和 $\boldsymbol{\alpha}_2$，$\boldsymbol{\alpha}_3$ 也都是向量组 $\boldsymbol{\alpha}_1$，$\boldsymbol{\alpha}_2$，$\boldsymbol{\alpha}_3$ 线性无关的部分组，所以它们都是向量组的 $\boldsymbol{\alpha}_1$，$\boldsymbol{\alpha}_2$，$\boldsymbol{\alpha}_3$ 极大无关组。因此向量组的极大无关组可能不只一个，但任意两个极大无关组所含向量的个数相同。

【例 3-12】 设有向量组 $\boldsymbol{\alpha}_1=(1, 0, 0)$，$\boldsymbol{\alpha}_2=(0, 1, 0)$，$\boldsymbol{\alpha}_3=(0, 0, 1)$，$\boldsymbol{\alpha}_4=(1, 0, 1)$，$\boldsymbol{\alpha}_5=(1, 1, 0)$，$\boldsymbol{\alpha}_6=(1, 0, -1)$，$\boldsymbol{\alpha}_7=(-2, 3, 4)$，求向量组的极大无关组。

【解】 显然 $\boldsymbol{\alpha}_1$，$\boldsymbol{\alpha}_2$，$\boldsymbol{\alpha}_3$ 是它的一个极大无关组，容易看出 $\boldsymbol{\alpha}_1$，$\boldsymbol{\alpha}_2$，$\boldsymbol{\alpha}_3$ 线性无关且 $\boldsymbol{\alpha}_4$，$\boldsymbol{\alpha}_5$，$\boldsymbol{\alpha}_6$，$\boldsymbol{\alpha}_7$ 都可由 $\boldsymbol{\alpha}_1$，$\boldsymbol{\alpha}_2$，$\boldsymbol{\alpha}_3$ 线性表出。另外，还容易证明 $\boldsymbol{\alpha}_1$，$\boldsymbol{\alpha}_2$，$\boldsymbol{\alpha}_4$ 或 $\boldsymbol{\alpha}_2$，$\boldsymbol{\alpha}_5$，$\boldsymbol{\alpha}_6$ 或 $\boldsymbol{\alpha}_4$，$\boldsymbol{\alpha}_5$，$\boldsymbol{\alpha}_7$ 都是它的极大无关组。

从定义可看出，一个线性无关的向量组的极大无关组就是这个向量组本身，显然，仅有零向量组成的向量组没有极大无关组。

二、向量组的秩

由于一个向量组的所有极大无关组含有相同个数的向量，这说明极大无关组所含向量的个数反映了向量组本身的性质。

定义 2 向量组的极大无关组所含向量的个数，称为该向量组的秩，记作 $r(\boldsymbol{\alpha}_1, \boldsymbol{\alpha}_2, \cdots, \boldsymbol{\alpha}_m)$。

规定零向量组成的向量组的秩为零。

n 维基本单位向量组 ε_1，ε_2，$\cdots$，ε_n 是线性无关的，它的极大无关组就是它本身，因此，$r(\varepsilon_1, \varepsilon_2, \cdots, \varepsilon_n)=n$。

定理 1 向量组线性无关的充分必要条件是它的秩等于它所含向量的个数。

证明　必要性

如果向量组 $\boldsymbol{\alpha}_1$，$\boldsymbol{\alpha}_2$，$\cdots$，$\boldsymbol{\alpha}_m$ 线性无关，则它的极大无关组就是它本身，从而 $r(\boldsymbol{\alpha}_1, \boldsymbol{\alpha}_2, \cdots, \boldsymbol{\alpha}_m)=m$。

充分性

如果 $r(\boldsymbol{\alpha}_1, \boldsymbol{\alpha}_2, \cdots, \boldsymbol{\alpha}_m)=m$，则向量组的极大无关组应含有 m 个向量，而这就是向

量组本身，所以该向量组线性无关。

定理 2 相互等价的向量组的秩相等。

定理 3 如果两个向量组的秩相等且其中一个向量组可由另一个线性表出，则这两个向量组等价。

(证明留作习题)

三、向量组的秩和极大无关组的求法

向量组的秩可通过相应的矩阵的秩求得，其通常用的方法是：以向量组 $\boldsymbol{\alpha}_1$，$\boldsymbol{\alpha}_2,\cdots$，$\boldsymbol{\alpha}_m$ 为矩阵 $\boldsymbol{A}$ 的列或行向量组构成矩阵

$$\boldsymbol{A}=(\boldsymbol{\alpha}_1,\ \boldsymbol{\alpha}_2,\cdots,\ \boldsymbol{\alpha}_m)\ \text{或}\ \boldsymbol{A}=\begin{pmatrix}\boldsymbol{\alpha}_1\\ \boldsymbol{\alpha}_2\\ \vdots\\ \boldsymbol{\alpha}_m\end{pmatrix},$$

用初等行变换把 $\boldsymbol{A}$ 化为阶梯形矩阵，则

$$r(\boldsymbol{\alpha}_1,\ \boldsymbol{\alpha}_2,\cdots,\ \boldsymbol{\alpha}_m)=r(\boldsymbol{A})=\text{阶梯型矩阵的非零行的行数}$$

【例 3-13】 求向量组的秩

$$\boldsymbol{\alpha}_1=\begin{pmatrix}-1\\5\\3\\-2\\1\end{pmatrix},\ \boldsymbol{\alpha}_2=\begin{pmatrix}4\\1\\-2\\9\\7\end{pmatrix},\ \boldsymbol{\alpha}_3=\begin{pmatrix}0\\3\\4\\-5\\-1\end{pmatrix},\ \boldsymbol{\alpha}_4=\begin{pmatrix}2\\0\\-1\\4\\3\end{pmatrix}$$

【解】 以 $\boldsymbol{\alpha}_1$，$\boldsymbol{\alpha}_2$，$\boldsymbol{\alpha}_3$，$\boldsymbol{\alpha}_4$ 为列向量构造矩阵 $\boldsymbol{A}$，用初等行变换把 $\boldsymbol{A}$ 化为阶梯形，即：

$$\boldsymbol{A}=\begin{pmatrix}-1&4&0&2\\5&1&3&0\\3&-2&4&-1\\-2&9&-5&4\\1&7&-1&3\end{pmatrix}\to\begin{pmatrix}-1&4&0&2\\0&1&-5&0\\0&0&54&5\\0&0&0&0\\0&0&0&0\end{pmatrix}$$

因为 $r(\boldsymbol{A})=3$，所以 $r(\boldsymbol{\alpha}_1,\ \boldsymbol{\alpha}_2,\ \boldsymbol{\alpha}_3,\ \boldsymbol{\alpha}_4)=3$。

接下来给出一个求向量组的极大无关组的方法。具体做法是：先将向量组作为列向量构成矩阵 $\boldsymbol{A}$，然后对 $\boldsymbol{A}$ 实行初等行变换，将其列向量尽可能地化为简单形式，则由简化后的矩阵列之间的线性关系，就可以确定原向量组间的线性关系，从而确定其极大无关组。

【例 3-14】 求向量组

$$\boldsymbol{\alpha}_1=\begin{pmatrix}1\\-1\\2\\1\\0\end{pmatrix},\ \boldsymbol{\alpha}_2=\begin{pmatrix}2\\-2\\4\\-2\\0\end{pmatrix},\ \boldsymbol{\alpha}_3=\begin{pmatrix}3\\0\\6\\-1\\1\end{pmatrix},\ \boldsymbol{\alpha}_4=\begin{pmatrix}0\\3\\0\\0\\1\end{pmatrix}$$

的秩及一个极大无关组，并把其余向量用此极大无关组线性表示。

【解】　以 $\boldsymbol{\alpha}_1$，$\boldsymbol{\alpha}_2$，$\boldsymbol{\alpha}_3$，$\boldsymbol{\alpha}_4$ 为列向量构造矩阵 $\boldsymbol{A}$，用初等行变换把 $\boldsymbol{A}$ 化为阶梯形，即：

$$A=\begin{pmatrix}1&2&3&0\\-1&-2&0&3\\2&4&6&0\\1&-2&-1&0\\0&0&1&1\end{pmatrix}\to\begin{pmatrix}1&2&3&0\\0&1&1&0\\0&0&1&1\\0&0&0&0\\0&0&0&0\end{pmatrix}\to\begin{pmatrix}1&0&0&-1\\0&1&0&-1\\0&0&1&1\\0&0&0&0\\0&0&0&0\end{pmatrix}$$

$$=(\boldsymbol{\beta}_1,\boldsymbol{\beta}_2,\boldsymbol{\beta}_3,\boldsymbol{\beta}_4)$$

因为 $r(\boldsymbol{\beta}_1,\boldsymbol{\beta}_2,\boldsymbol{\beta}_3)=3$，所以 $\boldsymbol{\beta}_1$，$\boldsymbol{\beta}_2$，$\boldsymbol{\beta}_3$ 线性无关，且是 $\boldsymbol{\beta}_1$，$\boldsymbol{\beta}_2$，$\boldsymbol{\beta}_3$，$\boldsymbol{\beta}_4$ 的一个极大无关组。所以，$\boldsymbol{\alpha}_1$，$\boldsymbol{\alpha}_2$，$\boldsymbol{\alpha}_3$ 是 $\boldsymbol{\alpha}_1$，$\boldsymbol{\alpha}_2$，$\boldsymbol{\alpha}_3$，$\boldsymbol{\alpha}_4$ 的极大无关组。

由于 $\boldsymbol{\beta}_4=-\boldsymbol{\beta}_1-\boldsymbol{\beta}_2+\boldsymbol{\beta}_3$，则 $\boldsymbol{\alpha}_4=-\boldsymbol{\alpha}_1-\boldsymbol{\alpha}_2+\boldsymbol{\alpha}_3$。

【例 3-15】　向量组 $\boldsymbol{T}$：

$$\boldsymbol{\alpha}_1=\begin{pmatrix}1\\1\\1\\3\end{pmatrix},\ \boldsymbol{\alpha}_2=\begin{pmatrix}-1\\-3\\5\\1\end{pmatrix},\ \boldsymbol{\alpha}_3=\begin{pmatrix}3\\2\\-1\\c+2\end{pmatrix},\ \boldsymbol{\alpha}_4=\begin{pmatrix}-2\\-6\\10\\c\end{pmatrix},$$

求向量组 $\boldsymbol{T}$ 的一个极大无关组。

【解】　对矩阵 $\boldsymbol{A}=(\boldsymbol{\alpha}_1\quad\boldsymbol{\alpha}_2\quad\boldsymbol{\alpha}_3\quad\boldsymbol{\alpha}_4)$ 进行初等行变换可得：

$$\boldsymbol{A}=\begin{pmatrix}1&-1&3&-2\\1&-3&2&-6\\1&5&-1&10\\3&1&c+2&c\end{pmatrix}\xrightarrow{\text{行}}\begin{pmatrix}1&-1&3&-2\\0&-2&-1&-4\\0&6&-4&12\\0&4&c-7&c+6\end{pmatrix}$$

$$\xrightarrow{\text{行}}\begin{pmatrix}1&-1&3&-2\\0&-2&-1&-4\\0&0&-7&0\\0&0&c-9&c-2\end{pmatrix}\xrightarrow{\text{行}}\begin{pmatrix}1&-1&3&-2\\0&-2&-1&-4\\0&0&-7&0\\0&0&0&c-2\end{pmatrix}$$

$$=\boldsymbol{B}$$

（1）当 $c\neq2$ 时，$r(\boldsymbol{A})=r(\boldsymbol{B})=4$，$\boldsymbol{B}$ 的 1，2，3，4 列线性无关。

即 $\boldsymbol{A}$ 的 1，2，3，4 列线性无关。

故 $\boldsymbol{\alpha}_1$，$\boldsymbol{\alpha}_2$，$\boldsymbol{\alpha}_3$，$\boldsymbol{\alpha}_4$ 是 $\boldsymbol{T}$ 的一个最大无关组。

（2）当 $c=2$ 时，$r(\boldsymbol{A})=r(\boldsymbol{B})=3$，$\boldsymbol{B}$ 的 1，2，3 列线性无关。

即 $\boldsymbol{A}$ 的 1，2，3 列线性无关。

故 $\boldsymbol{\alpha}_1$，$\boldsymbol{\alpha}_2$，$\boldsymbol{\alpha}_3$ 是 $\boldsymbol{T}$ 的一个最大无关组。

习题　3.4

一、选择题

（1）已知向量组 $\boldsymbol{\alpha}_1$，$\boldsymbol{\alpha}_2$，$\boldsymbol{\alpha}_3$，$\boldsymbol{\alpha}_4$ 线性无关，则下列向量组中线性无关的是（　　）

A. $\boldsymbol{\alpha}_1+\boldsymbol{\alpha}_2$，$\boldsymbol{\alpha}_2+\boldsymbol{\alpha}_3$，$\boldsymbol{\alpha}_3+\boldsymbol{\alpha}_4$，$\boldsymbol{\alpha}_4+\boldsymbol{\alpha}_1$

B. $\boldsymbol{\alpha}_1-\boldsymbol{\alpha}_2$，$\boldsymbol{\alpha}_2-\boldsymbol{\alpha}_3$，$\boldsymbol{\alpha}_3-\boldsymbol{\alpha}_4$，$\boldsymbol{\alpha}_4-\boldsymbol{\alpha}_1$

C. $\boldsymbol{\alpha}_1+\boldsymbol{\alpha}_2$，$\boldsymbol{\alpha}_2+\boldsymbol{\alpha}_3$，$\boldsymbol{\alpha}_3+\boldsymbol{\alpha}_4$，$\boldsymbol{\alpha}_4-\boldsymbol{\alpha}_1$

D. $\boldsymbol{\alpha}_1+\boldsymbol{\alpha}_2$，$\boldsymbol{\alpha}_2+\boldsymbol{\alpha}_3$，$\boldsymbol{\alpha}_3-\boldsymbol{\alpha}_4$，$\boldsymbol{\alpha}_4-\boldsymbol{\alpha}_1$

（2）设向量 $\boldsymbol{\beta}$ 可由向量组 $\boldsymbol{\alpha}_1$，$\boldsymbol{\alpha}_2$，…，$\boldsymbol{\alpha}_m$ 线性表示，但不能由向量组（Ⅰ）：$\boldsymbol{\alpha}_1$，$\boldsymbol{\alpha}_2$，…，$\boldsymbol{\alpha}_{m-1}$线性表示，记向量组（Ⅱ）：$\boldsymbol{\alpha}_1$，$\boldsymbol{\alpha}_2$，…，$\boldsymbol{\alpha}_{m-1}$，$\boldsymbol{\beta}$，则（　　）

A. $\boldsymbol{\alpha}_m$ 不能由（Ⅰ）线性表示，也不能由（Ⅱ）线性表示

B. $\boldsymbol{\alpha}_m$ 不能由（Ⅰ）线性表示，但可由（Ⅱ）线性表示

C. $\boldsymbol{\alpha}_m$ 可由（Ⅰ）线性表示，也可由（Ⅱ）线性表示

D. $\boldsymbol{\alpha}_m$ 可由（Ⅰ）线性表示，但不可由（Ⅱ）线性表示

（3）设 n 维向量组 $\boldsymbol{\alpha}_1$，$\boldsymbol{\alpha}_2$，…，$\boldsymbol{\alpha}_s$ 的秩为 3，则（　　）

A. $\boldsymbol{\alpha}_1$，$\boldsymbol{\alpha}_2$，…，$\boldsymbol{\alpha}_s$ 中任意 3 个向量线性无关

B. $\boldsymbol{\alpha}_1$，$\boldsymbol{\alpha}_2$，…，$\boldsymbol{\alpha}_s$ 中无零向量

C. $\boldsymbol{\alpha}_1$，$\boldsymbol{\alpha}_2$，…，$\boldsymbol{\alpha}_s$ 中任意 4 个向量线性相关

D. $\boldsymbol{\alpha}_1$，$\boldsymbol{\alpha}_2$，…，$\boldsymbol{\alpha}_s$ 中任意两个向量线性无关

（4）设 n 维向量组 $\boldsymbol{\alpha}_1$，$\boldsymbol{\alpha}_2$，…，$\boldsymbol{\alpha}_s$ 的秩为 r，则（　　）

A. 若 $r=s$，则任何 n 维向量都可用 $\boldsymbol{\alpha}_1$，$\boldsymbol{\alpha}_2$，…，$\boldsymbol{\alpha}_s$ 线性表示

B. 若 $s=n$，则任何 n 维向量都可用 $\boldsymbol{\alpha}_1$，$\boldsymbol{\alpha}_2$，…，$\boldsymbol{\alpha}_s$ 线性表示

C. 若 $r=n$，则任何 n 维向量都可用 $\boldsymbol{\alpha}_1$，$\boldsymbol{\alpha}_2$，…，$\boldsymbol{\alpha}_s$ 线性表示

D. 若 $s>n$，则 $r=n$

二、填空题

（1）已知向量组 $\boldsymbol{\alpha}_1=(1, 2, -1, 1)$，$\boldsymbol{\alpha}_2=(2, 0, t, 0)$，$\boldsymbol{\alpha}_3=(0, -4, 5, -2)$ 的秩为 2，则 $t=$________。

（2）已知向量组 $\boldsymbol{\alpha}_1=(1, 2, 3, 4)$，$\boldsymbol{\alpha}_2=(2, 3, 4, 5)$，$\boldsymbol{\alpha}_3=(3, 4, 5, 6)$，$\boldsymbol{\alpha}_4=(4, 5, 6, 7)$，则该向量组的秩为________。

（3）向量组 $\boldsymbol{\alpha}_1=(a, 3, 1)^{\mathrm{T}}$，$\boldsymbol{\alpha}_2=(2, b, 3)^{\mathrm{T}}$，$\boldsymbol{\alpha}_3=(1, 2, 1)^{\mathrm{T}}$，$\boldsymbol{\alpha}_4=(2, 3, 1)^{\mathrm{T}}$ 的秩为 2，则 $a=$________，$b=$________。

三、计算题

（1）求下列向量组的秩，并求一个极大无关组。

1）$\boldsymbol{\alpha}_1=\begin{pmatrix}1\\2\\-1\\4\end{pmatrix}$，$\boldsymbol{\alpha}_2=\begin{pmatrix}9\\100\\10\\4\end{pmatrix}$，$\boldsymbol{\alpha}_3=\begin{pmatrix}-2\\-4\\2\\-8\end{pmatrix}$；

2）$\boldsymbol{\alpha}_1^{\mathrm{T}}=(1, 2, 1, 3)$，$\boldsymbol{\alpha}_2^{\mathrm{T}}=(4, -1, -5, -6)$，$\boldsymbol{\alpha}_3^{\mathrm{T}}=(1, -3, -4, -7)$。

（2）设向量组 $\boldsymbol{\alpha}_1=\begin{pmatrix}a\\3\\1\end{pmatrix}$，$\boldsymbol{\alpha}_2=\begin{pmatrix}2\\b\\3\end{pmatrix}$，$\boldsymbol{\alpha}_3=\begin{pmatrix}1\\2\\1\end{pmatrix}$，$\boldsymbol{\alpha}_4=\begin{pmatrix}2\\3\\1\end{pmatrix}$的秩为 2，求 a，b。

（3）已知向量组

$$\boldsymbol{\beta}_1=\begin{pmatrix}0\\1\\-1\end{pmatrix},\boldsymbol{\beta}_2=\begin{pmatrix}a\\2\\1\end{pmatrix},\boldsymbol{\beta}_3=\begin{pmatrix}b\\1\\0\end{pmatrix}\text{与向量组}\boldsymbol{\alpha}_1=\begin{pmatrix}1\\2\\-3\end{pmatrix},\boldsymbol{\alpha}_2=\begin{pmatrix}3\\0\\1\end{pmatrix},\boldsymbol{\alpha}_3=\begin{pmatrix}9\\6\\-7\end{pmatrix}\text{具有相同的秩，}$$

且 $\boldsymbol{\beta}_3$ 可由 $\boldsymbol{\alpha}_1$，$\boldsymbol{\alpha}_2$，$\boldsymbol{\alpha}_3$ 线性表示，求 a，b 的值。

第五节 线性方程组解的结构

在第一节消元法中讨论了线性方程组的解的情况，现在进一步研究它的解的结构。

一、齐次线性方程组解的结构

对齐次线性方程组

$$\begin{cases}a_{11}x_1+a_{12}x_2+\cdots+a_{1n}x_n=0\\a_{21}x_1+a_{22}x_2+\cdots+a_{2n}x_n=0\\\vdots\qquad\vdots\qquad\qquad\vdots\quad\vdots\\a_{m1}x_1+a_{m2}x_2+\cdots+a_{mn}x_n=0\end{cases}\tag{3-6}$$

$$\text{系数矩阵}\boldsymbol{A}=\begin{pmatrix}a_{11}&a_{12}&\cdots&a_{1n}\\a_{21}&a_{22}&\cdots&a_{2n}\\\vdots&\vdots&&\vdots\\a_{m1}&a_{m2}&\cdots&a_{mn}\end{pmatrix},\ \boldsymbol{X}=\begin{pmatrix}x_1\\x_2\\\vdots\\x_n\end{pmatrix},\tag{3-7}$$

则方程组(3-6)矩阵方程为 $\boldsymbol{AX}=\mathbf{0}$。

也称方程(3-7)的解 $\boldsymbol{X}=\begin{pmatrix}x_1\\x_2\\\vdots\\x_n\end{pmatrix}$ 为方程组(3-6)的解向量。

齐次线性方程组(3-6)的解具有下列性质。

性质 1 若 $\boldsymbol{X}_1$，$\boldsymbol{X}_2$ 是齐次线性方程组(3-6)的两个解，$\boldsymbol{C}_1$，$\boldsymbol{C}_2$ 为任意常数，则 $\boldsymbol{X}=\boldsymbol{C}_1\boldsymbol{X}_1+\boldsymbol{C}_2\boldsymbol{X}_2$ 也是它的解。

证 因为 $\boldsymbol{X}_1$，$\boldsymbol{X}_2$ 是齐次线性方程组(3-6)的两个解，因此有

$$\boldsymbol{AX}_1=\mathbf{0},\ \boldsymbol{AX}_2=\mathbf{0}$$

得：
$$\boldsymbol{A}\ (C_1\boldsymbol{X}_1+C_2\boldsymbol{X}_2)\ =C_1\boldsymbol{AX}_1+C_2\boldsymbol{AX}_2=C_1\mathbf{0}+C_2\mathbf{0}=\mathbf{0}$$

所以 $C_1\boldsymbol{X}_1+C_2\boldsymbol{X}_2$ 也是齐次线性方程组(3-6)的解。

由性质 1 可推得以下结论：

若 $\boldsymbol{X}_1$，$\boldsymbol{X}_2$，…，$\boldsymbol{X}_s$ 都是齐次线性方程组(3-6)的解，C_1，C_2，…，C_s 是任意常数，则：$\boldsymbol{X}=C_1\boldsymbol{X}_1+C_2\boldsymbol{X}_2+\cdots+C_s\boldsymbol{X}_s$ 也是它的解。

当一个齐次线性方程组有无穷多解时，每一个解就是一个 n 维解向量，这无穷多个解向量构成了一个向量组（称为解向量组），记作 $\boldsymbol{S}$。由性质 1 可知，$\boldsymbol{S}$ 是一个向量空间。此时，如果能找到 $\boldsymbol{S}$ 的一个最大线性无关组，就得到了齐次线性方程组的全部解，这是因为

齐次线性方程组(3-6)的每一个解都可以用其线性表示。

定义 1　如果 $\boldsymbol{\xi}_1$，$\boldsymbol{\xi}_2,\cdots$，$\boldsymbol{\xi}_s$ 是齐次线性方程组(3-6)的解空间 $\boldsymbol{S}$ 的一个最大线性无关组，则称 $\boldsymbol{\xi}_1$，$\boldsymbol{\xi}_2,\cdots$，$\boldsymbol{\xi}_s$ 是齐次线性方程组(3-6)的一个基础解系。

显然，齐次线性方程组的基础解系不唯一。

定理 1　如果齐次线性方程组(3-6)的系数矩阵 $\boldsymbol{A}$ 的秩 $r(\boldsymbol{A})=r<n$，则齐次线性方程组的基础解系一定存在，且每个基础解系中恰恰含有 $n-r$ 个解。

证　因为 $r(\boldsymbol{A})=r<n$，所以齐次线性方程组有无穷多解，同解方程可表达为：

$$\begin{cases} x_1=-K_{1r+1}x_{r+1}-K_{1r+2}x_{r+2}-\cdots-K_{1n}x_n \\ x_2=-K_{2r+1}x_{r+1}-K_{2r+2}x_{r+2}-\cdots-K_{2n}x_n \\ \vdots \qquad \vdots \qquad \vdots \qquad \vdots \\ x_r=-K_{rr+1}x_{r+1}-K_{rr+2}x_{r+2}-\cdots-K_{rn}x_n \end{cases} \tag{3-8}$$

其中 x_{r+1}，$x_{r+2},\cdots$，x_n 为自由未知量，对 $n-r$ 个自由未知量分别取

$$\begin{pmatrix}1\\0\\\vdots\\0\end{pmatrix},\begin{pmatrix}0\\1\\\vdots\\0\end{pmatrix},\cdots,\begin{pmatrix}0\\0\\\vdots\\1\end{pmatrix}$$

代入(3-8)可得齐次线性方程组的 $n-r$ 个解，即：

$$\boldsymbol{\xi}_1=\begin{pmatrix}-K_{1r+1}\\-K_{2r+1}\\\vdots\\-K_{rr+1}\\1\\0\\\vdots\\0\end{pmatrix},\ \boldsymbol{\xi}_2=\begin{pmatrix}-K_{1r+2}\\-K_{2r+2}\\\vdots\\-K_{rr+2}\\0\\1\\\vdots\\0\end{pmatrix},\cdots,\ \boldsymbol{\xi}_{n-r}=\begin{pmatrix}-K_{1n}\\-K_{2n}\\\vdots\\-K_{rn}\\0\\0\\\vdots\\1\end{pmatrix}$$

下面证明 $\boldsymbol{\xi}_1$，$\boldsymbol{\xi}_2,\cdots$，$\boldsymbol{\xi}_{n-r}$ 是齐次线性方程组的一个基础解系，首先证明 $\boldsymbol{\xi}_1$，$\boldsymbol{\xi}_2,\cdots$，$\boldsymbol{\xi}_{n-r}$ 线性无关。

因为向量组 $\begin{pmatrix}1\\0\\\vdots\\0\end{pmatrix},\begin{pmatrix}0\\1\\\vdots\\0\end{pmatrix},\cdots,\begin{pmatrix}0\\0\\\vdots\\1\end{pmatrix}$ 是线性无关，则由本章第三节定理 6 的推论 4 得：$\boldsymbol{\xi}_1$，$\boldsymbol{\xi}_2,\cdots$，$\boldsymbol{\xi}_{n-r}$ 线性无关。

再证齐次线性方程组的任意一个解 $\boldsymbol{X}=\begin{pmatrix}d_1\\d_2\\\vdots\\d_n\end{pmatrix}$ 都可由 $\boldsymbol{\alpha}_1$，$\boldsymbol{\alpha}_2,\cdots$，$\boldsymbol{\alpha}_{n-r}$ 线性表示。

因为 $\boldsymbol{X}=\begin{pmatrix} d_1 \\ d_2 \\ \vdots \\ d_n \end{pmatrix}$ 是齐次线性方程组的解，所以满足式(3-8)，即：

$$\begin{cases} d_1=-K_{1r+1}d_{r+1}-K_{1r+2}d_{r+2}-\cdots-K_{1n}d_n \\ d_2=-K_{2r+1}d_{r+1}-K_{2r+2}d_{r+2}-\cdots-K_{2n}d_n \\ \vdots \qquad\qquad \vdots \qquad\qquad \vdots \qquad\qquad \vdots \\ d_r=-K_{rr+1}d_{r+1}-K_{rr+2}d_{r+2}-\cdots-K_{rn}d_n \end{cases}$$

从而

$$\boldsymbol{X}=\begin{pmatrix} -\boldsymbol{K}_{1r+1}d_{r+1} & -K_{1r+2}d_{r+2} & \cdots & -K_{1n}d_n \\ -K_{2r+1}d_{r+1} & -K_{2r+2}d_{r+2} & \cdots & -K_{2n}d_n \\ \vdots & \vdots & \vdots & \vdots \\ -K_{rr+1}d_{r+1} & -K_{rr+2}d_{r+2} & \cdots & -K_{rn}d_n \\ d_{r+1} & & & \\ & d_{r+2} & & \\ & & \ddots & \\ & & & d_n \end{pmatrix}$$

$$=d_{r+1}\begin{pmatrix} -K_{1r+1} \\ -K_{2r+1} \\ \vdots \\ -K_{rr+1} \\ 1 \\ 0 \\ \vdots \\ 0 \end{pmatrix}+d_{r+2}\begin{pmatrix} -K_{1r+2} \\ -K_{2r+2} \\ \vdots \\ -K_{rr+2} \\ 0 \\ 1 \\ \vdots \\ 0 \end{pmatrix}+\cdots+d_n\begin{pmatrix} -K_{1n} \\ -K_{2n} \\ \vdots \\ -K_{rn} \\ 0 \\ 0 \\ \vdots \\ 1 \end{pmatrix}$$

$$=d_{r+1}\boldsymbol{\xi}_1+d_{r+2}\boldsymbol{\xi}_2+\cdots+d_n\boldsymbol{\xi}_{n-r}$$

即 $\boldsymbol{X}$ 是 $\boldsymbol{\xi}_1$，$\boldsymbol{\xi}_2$，…，$\boldsymbol{\xi}_{n-r}$ 的线性组合，所以 $\boldsymbol{\xi}_1$，$\boldsymbol{\xi}_2$，…，$\boldsymbol{\xi}_{n-r}$ 是齐次线性方程组的一个基础解系。

定理 2 如果齐次线性方程组(3-6)的系数矩阵 $\boldsymbol{A}$ 的秩 $r(\boldsymbol{A})=r<n$，则齐次线性方程组的解空间 $r(\boldsymbol{S})=n-r$。

证明略。

设 $\boldsymbol{\xi}_1$，$\boldsymbol{\xi}_2$，…，$\boldsymbol{\xi}_{n-r}$ 是 $\boldsymbol{S}$ 的一个最大无关组，则：

$$\boldsymbol{S}=\{\boldsymbol{X}\mid \boldsymbol{X}=\boldsymbol{C}_1\boldsymbol{\xi}_1+C_2\boldsymbol{\xi}_2+\cdots+C_{n-r}\boldsymbol{\xi}_{n-r},\ C_j\in\mathbf{R},\ j=1,\ 2,\cdots,\ n-r\},$$

即解空间 $\boldsymbol{S}$ 是由其最大无关组所生成的空间。

【例 3-16】 求齐次线性方程组 $\begin{cases} 2x_1-4x_2+5x_3+3x_4=0 \\ 3x_1-6x_2+4x_3+2x_4=0 \\ 4x_1-8x_2+17x_3+11x_4=0 \end{cases}$ 的一个基础解系，并用此基础

解系表示它的全部解。

【解】 先将方程组的系数矩阵化为行最简形

$$A=\begin{pmatrix}2&-4&5&3\\3&-6&4&2\\4&-8&17&11\end{pmatrix}\to\begin{pmatrix}2&-4&5&3\\1&-2&-1&-1\\4&-8&17&11\end{pmatrix}$$

$$\to\begin{pmatrix}1&-2&-1&-1\\2&-4&5&3\\4&-8&17&11\end{pmatrix}\to\begin{pmatrix}1&-2&-1&-1\\0&0&7&5\\0&0&7&5\end{pmatrix}\to\begin{pmatrix}1&-2&0&-\frac{2}{7}\\0&0&1&\frac{5}{7}\\0&0&0&0\end{pmatrix}$$

因为 $r(A)=2<4$，所以齐次线性方程组有无穷多解。

取自由未知量为 x_2，x_4，原方程组与方程组 $\begin{cases}x_1=2x_2+\frac{2}{7}x_4\\x_3=-\frac{5}{7}x_4\end{cases}$ 同解。

对自由未知量分别取 $\begin{pmatrix}x_2\\x_4\end{pmatrix}=\begin{pmatrix}1\\0\end{pmatrix}$，$\begin{pmatrix}0\\1\end{pmatrix}$，代入上式得到齐次线性方程组的一个基础解系

$$\boldsymbol{\xi}_1=\begin{pmatrix}2\\1\\0\\0\end{pmatrix}，\boldsymbol{\xi}_2=\begin{pmatrix}\frac{2}{7}\\0\\-\frac{5}{7}\\1\end{pmatrix}，$$

则齐次线性方程组的全部解为

$$X=C_1\boldsymbol{\xi}_1+C_2\boldsymbol{\xi}_2 \qquad （C_1，C_2\text{ 为任意常数}）$$

注：也可令 $\begin{pmatrix}x_2\\x_4\end{pmatrix}=\begin{pmatrix}1\\0\end{pmatrix}$，$\begin{pmatrix}0\\7\end{pmatrix}$，则得到基础解系

$$\boldsymbol{\eta}_1=\begin{pmatrix}2\\1\\0\\0\end{pmatrix}，\boldsymbol{\eta}_2=\begin{pmatrix}2\\0\\-5\\1\end{pmatrix}$$

齐次线性方程组的全部解为：

$$X=C_1\boldsymbol{\eta}_1+C_2\boldsymbol{\eta}_2，（C_1，C_2\text{ 为任意常数}）$$

【例 3-17】 求齐次线性方程组 $\begin{cases}x_1+x_2+2x_3-x_4=0\\2x_1+x_2+x_3-x_4=0\\2x_1+2x_2+x_3+2x_4=0\end{cases}$ 的一个基础解系。

【解】

$$A=\begin{pmatrix}1&1&2&-1\\2&1&1&-1\\2&2&1&2\end{pmatrix}\to\begin{pmatrix}1&1&2&-1\\0&-1&-3&1\\0&0&-3&4\end{pmatrix}$$

$$\to\begin{pmatrix}1&0&0&-\frac{3}{4}\\0&1&0&\frac{5}{4}\\0&0&1&-\frac{3}{4}\end{pmatrix}$$

因为 $r(A)=3<4$，所以齐次线性方程组有无穷多解，取自由未知量为 x_4，原方程组与方程组

$$\begin{cases}x_1=\frac{3}{4}x_4\\x_2=-\frac{5}{4}\\x_3=\frac{3}{4}\end{cases}$$

同解。取自由未知量 $x_4=4$ 代入上式得齐次线性方程组的一个基础解系为：

$$\boldsymbol{\xi}=\begin{pmatrix}3\\-5\\3\\4\end{pmatrix}。$$

二、非齐次线性方程组解的结构

对非齐次线性方程组

$$\begin{cases}a_{11}x_1+a_{12}x_2+\cdots+a_{1n}x_n=b_1\\a_{21}x_1+a_{22}x_2+\cdots+a_{2n}x_n=b_2\\\vdots\qquad\vdots\qquad\qquad\vdots\quad\vdots\\a_{m1}x_1+a_{m2}x_2+\cdots+a_{mn}x_n=b_m\end{cases}\tag{3-9}$$

它也可写作向量方程

$$\boldsymbol{AX}=\boldsymbol{b}\tag{3-10}$$

下面讨论非齐次线性方程组的解和它的导出组解之间关系。

性质 2　(1) 若 $\boldsymbol{\eta}$ 是非齐次线性方程组 $\boldsymbol{AX}=\boldsymbol{b}$ 的解，$\boldsymbol{\alpha}$ 是其导出组 $\boldsymbol{AX}=\boldsymbol{0}$ 的一个解，则 $\boldsymbol{\alpha}+\boldsymbol{\eta}$ 是非齐次线性方程组 $\boldsymbol{AX}=\boldsymbol{b}$ 的解；

(2) 如果 $\boldsymbol{\eta}_1$，$\boldsymbol{\eta}_2$ 是非齐次线性方程组 $\boldsymbol{AX}=\boldsymbol{b}$ 的两个解，则 $\boldsymbol{\eta}_1-\boldsymbol{\eta}_2$ 是其导出组 $\boldsymbol{AX}=\boldsymbol{0}$ 的解。

证　(1) 由已知得

$$\boldsymbol{A\eta}=\boldsymbol{b}，\boldsymbol{A\alpha}=0$$

所以有

$$A\ (\boldsymbol{\alpha}+\boldsymbol{\eta})\ = A\boldsymbol{\alpha}+A\boldsymbol{\eta}=\boldsymbol{0}+\boldsymbol{b}=\boldsymbol{b}$$

即 $\boldsymbol{\alpha}+\boldsymbol{\eta}$ 是非齐次线性方程组 $\boldsymbol{Ax}=\boldsymbol{b}$ 的解。

（2）由 $\boldsymbol{A\eta}_1=\boldsymbol{b}$，$\boldsymbol{A\eta}_2=\boldsymbol{b}$ 得：

$$\boldsymbol{A}\ (\boldsymbol{\eta}_1-\boldsymbol{\eta}_2)\ = \boldsymbol{A\eta}_1-\boldsymbol{A\eta}_2=\boldsymbol{b}-\boldsymbol{b}=\boldsymbol{0}$$

即 $\boldsymbol{\eta}_1-\boldsymbol{\eta}_2$ 是其导出组 $\boldsymbol{AX}=\boldsymbol{0}$ 的解。

定理 2　若 $\boldsymbol{\eta}_0$ 是非齐次线性方程组的一个特解，$\boldsymbol{\alpha}$ 是其导出组的全部解，则 $\boldsymbol{\eta}_0+\boldsymbol{\alpha}$ 是非齐次线性方程组的全部解。

证明　由性质 2 可证得

若非齐次线性方程组有无穷多解，则其导出组一定有非零解，且非齐次线性方程组的全部解（通解）可表示为：

$$\boldsymbol{X}=\boldsymbol{\eta}_0+\boldsymbol{\xi}_1\boldsymbol{\alpha}_1+\boldsymbol{\xi}_2\boldsymbol{\alpha}_2+\cdots+\boldsymbol{\xi}_{n-r}\boldsymbol{\alpha}_{n-r},$$

其中 $\boldsymbol{\eta}_0$ 是非齐次线性方程组的一个特解，$\boldsymbol{\xi}_1$，$\boldsymbol{\xi}_2$，…，$\boldsymbol{\xi}_{n-r}$是导出组的一个基础解系。

【例 3-18】　求非齐次线性方程组$\begin{cases}2x_1+x_2-x_3+x_4=1\\4x_1+2x_2-2x_3+x_4=2\\2x_1+x_2-x_3-x_4=1\end{cases}$的通解，并用其导出组的基础解系表示其全部解。

【解】　先将方程组的增广矩阵化为行最简形

$$(\boldsymbol{A}\ \vdots\ \boldsymbol{b})\ =\left(\begin{array}{cccc:c}2&1&-1&1&1\\4&2&-2&1&2\\2&1&-1&-1&1\end{array}\right)\to\left(\begin{array}{cccc:c}2&1&-1&0&1\\0&0&0&1&0\\0&0&0&0&0\end{array}\right)$$

因为 $r(\boldsymbol{A}\ \vdots\ \boldsymbol{b})=r(\boldsymbol{A})=2<4$，所以非齐次线性方程组有无穷多解。

取自由未知量为 x_1，x_3，原方程组与方程组$\begin{cases}x_2=-2x_1+x_3+1\\x_4=0\end{cases}$同解，取自由未知量$\begin{pmatrix}x_1\\x_3\end{pmatrix}=\begin{pmatrix}0\\0\end{pmatrix}$，代入上式得非齐次方程组的一个特解为：

$$\boldsymbol{\eta}_0=\begin{pmatrix}0\\1\\0\\0\end{pmatrix}$$

再求其导出组的基础解系，其导出组与方程组$\begin{cases}x_2=-2x_1+x_3\\x_4=0\end{cases}$同解。

对自由未知量 x_1，x_3 分别取$\begin{pmatrix}1\\0\end{pmatrix}$，$\begin{pmatrix}0\\1\end{pmatrix}$，代入上式得到其导出组的一个基础解系为：

$$\boldsymbol{\xi}_1=\begin{pmatrix}1\\-2\\0\\0\end{pmatrix},\ \boldsymbol{\xi}_2=\begin{pmatrix}0\\1\\1\\0\end{pmatrix}$$

则原方程组的全部解为：

$$X=C_1\boldsymbol{\xi}_1+C_2\boldsymbol{\xi}_2+\boldsymbol{\eta}_0\quad (C_1,\ C_2\ 为任意常数)$$

【例 3-19】 求非齐次线性方程组 $\begin{cases}x_1+3x_2+3x_3-2x_4+x_5=3\\2x_1+6x_2+x_3-3x_4=2\\x_1+3x_2-2x_3-x_4-x_5=-1\\3x_1+9x_2+4x_3-5x_4+x_5=5\end{cases}$ 的解，用其导出组的基础解系表示其全部解。

【解】

$$(\boldsymbol{A}\vdots\boldsymbol{b})=\left(\begin{array}{ccccc:c}1&3&3&-2&1&3\\2&6&1&-3&0&2\\1&3&-2&-1&-1&-1\\3&9&4&-5&1&5\end{array}\right)$$

$$\to\left(\begin{array}{ccccc:c}1&3&3&-2&1&3\\0&0&-5&1&-2&-4\\0&0&-5&1&-2&-4\\0&0&-5&1&-2&-4\end{array}\right)$$

$$\to\left(\begin{array}{ccccc:c}1&3&3&0&-3&-5\\0&0&-5&1&-2&-4\\0&0&0&0&0&0\\0&0&0&0&0&0\end{array}\right)$$

因为 $r(\boldsymbol{A}\vdots\boldsymbol{b})=r(\boldsymbol{A})=2<5$，所以非齐次线性方程组有无穷多组解，取自由未知量为 x_2，x_3，x_5，原方程组与方程组 $\begin{cases}x_1=-3x_2-3x_3+3x_5-5\\x_4=5x_3+2x_5-4\end{cases}$ 同解。

取自由未知量 $(x_2,\ x_3,\ x_5)^{\mathrm{T}}=\begin{pmatrix}0\\0\\0\end{pmatrix}$，得原方程组的一个特解：

$$\boldsymbol{\eta}_0=(-5,\ 0,\ 0,\ -4,\ 0)^{\mathrm{T}}$$

再求其导出组的基础解系，其导出组与方程组 $\begin{cases}x_1=-3x_2-3x_3+3x_5\\x_4=5x_3+2x_5\end{cases}$ 同解。

对自由未知量 $(x_2,\ x_3,\ x_5)^{\mathrm{T}}$ 分别取 $\begin{pmatrix}1\\0\\0\end{pmatrix}$，$\begin{pmatrix}0\\1\\0\end{pmatrix}$，$\begin{pmatrix}0\\0\\1\end{pmatrix}$，代入上式得到其导出组的一个基础解系为：

$$\boldsymbol{\xi}_1=\begin{pmatrix}-3\\1\\0\\0\\0\end{pmatrix},\ \boldsymbol{\xi}_2=\begin{pmatrix}-3\\0\\1\\5\\0\end{pmatrix},\ \boldsymbol{\xi}_3=\begin{pmatrix}3\\0\\0\\2\\1\end{pmatrix}$$

则原方程组的全部解为 $X=C_1\boldsymbol{\xi}_1+C_2\boldsymbol{\xi}_2+C_3\boldsymbol{\xi}_3+\boldsymbol{\eta}_0$。

【例 3-20】　已知 $\boldsymbol{\eta}_1$，$\boldsymbol{\eta}_2$，$\boldsymbol{\eta}_3$ 是齐次线性方程组 $\boldsymbol{AX}=\boldsymbol{0}$ 的一个基础解系，证明 $\boldsymbol{\eta}_1$，$\boldsymbol{\eta}_1+\boldsymbol{\eta}_2$，$\boldsymbol{\eta}_1+\boldsymbol{\eta}_2+\boldsymbol{\eta}_3$ 也是齐次线性方程组 $AX=0$ 的一个基础解系。

【解】　已知齐次线性方程组 $\boldsymbol{AX}=\boldsymbol{0}$ 的基础解系含有 3 个解向量，且由齐次线性方程组解的性质可知 $\boldsymbol{\eta}_1$，$\boldsymbol{\eta}_1+\boldsymbol{\eta}_2$，$\boldsymbol{\eta}_1+\boldsymbol{\eta}_2+\boldsymbol{\eta}_3$ 都是 $\boldsymbol{AX}=\boldsymbol{0}$ 的解；因此只要证明 $\boldsymbol{\eta}_1$，$\boldsymbol{\eta}_1+\boldsymbol{\eta}_2$，$\boldsymbol{\eta}_1+\boldsymbol{\eta}_2+\boldsymbol{\eta}_3$ 线性无关即可。

设存在数 k_1，k_2，k_3，使

$$k_1\boldsymbol{\eta}_1+k_2(\boldsymbol{\eta}_1+\boldsymbol{\eta}_2)+k_3(\boldsymbol{\eta}_1+\boldsymbol{\eta}_2+\boldsymbol{\eta}_3)=\boldsymbol{0}$$

整理得：

$$(k_1+k_2+k_3)\boldsymbol{\eta}_1+(k_2+k_3)\boldsymbol{\eta}_2+k_3\boldsymbol{\eta}_3=\boldsymbol{0} \tag{3-11}$$

已知 $\boldsymbol{\eta}_1$，$\boldsymbol{\eta}_2$，$\boldsymbol{\eta}_3$ 是齐次线性方程组 $\boldsymbol{AX}=\boldsymbol{0}$ 的一个基础解系，即得 $\boldsymbol{\eta}_1$，$\boldsymbol{\eta}_2$，$\boldsymbol{\eta}_3$ 线性无关，则由式(3-11)得

$$\begin{cases}k_1+k_2+k_3=0\\k_2+k_3=0\\k_3=0\end{cases}$$

解得：$k_1=k_2=k_3=0$

所以 $\boldsymbol{\eta}_1$，$\boldsymbol{\eta}_1+\boldsymbol{\eta}_2$，$\boldsymbol{\eta}_1+\boldsymbol{\eta}_2+\boldsymbol{\eta}_3$ 线性无关，即 $\boldsymbol{\eta}_1$，$\boldsymbol{\eta}_1+\boldsymbol{\eta}_2$，$\boldsymbol{\eta}_1+\boldsymbol{\eta}_2+\boldsymbol{\eta}_3$ 也是齐次线性方程组 $\boldsymbol{AX}=\boldsymbol{0}$ 的一个基础解系。

【例 3-21】　设矩阵 $\boldsymbol{A}=(a_{ij})_{m\times n}$，$\boldsymbol{B}=(b_{ij})_{n\times s}$。证：$\boldsymbol{AB}=\boldsymbol{0}$ 的充分必要条件是矩阵 $\boldsymbol{B}$ 的每一列向量都是齐次方程组 $\boldsymbol{AX}=\boldsymbol{0}$ 的解。

【解】　把矩阵 $\boldsymbol{B}$ 按列分块，即 $\boldsymbol{B}=(\boldsymbol{B}_1,\ \boldsymbol{B}_2,\cdots,\ \boldsymbol{B}_s)$，其中 $\boldsymbol{B}_i$ 是矩阵 $\boldsymbol{B}$ 的第 i 列向量（$i=1,\ 2,\cdots,\ s$），零矩阵也按列分块 $\boldsymbol{O}_{m\times s}=(\boldsymbol{O}_1,\ \boldsymbol{O}_2,\cdots,\ \boldsymbol{O}_s)$，则 $\boldsymbol{AB}=(\boldsymbol{AB}_1,\ \boldsymbol{AB}_2,\cdots,\ \boldsymbol{AB}_s)$

（1）必要性

由 $\boldsymbol{AB}=\boldsymbol{0}$ 可得：

$$\boldsymbol{AB}_i=\boldsymbol{O}_i,\ (i=1,\ 2,\cdots,\ s)$$

即 $\boldsymbol{B}_i$ 是齐次方程组 $\boldsymbol{AX}=\boldsymbol{0}$ 的解。

（2）充分性

矩阵 $\boldsymbol{B}$ 的每一列向量都是齐次方程组 $\boldsymbol{AX}=\boldsymbol{0}$ 的解，即：

$$\boldsymbol{AB}_i=\boldsymbol{O}_i\ (i=1,\ 2,\cdots,\ s)$$

从而得到 $\boldsymbol{AB}=(\boldsymbol{AB}_1,\ \boldsymbol{AB}_2,\cdots,\ \boldsymbol{AB}_s)=(\boldsymbol{O}_1,\ \boldsymbol{O}_2,\cdots,\ \boldsymbol{O}_s)$。

【例 3-22】　设 $\boldsymbol{\eta}_1$，$\boldsymbol{\eta}_2$，$\boldsymbol{\eta}_3$ 是四元非齐次线性方程组 $\boldsymbol{AX}=\boldsymbol{b}$ 的三个解向量，且矩阵 $\boldsymbol{A}$ 的秩为 3，$\boldsymbol{\eta}_1=(1,\ 2,\ 3,\ 4)^{\mathrm{T}}$，$\boldsymbol{\eta}_2+\boldsymbol{\eta}_3=(0,\ 1,\ 2,\ 3)^{\mathrm{T}}$，求 $\boldsymbol{AX}=\boldsymbol{b}$ 的通解。

【解】　因为 $r(A)=3$，则 $\boldsymbol{AX}=\boldsymbol{0}$ 的基础解系含有 $4-3=1$ 个解向量。

由线性方程组解的性质得：$\boldsymbol{\eta}_2+\boldsymbol{\eta}_3-2\boldsymbol{\eta}_1=(\boldsymbol{\eta}_2-\boldsymbol{\eta}_1)+(\boldsymbol{\eta}_3-\boldsymbol{\eta}_1)$ 是 $\boldsymbol{AX}=\boldsymbol{0}$ 的解，

则解得 $\boldsymbol{AX}=\boldsymbol{0}$ 的一个非零解为：$\boldsymbol{\eta}_2+\boldsymbol{\eta}_3-2\boldsymbol{\eta}_1=(-2,\ -3,\ -4,\ -5)^{\mathrm{T}}$。

由此可得 $\boldsymbol{AX}=\boldsymbol{b}$ 的通解为：$(1,\ 2,\ 3,\ 4)^{\mathrm{T}}+c(2,\ 3,\ 4,\ 5)^{\mathrm{T}}$。

习题　3.5

一、选择题

（1）设 $\boldsymbol{\alpha}_1$，$\boldsymbol{\alpha}_2$ 是 $\boldsymbol{AX}=\boldsymbol{0}$ 的解，$\boldsymbol{\beta}_1$，$\boldsymbol{\beta}_2$ 是 $\boldsymbol{AX}=\boldsymbol{B}$ 的解，则（　　）

A. $2\boldsymbol{\alpha}_1+\boldsymbol{\beta}_1$ 是 $\boldsymbol{AX}=\boldsymbol{0}$ 的解　　B. $\boldsymbol{\beta}_1+\boldsymbol{\beta}_2$ 是 $\boldsymbol{AX}=\boldsymbol{B}$ 的解

C. $\boldsymbol{\alpha}_1+\boldsymbol{\alpha}_2$ 是 $\boldsymbol{AX}=\boldsymbol{0}$ 的解　　D. $\boldsymbol{\beta}_1-\boldsymbol{\beta}_2$ 是 $\boldsymbol{AX}=\boldsymbol{B}$ 的解

（2）设 $\boldsymbol{\alpha}_1$，$\boldsymbol{\alpha}_2\cdots$，$\boldsymbol{\alpha}_s$ 是齐次线性方程组 $\boldsymbol{AX}=\boldsymbol{0}$ 的基础解系，则（　　）

A. $\boldsymbol{\alpha}_1$，$\boldsymbol{\alpha}_2\cdots$，$\boldsymbol{\alpha}_s$ 线性相关

B. $\boldsymbol{AX}=\boldsymbol{0}$ 的任意 $s+1$ 个解向量线性相关

C. $s-r(\boldsymbol{A})=n$

D. $\boldsymbol{AX}=\boldsymbol{0}$ 的任意 $s-1$ 个解向量线性相关

（3）设 $\boldsymbol{\alpha}_1$，$\boldsymbol{\alpha}_2$ 是 $\begin{cases}x_1+x_2-x_3=1\\2x_1-x_2=0\end{cases}$ 的两个解，则（　　）

A. $\boldsymbol{\alpha}_1-\boldsymbol{\alpha}_2$ 是 $\begin{cases}x_1+x_2-x_3=0\\2x_1-x_2=0\end{cases}$ 的解　　B. $\boldsymbol{\alpha}_1+\boldsymbol{\alpha}_2$ 是 $\begin{cases}x_1+x_2-x_3=0\\2x_1-x_2=0\end{cases}$ 的解

C. $2\boldsymbol{\alpha}_1$ 是 $\begin{cases}x_1+x_2-x_3=1\\2x_1-x_2=0\end{cases}$ 的解　　D. $2\boldsymbol{\alpha}_2$ 是 $\begin{cases}x_1+x_2-x_3=1\\2x_1-x_2=0\end{cases}$ 的解

（4）n 元齐次线性方程组系数矩阵的秩 $r<n$，则方程组（　　）

A. 有 r 个解向量线性无关

B. 基础解系由 r 个解向量组成

C. 任意 r 个线性无关的解向量是它的基础解系

D. 必有非零解

（5）设 $\boldsymbol{A}$ 是 $m\times n$ 阶矩阵，且 $r(\boldsymbol{A})=r$，则线性方程组 $\boldsymbol{AX}=\boldsymbol{B}$（　　）

A. 当 $r=n$ 时，有唯一解

B. 当有无穷多解时，通解中有 r 个自由未知量

C. 当 $\boldsymbol{B}=\boldsymbol{0}$ 时，只有零解

D. 有无穷多解时，通解中有 $n-r$ 个自由未知量

（6）设 $\boldsymbol{A}$ 是 $m\times n$ 矩阵，$\boldsymbol{A}$ 经过有限次初等变换变成 $\boldsymbol{B}$，则下列结论不一定成立的是（　　）

A. $\boldsymbol{B}$ 也是 $m\times n$ 矩阵　　B. $r(\boldsymbol{A})=r(\boldsymbol{B})$

C. $\boldsymbol{A}$ 与 $\boldsymbol{B}$ 等价　　D. 齐次线性方程组 $\boldsymbol{AX}=\boldsymbol{0}$ 与 $\boldsymbol{BX}=\boldsymbol{0}$ 同解

二、填空题

（1）对于 m 个方程 n 个未知量的方程组 $\boldsymbol{AX}=\boldsymbol{0}$，若有 $r(\boldsymbol{A})=r$，则方程组的基础解系中有________个解向量。

（2）$\begin{cases}x_1-3x_2+2x_3=0\\-2x_1+6x_2-4x_3=0\end{cases}$ 的基础解系由________个解向量组成。

（3）已知 $\boldsymbol{A}$ 是 4×3 矩阵，且线性方程组 $\boldsymbol{AX}=\boldsymbol{B}$ 有唯一解，则增广矩阵 $\overline{\boldsymbol{A}}$ 的秩是________。

三、计算题

（1）求下列非齐次线性方程组的一个解及对应的齐次方程组的基础解系。

1）$\begin{cases}x_1+x_2=5\\2x_1+x_2+x_3+2x_4=1\\5x_1+3x_2+2x_3+2x_4=3\end{cases}$

2）$\begin{cases}x_1-5x_2+2x_3-3x_4=11\\5x_1+3x_2+6x_3-x_4=-1\\2x_1+4x_2+2x_3+x_4=-6\end{cases}$

2. 设 4 元非齐次线性方程组 $\boldsymbol{AX}=\boldsymbol{b}$ 的系数矩阵 $\boldsymbol{A}$ 的秩为 2，已知它的 3 个解向量为 $\boldsymbol{\eta}_1$，$\boldsymbol{\eta}_2$，$\boldsymbol{\eta}_3$，其中 $\boldsymbol{\eta}_1=\begin{pmatrix}4\\3\\2\\1\end{pmatrix}$，$\boldsymbol{\eta}_2=\begin{pmatrix}1\\3\\5\\1\end{pmatrix}$，$\boldsymbol{\eta}_3=\begin{pmatrix}-2\\6\\3\\2\end{pmatrix}$，求该方程组的通解。

【知识点总结】

【要点】

（1）n 维向量；向量的线性运算及其有关运算律。

记所有 n 维向量的集合为 $\mathbf{R}^n$，$\mathbf{R}^n$ 中定义了 n 维向量的线性运算，则称 $\mathbf{R}^n$ 为 n 维向量空间。

（2）向量间的线性关系。包括：

1）线性组合与线性表示；线性表示的判定。

2）线性相关与线性无关；向量组的线性相关与无关的判定。

（3）向量组的等价，向量组的秩；向量组的极大无关组及其求法；向量组的秩及其求法。包括：

1）设有两个向量组 $\boldsymbol{\alpha}_1$，$\boldsymbol{\alpha}_2,\cdots$，$\boldsymbol{\alpha}_s$（$\boldsymbol{A}$）；$\boldsymbol{\beta}_1$，$\boldsymbol{\beta}_2,\cdots$，$\boldsymbol{\beta}_t$（$\boldsymbol{B}$）

向量组（$\boldsymbol{A}$）和（$\boldsymbol{B}$）可以相互表示，称向量组（$\boldsymbol{A}$）和（$\boldsymbol{B}$）等价。向量组的等价具有传递性。

2）一个向量组的极大无关组不是唯一的，但其所含向量的个数相同，那么这个相同的个数定义为向量组的秩。

（4）矩阵的秩与向量组的秩的关系。

（5）线性方程组的求解。包括。

1）线性方程组的消元解法；

2）线性方程组解的存在性和唯一性的判定；

3）线性方程组解的结构；

4）齐次线性方程的基础解系与全部解的求法；

5）非齐次方程组解的求法。

【基本要求】

（1）理解 n 维向量的概念；掌握向量的线性运算及有关的运算律。

（2）掌握向量的线性组合、线性表示、线性相关、线性无关等概念。

（3）掌握线性表示、线性相关、线性无关的有关定理。

（4）理解并掌握向量组的等价极大无关组、向量组的秩等概念；极大无关组、向量组秩的求法。

（5）掌握线性方程组的矩阵形式、向量形式的表示方法。

（6）会用消元法解线性方程组。

（7）理解并掌握齐次方程组有非零解的充分条件及其判别方法。

（8）理解并掌握齐次方程组的基础解系、全部解的概念及其求法。

（9）理解非齐次方程组与其导出组解的关系；掌握非齐次方程组的求解方法。

总习题 3

一、填空题

（1）n 维向量组 $\boldsymbol{\alpha}_1, \boldsymbol{\alpha}_2, \cdots, \boldsymbol{\alpha}_s$（$3 \leqslant s \leqslant n$）线性无关的充分必要条件是（　　）

A. 存在一组全为零的数 $k_1, k_2, \cdots, k_s$，使 $k_1\boldsymbol{\alpha}_1+k_2\boldsymbol{\alpha}_2+\cdots+k_s\boldsymbol{\alpha}_s=\mathbf{0}$

B. 存在一组不全为零的数 $k_1, k_2, \cdots, k_s$，使 $k_1\boldsymbol{\alpha}_1+k_2\boldsymbol{\alpha}_2+\cdots+k_s\boldsymbol{\alpha}_s\neq\mathbf{0}$

C. $\boldsymbol{\alpha}_1, \boldsymbol{\alpha}_2, \cdots, \boldsymbol{\alpha}_s$ 中任意两个向量都线性无关

D. $\boldsymbol{\alpha}_1, \boldsymbol{\alpha}_2, \cdots, \boldsymbol{\alpha}_s$ 中任意一个向量都不能由其余向量线性表示

（2）设有 2 个 n 维向量组 $\boldsymbol{\alpha}_1, \boldsymbol{\alpha}_2, \cdots, \boldsymbol{\alpha}_s$；$\boldsymbol{\beta}_1, \boldsymbol{\beta}_2, \cdots, \boldsymbol{\beta}_s$，若存在两组不全为零的数 $k_1, \cdots, k_s$；$\lambda_1, \cdots, \lambda_s$，使 $(k_1+\lambda_1)\boldsymbol{\alpha}_1+\cdots+(k_s+\lambda_s)\boldsymbol{\alpha}_s+(k_1-\lambda_1)\boldsymbol{\beta}_1+\cdots+(k_s-\lambda_s)\boldsymbol{\beta}_s=\mathbf{0}$，则（　　）

A. $\boldsymbol{\alpha}_1+\boldsymbol{\beta}_1, \cdots, \boldsymbol{\alpha}_s+\boldsymbol{\beta}_s, \alpha_1-\boldsymbol{\beta}_1, \cdots, \boldsymbol{\alpha}_s-\boldsymbol{\beta}_s$ 与 $\boldsymbol{\beta}_1, \boldsymbol{\beta}_2, \cdots, \boldsymbol{\beta}_s$ 线性相关

B. $\boldsymbol{\alpha}_1, \boldsymbol{\alpha}_2, \cdots, \boldsymbol{\alpha}_s$ 与 $\boldsymbol{\beta}_1, \boldsymbol{\beta}_2, \cdots, \boldsymbol{\beta}_s$ 均线性无关

C. $\boldsymbol{\alpha}_1, \boldsymbol{\alpha}_2, \cdots, \boldsymbol{\alpha}_s$ 与 $\boldsymbol{\beta}_1, \boldsymbol{\beta}_2, \cdots, \boldsymbol{\beta}_s$ 均线性相关

D. $\boldsymbol{\alpha}_1+\boldsymbol{\beta}_1, \cdots, \boldsymbol{\alpha}_s+\boldsymbol{\beta}_s$ 与 $\boldsymbol{\alpha}_1-\boldsymbol{\beta}_1, \cdots, \boldsymbol{\alpha}_s-\boldsymbol{\beta}_s$ 线性无关

（3）设向量组 $\boldsymbol{\alpha}_1, \boldsymbol{\alpha}_2, \cdots, \boldsymbol{\alpha}_m$ 和向量组 $\boldsymbol{\beta}_1, \boldsymbol{\beta}_2, \cdots, \boldsymbol{\beta}_m$ 为两个 n 维向量组（$m \geqslant 2$），且

$$\begin{cases}\boldsymbol{\alpha}_1=\boldsymbol{\beta}_2+\boldsymbol{\beta}_3+\cdots+\boldsymbol{\beta}_m\\ \boldsymbol{\alpha}_2=\boldsymbol{\beta}_1+\boldsymbol{\beta}_3+\cdots+\boldsymbol{\beta}_m\\ \ \vdots\quad\ \vdots\quad\ \vdots\qquad\ \vdots\\ \boldsymbol{\alpha}_m=\boldsymbol{\beta}_1+\boldsymbol{\beta}_2+\cdots+\boldsymbol{\beta}_{m-1}\end{cases}$$

则有（　　）

A. $\boldsymbol{\alpha}_1, \boldsymbol{\alpha}_2, \cdots, \boldsymbol{\alpha}_m$ 的秩小于 $\boldsymbol{\beta}_1, \boldsymbol{\beta}_2, \cdots, \boldsymbol{\beta}_m$ 的秩

B. $\boldsymbol{\alpha}_1, \boldsymbol{\alpha}_2, \cdots, \boldsymbol{\alpha}_m$ 的秩大于 $\boldsymbol{\beta}_1, \boldsymbol{\beta}_2, \cdots, \boldsymbol{\beta}_m$ 的秩

C. $\boldsymbol{\alpha}_1, \boldsymbol{\alpha}_2, \cdots, \boldsymbol{\alpha}_m$ 的秩等于 $\boldsymbol{\beta}_1, \boldsymbol{\beta}_2, \cdots, \boldsymbol{\beta}_m$ 的秩

D. 无法判定

(4) 设有两个 n 维向量组 $\boldsymbol{\alpha}_1, \boldsymbol{\alpha}_2, \cdots, \boldsymbol{\alpha}_m$ 和 $\boldsymbol{\beta}_1, \boldsymbol{\beta}_2, \cdots, \boldsymbol{\beta}_m$ 均线性无关，则向量组 $\boldsymbol{\alpha}_1+\boldsymbol{\beta}_1, \boldsymbol{\alpha}_2+\boldsymbol{\beta}_2, \cdots, \boldsymbol{\alpha}_m+\boldsymbol{\beta}_m$（　　）

A. 线性相关

B. 线性无关

C. 可能线性相关也可能线性无关

D. 既不线性相关，也不线性无关

(5) 设有向量组 $\boldsymbol{A}$：$\boldsymbol{\alpha}_1, \boldsymbol{\alpha}_2, \cdots, \boldsymbol{\alpha}_s$ 与 $\boldsymbol{B}$：$\boldsymbol{\beta}_1, \boldsymbol{\beta}_2, \cdots, \boldsymbol{\beta}_t$ 均线性无关，且向量组 $\boldsymbol{A}$ 中的每个向量都不能由向量组 $\boldsymbol{B}$ 线性表示，同时量组 $\boldsymbol{B}$ 中的每个向量也不能由向量组 $\boldsymbol{A}$ 线性表示，则向量组 $\boldsymbol{\alpha}_1, \boldsymbol{\alpha}_2, \cdots, \boldsymbol{\alpha}_s$ 与 $\boldsymbol{\beta}_1, \boldsymbol{\beta}_2, \cdots, \boldsymbol{\beta}_t$ 的线性相关性为（　　）

A. 线性相关

B. 线性无关

C. 可能线性相关也可能线性无关

D. 既不线性相关，也不线性无关

(6) 设向量组Ⅰ：$\boldsymbol{\alpha}_1, \boldsymbol{\alpha}_2, \cdots, \boldsymbol{\alpha}_r$ 可由向量组Ⅱ：$\boldsymbol{\beta}_1, \boldsymbol{\beta}_2, \cdots, \boldsymbol{\beta}_s$ 线性表示，则（　　）

A. 当 $r<s$ 时，向量组Ⅱ必线性相关

B. 当 $r>s$ 时，向量组Ⅱ必线性相关

C. 当 $r<s$ 时，向量组Ⅰ必线性相关

D. 当 $r>s$ 时，向量组Ⅰ必线性相关

(7) 设 $\boldsymbol{\alpha}_1, \boldsymbol{\alpha}_2, \cdots, \boldsymbol{\alpha}_s$ 均为 n 维向量，下列结论不正确的是（　　）

A. 若对于任意一组不全为零的数 $k_1, k_2, \cdots, k_s$，都有 $k_1\boldsymbol{\alpha}_1+k_2\boldsymbol{\alpha}_2+\cdots+k_s\boldsymbol{\alpha}_s \neq \boldsymbol{0}$，则 $\boldsymbol{\alpha}_1, \boldsymbol{\alpha}_2, \cdots, \boldsymbol{\alpha}_s$ 线性无关

B. 若 $\boldsymbol{\alpha}_1, \boldsymbol{\alpha}_2, \cdots, \boldsymbol{\alpha}_s$ 线性相关，则对于任意一组不全为零的数 $k_1, k_2, \cdots, k_s$，都有 $k_1\boldsymbol{\alpha}_1+k_2\boldsymbol{\alpha}_2+\cdots+k_s\boldsymbol{\alpha}_s=\boldsymbol{0}$

C. $\boldsymbol{\alpha}_1, \boldsymbol{\alpha}_2, \cdots, \boldsymbol{\alpha}_s$ 线性无关的充分必要条件是此向量组的秩为 s

D. $\boldsymbol{\alpha}_1, \boldsymbol{\alpha}_2, \cdots, \boldsymbol{\alpha}_s$ 线性无关的必要条件是其中任意两个向量线性无关

(8) 设 $\boldsymbol{A}, \boldsymbol{B}$ 为满足 $\boldsymbol{AB}=\boldsymbol{O}$ 的任意两个非零矩阵，则必有（　　）

A. $\boldsymbol{A}$ 的列向量组线性相关，$\boldsymbol{B}$ 的行向量组线性相关

B. $\boldsymbol{A}$ 的列向量组线性相关，$\boldsymbol{B}$ 的列向量组线性相关

C. $\boldsymbol{A}$ 的行向量组线性相关，$\boldsymbol{B}$ 的行向量组线性相关

D. $\boldsymbol{A}$ 的行向量组线性相关，$\boldsymbol{B}$ 的列向量组线性相关

二、填空题

(1) 设 $\boldsymbol{x}=(2, 3, 7)^{\mathrm{T}}$，$\boldsymbol{y}=(4, 0, 2)^{\mathrm{T}}$，$\boldsymbol{z}=(1, 0, 2)^{\mathrm{T}}$，且 $2(\boldsymbol{x}-\boldsymbol{a})+3(\boldsymbol{y}+\boldsymbol{a})=\boldsymbol{z}$，则 $\boldsymbol{a}=$________。

（2）单个向量 $\boldsymbol{\alpha}$ 线性无关的充分必要条件是________。

（3）已知向量组 $\boldsymbol{\alpha}_1=(1,0,1)$，$\boldsymbol{\alpha}_2=(2,2,3)$，$\boldsymbol{\alpha}_3=(1,3,t)$ 线性相关，则________。

（4）设有向量组 $\boldsymbol{\beta}_1$，$\boldsymbol{\beta}_2$，又 $\boldsymbol{\alpha}_1=\boldsymbol{\beta}_1-\boldsymbol{\beta}_2$，$\boldsymbol{\alpha}_2=\boldsymbol{\beta}_1+2\boldsymbol{\beta}_2$，$\boldsymbol{\alpha}_3=5\boldsymbol{\beta}_1-2\boldsymbol{\beta}_2$，则向量组 $\boldsymbol{\alpha}_1$，$\boldsymbol{\alpha}_2$，$\boldsymbol{\alpha}_3$ 线性________。

（5）若向量组 $\boldsymbol{\alpha}_1$，$\boldsymbol{\alpha}_2$，$\boldsymbol{\alpha}_3$ 线性相关，则向量组 $\boldsymbol{\alpha}_1+\boldsymbol{\alpha}_2$，$\boldsymbol{\alpha}_2+\boldsymbol{\alpha}_3$，$\boldsymbol{\alpha}_3+\boldsymbol{\alpha}_1$ 线性________。

（6）设行向量组 $(2,1,1,1)$，$(2,1,a,a)$，$(3,2,1,a)$，$(4,3,2,1)$ 线性相关，且 $a\neq1$，则________。

（7）设三阶矩阵 $\boldsymbol{A}=\begin{pmatrix}1&2&-2\\2&1&2\\3&0&4\end{pmatrix}$，三维列向量 $\boldsymbol{\alpha}=(a,1,1)^{\mathrm{T}}$。已知 $\boldsymbol{A\alpha}$ 与 $\boldsymbol{\alpha}$ 线性相关，则 $a=$________。

三、计算题

（1）已知 $\boldsymbol{\beta}=(3,5,-6)$，$\boldsymbol{\alpha}_1=(1,0,1)$，$\boldsymbol{\alpha}_2=(1,1,1)$，$\boldsymbol{\alpha}_3=(0,-1,-1)$，求 $\boldsymbol{\beta}$ 用 $\boldsymbol{\alpha}_1$，$\boldsymbol{\alpha}_2$，$\boldsymbol{\alpha}_3$ 的线性表示式。

（2）向量组 $\boldsymbol{\alpha}_1=(1,2,3)$，$\boldsymbol{\alpha}_2=(-1,-2,-1)$，$\boldsymbol{\alpha}_3=(2,0,5)$ 线性相关还是线性无关？

（3）设 $\boldsymbol{\alpha}_1$，$\boldsymbol{\alpha}_2$，$\boldsymbol{\alpha}_3$ 线性无关，且

1）$\boldsymbol{\beta}_1=2\boldsymbol{\alpha}_1+\boldsymbol{\alpha}_2-\boldsymbol{\alpha}_3$，$\boldsymbol{\beta}_2=2\boldsymbol{\alpha}_1-\boldsymbol{\alpha}_2+2\boldsymbol{\alpha}_3$，$\boldsymbol{\beta}_3=3\boldsymbol{\alpha}_1+\boldsymbol{\alpha}_3$；

2）$\boldsymbol{\beta}_1=\boldsymbol{\alpha}_1-\boldsymbol{\alpha}_2+2\boldsymbol{\alpha}_3$，$\boldsymbol{\beta}_2=\boldsymbol{\alpha}_2-\boldsymbol{\alpha}_3$，$\boldsymbol{\beta}_3=2\boldsymbol{\alpha}_1-\boldsymbol{\alpha}_2+3\boldsymbol{\alpha}_3$，

问向量组 $\boldsymbol{\beta}_1$，$\boldsymbol{\beta}_2$，$\boldsymbol{\beta}_3$ 线性相关还是线性无关？

（4）设 $\boldsymbol{\alpha}_1$，$\boldsymbol{\alpha}_2$，$\boldsymbol{\alpha}_3$ 线性无关，且 $\boldsymbol{\beta}_1=(m-1)\boldsymbol{\alpha}_1+3\boldsymbol{\alpha}_2+\boldsymbol{\alpha}_3$，$\boldsymbol{\beta}_2=\boldsymbol{\alpha}_1+(m+1)\boldsymbol{\alpha}_2+\boldsymbol{\alpha}_3$，$\boldsymbol{\beta}_3=-\boldsymbol{\alpha}_1-(m+1)\boldsymbol{\alpha}_2+(m-1)\boldsymbol{\alpha}_3$，问 m 为何值时，向量组 $\boldsymbol{\beta}_1$，$\boldsymbol{\beta}_2$，$\boldsymbol{\beta}_3$ 线性相关还是线性无关？

（5）设 $\boldsymbol{\alpha}_1$，$\boldsymbol{\alpha}_2$，…，$\boldsymbol{\alpha}_n$ 线性无关，且 $\boldsymbol{\beta}_1=\boldsymbol{\alpha}_1+\boldsymbol{\alpha}_2$，$\boldsymbol{\beta}_2=\boldsymbol{\alpha}_2+\boldsymbol{\alpha}_3$，…，$\boldsymbol{\beta}_{n-1}=\boldsymbol{\alpha}_{n-1}+\boldsymbol{\alpha}_n$，$\boldsymbol{\beta}_n=\boldsymbol{\alpha}_n+\boldsymbol{\alpha}_1$，问向量组 $\boldsymbol{\beta}_1$，$\boldsymbol{\beta}_2$，…，$\boldsymbol{\beta}_n$ 线性相关还是线性无关？

（6）求向量组的最大无关组，并用最大无关组表示其余向量。

1）$\boldsymbol{\alpha}_1=(1,-2,3,-1,2)$，$\boldsymbol{\alpha}_2=(3,-1,5,-3,-1)$，$\boldsymbol{\alpha}_3=(5,0,7,-5,-4)$，$\boldsymbol{\alpha}_4=(2,1,2,-2,-3)$；

2）$\boldsymbol{\alpha}_1=(1,3,6,2)$，$\boldsymbol{\alpha}_2=(2,6,12,4)$，$\boldsymbol{\alpha}_3=(2,1,2,-1)$，$\boldsymbol{\alpha}_4=(3,5,10,2)$，$\boldsymbol{\alpha}_5=(-2,1,2,10)$。

（7）用基础解系表示齐次线性方程组 $\begin{cases}x_1+x_2-3x_4-x_5=0\\x_1-x_2+2x_3-x_4=0\\4x_1-2x_2+6x_3+3x_4-4x_5=0\\2x_1+4x_2-2x_3+4x_4-7x_5=0\end{cases}$ 的通解。

（8）求线性方程组 $\begin{cases}x_1-x_2+x_4-x_5=1\\2x_1+x_3-x_5=2\\3x_1-x_2-x_3-x_4-x_5=0\end{cases}$ 的通解。

(9) 对 λ 的不同值讨论线性方程组$\begin{cases}(\lambda+1)x+y+z=\lambda^2+3\lambda\\x+(\lambda+1)y+z=\lambda^3+3\lambda^2\\x+y+(\lambda+1)z=\lambda^4+3\lambda^3\end{cases}$解的情况。

(10) 对 λ 的不同值讨论线性方程组$\begin{cases}(\lambda+3)x+y+2z=\lambda\\\lambda x+(\lambda-1)y+z=\lambda\\3(\lambda+1)x+\lambda y+(\lambda+3)\ z=3\end{cases}$解的情况。

(11) 设 $\boldsymbol{A}$ 为 n 阶方阵，证明存在 n 阶方阵 $\boldsymbol{B}\neq\boldsymbol{O}$ 使得 $\boldsymbol{AB}=\boldsymbol{O}$ 的充分必要条件是 $|A|=0$。

(12) 设 $\boldsymbol{A}$ 为 $n\times m$ 阶矩阵，$\boldsymbol{B}$ 为 $m\times n$ 阶矩阵，如果 $\boldsymbol{AB}=\boldsymbol{I}$，且 $n<m$，证明 $\boldsymbol{B}$ 的列向量线性无关。

第四章　矩阵的特征值

【学习目标】

（1）理解矩阵特征值与特征向量的基本概念和相关性质，熟练掌握矩阵特征值与特征向量的确定方法；

（2）了解相似矩阵的概念以及矩阵相似的关系，理解相似矩阵的有关性质；

（3）理解实对称矩阵特征值与特征向量的有关数学性质，掌握实对称矩阵对角化的判定以及正交变换的确定，熟练进行实对称矩阵对角化；

（4）了解向量内积运算的基本概念，熟练进行向量内积运算与向量组的规范正交化运算。

本章主要讨论矩阵的特征值和特征向量理论及方阵的相似对角化问题，这些问题不仅在数学的各个分支，在其他科学技术领域和数量经济分析等各个领域也有广泛的应用。

第一节　矩阵的特征值和特征向量

一、矩阵的特征值的定义

定义 1　设 $\boldsymbol{A}$ 为 n 阶矩阵，λ 是一个数，如果存在非零 n 维向量 $\boldsymbol{\alpha}$，使得：$\boldsymbol{A\alpha}=\lambda\boldsymbol{\alpha}$，则称 λ 是矩阵 $\boldsymbol{A}$ 的一个特征值，非零向量 $\boldsymbol{\alpha}$ 为矩阵 $\boldsymbol{A}$ 的属于（或对应于）特征值 λ 的特征向量。

下面讨论一般方阵特征值和它所对应特征向量的计算方法。

设 $\boldsymbol{A}$ 是 n 阶矩阵，如果 λ_0 是 $\boldsymbol{A}$ 的特征值，$\boldsymbol{\alpha}$ 是 $\boldsymbol{A}$ 的属于 λ_0 的特征向量，则

$$\boldsymbol{A\alpha}=\lambda_0\boldsymbol{\alpha}\Rightarrow\lambda_0\boldsymbol{\alpha}-\boldsymbol{A\alpha}=0\Rightarrow(\lambda_0\boldsymbol{E}-\boldsymbol{A})\boldsymbol{\alpha}=\boldsymbol{0}\ (\boldsymbol{\alpha}\neq\boldsymbol{0})$$

因为 $\boldsymbol{\alpha}$ 是非零向量，这说明 $\boldsymbol{\alpha}$ 是齐次线性方程组

$$(\lambda_0\boldsymbol{I}-\boldsymbol{A})\boldsymbol{X}=\boldsymbol{0}$$

的非零解，而齐次线性方程组有非零解的充分必要条件是其系数矩阵 $\lambda_0\boldsymbol{E}-\boldsymbol{A}$ 的行列式等于零，即：

$$|\lambda_0\boldsymbol{E}-\boldsymbol{A}|=0,$$

而属于 λ_0 的特征向量就是齐次线性方程组 $(\lambda_0\boldsymbol{E}-\boldsymbol{A})\boldsymbol{x}=\boldsymbol{0}$ 的非零解。

定理 1　设 $\boldsymbol{A}$ 是 n 阶矩阵，则 λ_0 是 $\boldsymbol{A}$ 的特征值，$\boldsymbol{\alpha}$ 是 $\boldsymbol{A}$ 的属于 λ_0 的特征向量的充分必要条件是 λ_0 是 $|\lambda_0\boldsymbol{E}-\boldsymbol{A}|=0$ 的根，$\boldsymbol{\alpha}$ 是齐次线性方程组 $(\lambda_0\boldsymbol{E}-\boldsymbol{A})\boldsymbol{x}=\boldsymbol{0}$ 的非零解。

定义 2　矩阵 $\lambda\boldsymbol{E}-\boldsymbol{A}$ 称为 $\boldsymbol{A}$ 的特征矩阵，它的行列式 $|\lambda\boldsymbol{E}-\boldsymbol{A}|$ 称为 $\boldsymbol{A}$ 的特征多项式，$|\lambda\boldsymbol{E}-\boldsymbol{A}|=0$ 称为 $\boldsymbol{A}$ 的特征方程，其根为矩阵 $\boldsymbol{A}$ 的特征值。

由定理 1 可归纳出求矩阵 $\boldsymbol{A}$ 的特征值及特征向量的步骤如下所示：

（1）计算 $|\lambda\boldsymbol{E}-\boldsymbol{A}|$；

（2）求 $|\lambda\boldsymbol{E}-\boldsymbol{A}|=0$ 的全部根，它们就是 $\boldsymbol{A}$ 的全部特征值；

（3）对于矩阵 $\boldsymbol{A}$ 的每一个特征值 λ_0，求出齐次线性方程组（$\lambda_0\boldsymbol{E}-\boldsymbol{A})\boldsymbol{x}=\boldsymbol{0}$ 的一个基础解系为：$\boldsymbol{\eta}_1$，$\boldsymbol{\eta}_2$，…，$\boldsymbol{\eta}_{n-r}$，其中 r 为矩阵 $\lambda_0\boldsymbol{E}-\boldsymbol{A}$ 的秩，矩阵 $\boldsymbol{A}$ 的属于 λ_0 的全部特征向量为：

$$K_1\boldsymbol{\eta}_1+K_2\boldsymbol{\eta}_2+\cdots+K_{n-r}\boldsymbol{\eta}_{n-r},$$

其中 K_1，K_2，…，K_{n-r} 为不全为零的常数。

【例 4-1】　求 $\boldsymbol{A}=\begin{pmatrix}0&-1&-1\\-1&0&-1\\-1&-1&0\end{pmatrix}$ 的特征值及对应的特征向量。

【解】

$$|\lambda\boldsymbol{E}-\boldsymbol{A}|=\begin{vmatrix}\lambda&1&1\\1&\lambda&1\\1&1&\lambda\end{vmatrix}=\begin{vmatrix}\lambda+2&1&1\\\lambda+2&\lambda&1\\\lambda+2&1&\lambda\end{vmatrix}$$

$$=(\lambda+2)\begin{vmatrix}1&1&1\\1&\lambda&1\\1&1&\lambda\end{vmatrix}=(\lambda+2)\begin{vmatrix}1&1&1\\0&\lambda-1&0\\0&0&\lambda-1\end{vmatrix}$$

$$=(\lambda+2)(\lambda-1)^2$$

令 $|\lambda\boldsymbol{E}-\boldsymbol{A}|=0$，得：

$$\lambda_1=\lambda_2=1,\ \lambda_3=-2$$

当 $\lambda_1=\lambda_2=1$ 时，解齐次线性方程组 $(\boldsymbol{E}-\boldsymbol{A})x=\boldsymbol{0}$，即：

$$\boldsymbol{E}-\boldsymbol{A}=\begin{pmatrix}1&1&1\\1&1&1\\1&1&1\end{pmatrix}\rightarrow\begin{pmatrix}1&1&1\\0&0&0\\0&0&0\end{pmatrix}$$

可知
$$r(\boldsymbol{E}-\boldsymbol{A})=1$$

取 x_2，x_3 为自由未知量，对应的方程为：

$$x_1+x_2+x_3=0$$

求得一个基础解系为：

$$\boldsymbol{\alpha}_1=(-1,\ 1,\ 0)^{\mathrm{T}},\ \boldsymbol{\alpha}_2=(-1,\ 0,\ 1)^{\mathrm{T}}$$

所以 $\boldsymbol{A}$ 的属于特征值 1 的全部特征向量为 $K_1\boldsymbol{\alpha}_1+K_2\boldsymbol{\alpha}_2$，（$K_1$，$K_2$ 为不全为零的常数）。

当 $\lambda_3=-2$ 时，解齐次线性方程组 $(-2\boldsymbol{E}-\boldsymbol{A})\boldsymbol{x}=\boldsymbol{0}$，即：

$$-2\boldsymbol{E}-\boldsymbol{A}=\begin{pmatrix}-2&1&1\\1&-2&1\\1&1&-2\end{pmatrix}\rightarrow\begin{pmatrix}1&1&-2\\1&-2&1\\-2&1&1\end{pmatrix}$$

$$\rightarrow\begin{pmatrix}1&1&-2\\0&-3&3\\0&-3&3\end{pmatrix}\rightarrow\begin{pmatrix}1&1&-2\\0&1&-1\\0&0&0\end{pmatrix}$$

可知
$$r(-2\boldsymbol{E}-\boldsymbol{A})=2$$

取 x_3 为自由未知量，对应的方程组为：

$$\begin{cases} x_1+x_2-2x_3=0 \\ -x_2+x_3=0 \end{cases}$$

求得它的一个基础解系为：

$$\boldsymbol{\alpha}_3=\begin{pmatrix}1\\1\\1\end{pmatrix}$$

所以 $\boldsymbol{A}$ 的属于特征值-2 的全部特征向量为 $K_3\boldsymbol{\alpha}_3$，其中 K_3 是不为零的常数。

【例 4-2】　求 $\boldsymbol{A}=\begin{pmatrix}0&1&0\\0&0&1\\0&0&0\end{pmatrix}$ 的特征值及对应的特征向量。

【解】

$$|\lambda\boldsymbol{E}-\boldsymbol{A}|=\begin{vmatrix}\lambda&-1&0\\0&\lambda&-1\\0&0&\lambda\end{vmatrix}=\lambda^3$$

令 $|\lambda\boldsymbol{E}-\boldsymbol{A}|=0$，解得：　$\lambda_1=\lambda_2=\lambda_3=0$

对于 $\lambda_1=\lambda_2=\lambda_3=0$，解齐次线性方程组 $(0\boldsymbol{E}-\boldsymbol{A})\boldsymbol{x}=\boldsymbol{0}$

即

$$-\boldsymbol{A}=\begin{pmatrix}0&-1&0\\0&0&-1\\0&0&0\end{pmatrix}$$

则 $-\boldsymbol{A}$ 的秩为 2，取 x_1 为自由未知量，对应的方程组为：

$$\begin{cases} x_2=0 \\ x_3=0 \end{cases}$$

求得它的一个基础解系为：

$$\boldsymbol{\alpha}=\begin{pmatrix}1\\0\\0\end{pmatrix}$$

所以 $\boldsymbol{A}$ 的属于特征值 0 的全部的特征向量为 $K\boldsymbol{\alpha}$（K 为不为零的常数）。

【例 4-3】　求 $\boldsymbol{A}=\begin{pmatrix}1&2&2\\2&1&-2\\-2&-2&1\end{pmatrix}$ 的特征值及对应的特征向量。

【解】

$$|\lambda\boldsymbol{E}-\boldsymbol{A}|=\begin{vmatrix}\lambda-1&-2&-2\\-2&\lambda-1&2\\2&2&\lambda-1\end{vmatrix}=\begin{vmatrix}\lambda-1&-2&-2\\0&\lambda+1&\lambda+1\\2&2&\lambda-1\end{vmatrix}$$

$$=(\lambda+1)\begin{vmatrix}\lambda-1&-2&-2\\0&1&1\\2&2&\lambda-1\end{vmatrix}=(\lambda+1)\begin{vmatrix}\lambda-1&-2&0\\0&1&0\\2&2&\lambda-3\end{vmatrix}$$

$$=(\lambda+1)(\lambda-1)(\lambda-3)$$

令 $|\lambda\boldsymbol{E}-\boldsymbol{A}|=0$，解得：

$$\lambda_1=-1,\ \lambda_2=1,\ \lambda_3=3$$

当 $\lambda_1=-1$ 时，

$$\lambda_1\boldsymbol{E}-\boldsymbol{A}=\begin{pmatrix}-2&-2&-2\\-2&-2&2\\2&2&-2\end{pmatrix}\rightarrow\begin{pmatrix}1&1&0\\0&0&1\\0&0&0\end{pmatrix}$$

则 $r(\lambda_1\boldsymbol{E}-\boldsymbol{A})=2$，取 x_2 为自由未知量，对应的方程组为：

$$\begin{cases}x_1+x_2=0\\x_3=0\end{cases}$$

解得一个基础解系为：

$$\boldsymbol{\alpha}_1=\begin{pmatrix}-1\\1\\0\end{pmatrix}$$

所以 $\boldsymbol{A}$ 的属于特征值−1 的全部特征向量为 $K_1\boldsymbol{\alpha}_1$，其中 K_1 是不为零的常数。

当 $\boldsymbol{\lambda}_2=1$ 时，

$$\boldsymbol{\lambda}_2\boldsymbol{E}-\boldsymbol{A}=\begin{pmatrix}0&-2&-2\\-2&0&2\\2&2&0\end{pmatrix}\rightarrow\begin{pmatrix}1&1&0\\0&1&1\\0&0&0\end{pmatrix}$$

则 $r(\lambda_2\boldsymbol{E}-\boldsymbol{A})=2$，取 x_3 为自由未知量，对应的方程组为：

$$\begin{cases}x_1+x_2=0\\x_2+x_3=0\end{cases}$$

解得一个基础解系为：

$$\alpha_2=\begin{pmatrix}1\\-1\\1\end{pmatrix}$$

所以 $\boldsymbol{A}$ 的属于特征值 1 的全部特征向量为 $K_2\boldsymbol{\alpha}_2$，其中 K_2 是不为零的常数。

当 $\lambda_3=3$ 时，

$$\lambda_3\boldsymbol{E}-\boldsymbol{A}=\begin{pmatrix}2&-2&-2\\-2&2&2\\2&2&2\end{pmatrix}\rightarrow\begin{pmatrix}1&1&1\\0&1&1\\0&0&0\end{pmatrix}$$

则 $r(\lambda_3\boldsymbol{E}-\boldsymbol{A})=2$，取 x_3 为自由未知量，对应的方程组为：

$$\begin{cases}x_1+x_2+x_3=0\\x_2+x_3=0\end{cases}$$

解得一个基础解系为：

$$\boldsymbol{\alpha}_3=\begin{pmatrix}0\\-1\\1\end{pmatrix}$$

所以 $\boldsymbol{A}$ 的属于特征值 1 的全部特征向量为 $K_3\boldsymbol{\alpha}_3$，其中 K_3 是不为零的常数。

【例 4-4】 已知矩阵$\begin{pmatrix} 20 & 30 \\ -12 & x \end{pmatrix}$有一个特征向量$\begin{pmatrix} -5 \\ 3 \end{pmatrix}$，求 x 的值。

【解】 由已知有：

$$\begin{pmatrix} 20 & 30 \\ -12 & x \end{pmatrix}\begin{pmatrix} -5 \\ 3 \end{pmatrix}=\lambda\begin{pmatrix} -5 \\ 3 \end{pmatrix}$$

得：

$$\begin{pmatrix} -10 \\ 60+3x \end{pmatrix}=\begin{pmatrix} -5\lambda \\ 3\lambda \end{pmatrix}$$

所以有：

$$\begin{cases} \lambda=2 \\ x=-18 \end{cases}$$

二、特征值、特征向量的基本性质

（1）若 $\boldsymbol{\alpha}$ 是 $\boldsymbol{A}$ 的属于特征值 λ_0 的特征向量，则 $\boldsymbol{\alpha}$ 一定是非零向量，且对于任意非零常数 K，$K\boldsymbol{\alpha}$ 也是 $\boldsymbol{A}$ 的属于特征值 λ_0 的特征向量。

（2）若 $\boldsymbol{\alpha}_1$，$\boldsymbol{\alpha}_2$ 是 $\boldsymbol{A}$ 的属于特征值 λ_0 的特征向量，则当 $k_1\boldsymbol{\alpha}_1+k_2\boldsymbol{\alpha}_2\neq\mathbf{0}$ 时，$k_1\boldsymbol{\alpha}_1+k_2\boldsymbol{\alpha}_2$ 也是 $\boldsymbol{A}$ 的属于特征值 λ_0 的特征向量。

证 $\boldsymbol{A}(k_1\boldsymbol{\alpha}_1+k_2\boldsymbol{\alpha}_2)=k_1\boldsymbol{A}\boldsymbol{\alpha}_1+k_2\boldsymbol{A}\boldsymbol{\alpha}_2=k_1\lambda_0\boldsymbol{\alpha}_1+k_2\lambda_0\boldsymbol{\alpha}_2=\lambda_0(k_1\boldsymbol{\alpha}_1+k_2\boldsymbol{\alpha})$

（3）n 阶矩阵 $\boldsymbol{A}$ 与它的转置矩阵 $\boldsymbol{A}^{\mathrm{T}}$ 有相同的特征值。

证 $|\lambda \mathrm{I}-\boldsymbol{A}^{\mathrm{T}}|=|(\lambda\boldsymbol{I}-\boldsymbol{A})^{\mathrm{T}}|=|\lambda\boldsymbol{I}-\boldsymbol{A}|$

注：$\boldsymbol{A}$ 与 $\boldsymbol{A}^{\mathrm{T}}$ 同一特征值的特征向量不一定相同；$\boldsymbol{A}$ 与 $\boldsymbol{A}^{\mathrm{T}}$ 的特征矩阵不一定相同。

（4）设 $\boldsymbol{A}=(a_{ij})_{n\times n}$，则：

1）$\lambda_1+\lambda_2+\cdots+\lambda_n=a_{11}+a_{22}+\cdots a_{nn}$；

2）$\lambda_1\lambda_2\cdots\lambda_n=|\boldsymbol{A}|$。

推论 $\boldsymbol{A}$ 可逆的充分必要条件是 $\boldsymbol{A}$ 的所有特征值都不为零。即：

$$\lambda_1\lambda_2\cdots\lambda_n=|\boldsymbol{A}|\neq0。$$

定义 3 设 $\boldsymbol{A}=(a_{ij})_{n\times n}$，把 $\boldsymbol{A}$ 的主对角线元素之和称为 $\boldsymbol{A}$ 的迹，记作 $tr(\boldsymbol{A})$，即：$tr(\boldsymbol{A})=a_{11}+a_{22}+\cdots a_{nn}$。

由此性质(4)可记为 $tr(\boldsymbol{A})=\lambda_1+\lambda_2+\cdots+\lambda_n$。

（5）设 λ 是 $\boldsymbol{A}$ 的特征值，且 $\boldsymbol{\alpha}$ 是 $\boldsymbol{A}$ 属于 λ 的特征向量，则：

1）$a\lambda$ 是 $a\boldsymbol{A}$ 的特征值，并有 $(a\boldsymbol{A})\boldsymbol{\alpha}=(a\lambda)\boldsymbol{\alpha}$；

2）λ^k 是 $\boldsymbol{A}^k$ 的特征值，$\boldsymbol{A}^k\boldsymbol{\alpha}=\lambda^k\boldsymbol{\alpha}$；

3）若 $\boldsymbol{A}$ 可逆，则 $\lambda\neq0$，且$\dfrac{1}{\lambda}$是 $\boldsymbol{A}^{-1}$的特征值，$\boldsymbol{A}^{-1}\boldsymbol{\alpha}=\dfrac{1}{\boldsymbol{\lambda}}\boldsymbol{\alpha}$。

证 因为 $\boldsymbol{\alpha}$ 是 $\boldsymbol{A}$ 属于 λ 的特征值，有 $\boldsymbol{A}\boldsymbol{\alpha}=\lambda\boldsymbol{\alpha}$，则：

1）两边同乘以 a，得：$(a\boldsymbol{A})\boldsymbol{\alpha}=(a\lambda)\boldsymbol{\alpha}$，则 $a\boldsymbol{\lambda}$ 是 $a\boldsymbol{A}$ 的特征值。

2）$\boldsymbol{A}^k\boldsymbol{\alpha}=\boldsymbol{A}^{k-1}(\boldsymbol{A}\boldsymbol{\alpha})=\boldsymbol{A}^{k-1}(\lambda\boldsymbol{\alpha})=\lambda\boldsymbol{A}^{k-2}(\boldsymbol{A}\boldsymbol{\alpha})=\lambda\boldsymbol{A}^{k-2}(\lambda\boldsymbol{\alpha})=\lambda^2(\boldsymbol{A}^{k-2}\boldsymbol{\alpha})=\cdots$
$=\lambda^{k-1}(\boldsymbol{A}\boldsymbol{\alpha})=\lambda^k\boldsymbol{\alpha}$，则 λ^k 是 $\boldsymbol{A}^k$ 的特征值。

3）因为 $\boldsymbol{A}$ 可逆，所以它所有的特征值都不为零，由 $\boldsymbol{A}\boldsymbol{\alpha}=\lambda\boldsymbol{\alpha}$，得：$\boldsymbol{A}^{-1}(\boldsymbol{A}\boldsymbol{\alpha})=\boldsymbol{A}^{-1}$

$(\lambda\boldsymbol{\alpha})$，即：$(\boldsymbol{A}^{-1}\boldsymbol{A})\boldsymbol{\alpha}=\lambda(\boldsymbol{A}^{-1}\boldsymbol{\alpha}) \Rightarrow \boldsymbol{\alpha}=\lambda(\boldsymbol{A}^{-1}\boldsymbol{\alpha})$

再由 $\lambda\neq0$，两边同除以 λ 得：

$$\boldsymbol{A}^{-1}\boldsymbol{\alpha}=\frac{1}{\lambda}\boldsymbol{\alpha},$$

所以当 $\lambda\neq0$ 时，$\frac{1}{\lambda}$是 $\boldsymbol{A}^{-1}$的特征值。

【例 4-5】　已知三阶方阵 $\boldsymbol{A}$，有一特征值是 3，且 $tr(\boldsymbol{A})=|\boldsymbol{A}|=6$，求 $\boldsymbol{A}$ 的所有特征值。

【解】　设 $\boldsymbol{A}$ 的特征值为 3，λ_2，λ_3，由上述性质得：

$$\lambda_2+\lambda_3+3=tr(\boldsymbol{A})=6,\ \lambda_2\cdot\lambda_3\cdot3=|\boldsymbol{A}|=6$$

由此得：

$$\lambda_2=1,\ \lambda_3=2$$

【例 4-6】　已知三阶方阵 $\boldsymbol{A}$ 的三个特征值是 1，-2，3，求：

（1）$|\boldsymbol{A}|$，（2）$\boldsymbol{A}^{-1}$的特征值，（3）$\boldsymbol{A}^{\mathrm{T}}$ 的特征值，（4）$\boldsymbol{A}^{*}$ 的特征值。

【解】　（1）$|\boldsymbol{A}|=1\times(-2)\times3=-6$；

（2）$\boldsymbol{A}^{-1}$的特征值为：1，$-\frac{1}{2}$，$\frac{1}{3}$；

（3）$\boldsymbol{A}^{\mathrm{T}}$ 的特征值为：1，2，3；

（4）$\boldsymbol{A}^{*}=|\boldsymbol{A}|\boldsymbol{A}^{-1}=-6\boldsymbol{A}^{-1}$，则 $\boldsymbol{A}^{*}$ 的特征值为：-6×1，$-6\times\left(-\frac{1}{2}\right)$，$-6\times\frac{1}{3}$。

即为：-6，3，-2。

【例 4-7】　已知矩阵 $\boldsymbol{A}=\begin{pmatrix}2&1&1\\1&2&1\\1&1&2\end{pmatrix}$，且向量 $\boldsymbol{\alpha}=\begin{pmatrix}1\\k\\1\end{pmatrix}$是逆矩阵 $\boldsymbol{A}^{-1}$的特征向量，试求常数 k。

【解】　设 λ 是 $\boldsymbol{A}$ 对于 $\boldsymbol{\alpha}$ 的特征值，所以 $\boldsymbol{A}\boldsymbol{\alpha}=\lambda\boldsymbol{\alpha}$，即：

$$\lambda\begin{pmatrix}1\\k\\1\end{pmatrix}=\begin{pmatrix}2&1&1\\1&2&1\\1&1&2\end{pmatrix}\begin{pmatrix}1\\k\\1\end{pmatrix}=\begin{pmatrix}3+k\\2+2k\\3+k\end{pmatrix}$$

得：

$$\begin{cases}\lambda=3+k\\k\lambda=2+2k\end{cases}\Rightarrow\begin{cases}\lambda_1=1\\k_1=-2\end{cases}\text{或}\begin{cases}\lambda_2=4\\k_2=1\end{cases}$$

【例 4-8】　设 $\boldsymbol{A}$ 为 n 阶方阵，证明 $|\boldsymbol{A}|=0$ 的充要条件是 0 为矩阵 $\boldsymbol{A}$ 的一个特征值。

【证明】　$|\boldsymbol{A}|=0 \Leftrightarrow |0\cdot\boldsymbol{I}-\boldsymbol{A}|=0 \Leftrightarrow 0$ 为矩阵 $\boldsymbol{A}$ 的一个特征值。

【例 4-9】　证明：若 $\boldsymbol{A}^2=\boldsymbol{0}$，则 $\boldsymbol{A}$ 的特征值只有是零。

【证明】　设 λ 是矩阵 $\boldsymbol{A}$ 的任一特征值，$\boldsymbol{\alpha}$ 是对应的特征向量，则

$$\boldsymbol{A}\boldsymbol{\alpha}=\lambda\boldsymbol{\alpha}$$

所以

$$0=\boldsymbol{A}^2\boldsymbol{\alpha}=\boldsymbol{A}(\boldsymbol{A}\boldsymbol{\alpha})=\lambda^2\boldsymbol{\alpha}$$

因为

$$\boldsymbol{\alpha}\neq\boldsymbol{0}$$

所以

$$\lambda=0$$

【例 4-10】 （1）证明一个特征向量只能对应于一个特征值；

（2）设 λ_1，λ_2 为矩阵 $\boldsymbol{A}$ 的两个不同的特征值，对应的特征向量分别为 $\boldsymbol{\xi}_1$ 和 $\boldsymbol{\xi}_2$，证明 $k_1\boldsymbol{\xi}_1+k_2\boldsymbol{\xi}_2$（$k_1\neq0$，$k_2\neq0$）不是 $\boldsymbol{A}$ 的特征向量。

【证明】 （1）设 $\boldsymbol{A}$ 的对应于特征向量 $\boldsymbol{\alpha}$ 的特征值有 λ_1 和 λ_2，即：

$$\boldsymbol{A\alpha}=\lambda_1\boldsymbol{\alpha},\quad \boldsymbol{A\alpha}=\lambda_2\boldsymbol{\alpha}$$

由此推出

$$(\lambda_1-\lambda_2)\boldsymbol{\alpha}=\boldsymbol{0}$$

由于 $\boldsymbol{\alpha}\neq\boldsymbol{0}$，所以 $\lambda_1=\lambda_2$。

（2）（反证）假设 $k_1\boldsymbol{\xi}_1+k_2\boldsymbol{\xi}_2$ 是 $\boldsymbol{A}$ 的特征向量，对应的特征值为 $\boldsymbol{\mu}$，即：

$$\boldsymbol{A}(k_1\boldsymbol{\xi}_1+k_2\boldsymbol{\xi}_2)=\boldsymbol{\mu}(k_1\boldsymbol{\xi}_1+k_2\boldsymbol{\xi}_2)$$

由 $\boldsymbol{A\xi}_1=\lambda_1\boldsymbol{\xi}_1$，$\boldsymbol{A\xi}_2=\lambda_2\boldsymbol{\xi}_2$，得：

$$\boldsymbol{A}(k_1\boldsymbol{\xi}_1+k_2\boldsymbol{\xi}_2)=k_1\boldsymbol{A\xi}_1+k_2\boldsymbol{A\xi}_2=k_1\lambda_1\boldsymbol{\xi}_1+k_2\lambda_2\boldsymbol{\xi}_2=\mu(k_1\boldsymbol{\xi}_1+k_2\boldsymbol{\xi}_2)$$

移项

$$k_1(\lambda_1-\mu)\boldsymbol{\xi}_1+k_2(\lambda_2-\mu)\boldsymbol{\xi}_2=\boldsymbol{0}$$

因 $\boldsymbol{\xi}_1$，$\boldsymbol{\xi}_2$ 线性无关，所以

$$k_1(\lambda_1-\mu)=\boldsymbol{0},\quad k_2(\lambda_2-\mu)=0$$

由 $k_1\neq0$，$k_2\neq0$ 得：

$$\lambda_1=\lambda_2=\mu$$

这与 $\lambda_1\neq\lambda_2$ 矛盾。

习题 4.1

（1）求矩阵 $\boldsymbol{A}=\begin{pmatrix}-1&1&0\\4&3&0\\1&0&2\end{pmatrix}$ 的特征值和特征向量。

（2）已知矩阵 $\boldsymbol{A}=\begin{pmatrix}x&-1\\-1&y\end{pmatrix}$ 的特征值分别为 2 和 4，求：

（1）x，y；

（2）$|\boldsymbol{A}-2\boldsymbol{E}|$。

（3）求矩阵

$$\boldsymbol{A}=\begin{pmatrix}-1&2&2\\3&-1&1\\2&2&-1\end{pmatrix}$$

的全部特征值与特征向量。

（4）求平面旋转矩阵

$$\boldsymbol{G}=\begin{pmatrix}\cos\theta&\sin\theta\\-\sin\theta&\cos\theta\end{pmatrix}$$

的特征值。

（5）已知 $\boldsymbol{\alpha}=(1,\ 1,\ -1)^{\mathrm{T}}$ 是矩阵

$$\boldsymbol{A}=\begin{pmatrix}2&-1&2\\5&a&3\\-1&b&-2\end{pmatrix}$$

的一个特征向量，试确定 a，b 的值及特征向量 $\boldsymbol{\alpha}$ 所对应的特征值。

(6) 设3阶矩阵 $\boldsymbol{A}$ 的三个特征值为 $\lambda_1=1$，$\lambda_2=2$，$\lambda_3=3$，与之对应的特征向量分别为：

$$\boldsymbol{\alpha}_1=(2,\ 1,\ -1)^{\mathrm{T}},\ \boldsymbol{\alpha}_2=(2,\ -1,\ 2)^{\mathrm{T}},\ \boldsymbol{\alpha}_3=(3,\ 0,\ 1)^{\mathrm{T}},$$

求矩阵 $\boldsymbol{A}$。

(7) 设3阶矩阵 $\boldsymbol{A}$ 的特征值为1，-1，2，求行列式 $|\boldsymbol{A}^*-\boldsymbol{A}^{-1}+\boldsymbol{A}|$。

(8) 设 $\boldsymbol{A}^2=\boldsymbol{A}$，证明 $\boldsymbol{A}$ 的特征值只能是0或1。

第二节　相似矩阵

一、相似矩阵的定义

定义1　设 $\boldsymbol{A}$、$\boldsymbol{B}$ 为 n 阶矩阵，如果存在 n 阶可逆矩阵 $\boldsymbol{P}$，使得 $\boldsymbol{P}^{-1}\boldsymbol{AP}=\boldsymbol{B}$ 成立，则称矩阵 $\boldsymbol{A}$ 与 $\boldsymbol{B}$ 相似，记作 $\boldsymbol{A}\sim\boldsymbol{B}$。

【例4-11】　已知 $\boldsymbol{A}=\begin{pmatrix}3 & 1\\ 5 & -1\end{pmatrix}$，$\boldsymbol{B}=\begin{pmatrix}4 & 0\\ 0 & -2\end{pmatrix}$，$\boldsymbol{P}=\begin{pmatrix}1 & 1\\ 1 & -5\end{pmatrix}$，判断 $\boldsymbol{A}$ 与 $\boldsymbol{B}$ 是否相似。

【解】　由已知可得：$\boldsymbol{P}^{-1}=\begin{pmatrix}\frac{5}{6} & \frac{1}{6}\\ \frac{1}{6} & -\frac{1}{6}\end{pmatrix}$

且

$$\boldsymbol{P}^{-1}\boldsymbol{AP}=\begin{pmatrix}\frac{5}{6} & \frac{1}{6}\\ \frac{1}{6} & -\frac{1}{6}\end{pmatrix}\begin{pmatrix}3 & 1\\ 5 & -1\end{pmatrix}\begin{pmatrix}1 & 1\\ 1 & -5\end{pmatrix}=\begin{pmatrix}4 & 0\\ 0 & -2\end{pmatrix}=\boldsymbol{B}$$

所以 $\boldsymbol{A}\sim\boldsymbol{B}$。

【例4-12】　证明若 n 阶矩阵 $\boldsymbol{A}$ 与 n 阶单位矩阵 $\boldsymbol{I}$ 相似，则 $\boldsymbol{A}=\boldsymbol{I}$。

【解】　因为 $\boldsymbol{A}\sim\boldsymbol{I}$，所以一定存在可逆阵 $\boldsymbol{P}$ 使 $\boldsymbol{P}^{-1}\boldsymbol{AP}=\boldsymbol{I}$ 成立，由此得 $\boldsymbol{A}=\boldsymbol{PIP}^{-1}=\boldsymbol{PP}^{-1}=\boldsymbol{I}$。

二、相似矩阵的性质

相似矩阵具有下述性质：

(1) 反身性。对任意 n 阶方阵 $\boldsymbol{A}$，都有 $\boldsymbol{A}\sim\boldsymbol{A}$。($\boldsymbol{A}=\boldsymbol{I}^{-1}\boldsymbol{AI}$)

(2) 对称性。若 $\boldsymbol{A}\sim\boldsymbol{B}$，则 $\boldsymbol{B}\sim\boldsymbol{A}$。($\boldsymbol{P}^{-1}\boldsymbol{AP}=\boldsymbol{B}\Rightarrow\boldsymbol{A}=(\boldsymbol{P}^{-1})^{-1}\boldsymbol{BP}^{-1}$)

(3) 传递性。若 $\boldsymbol{A}\sim\boldsymbol{B}$，$\boldsymbol{B}\sim\boldsymbol{C}$。则 $\boldsymbol{A}\sim\boldsymbol{C}$。($\boldsymbol{P}^{-1}\boldsymbol{AP}=\boldsymbol{B}$，$\boldsymbol{U}^{-1}\boldsymbol{BU}=\boldsymbol{C}\Rightarrow(\boldsymbol{PU})^{-1}\boldsymbol{A}(\boldsymbol{PU})=\boldsymbol{C}$)。

(4) 若 n 阶矩阵 $\boldsymbol{A}$、$\boldsymbol{B}$ 相似，则它们具有相同的特征值。

证　由已知得：$\boldsymbol{P}^{-1}\boldsymbol{AP}=\boldsymbol{B}$

$|\lambda\boldsymbol{I}-\boldsymbol{B}|=|\boldsymbol{P}^{-1}\lambda\boldsymbol{IP}-\boldsymbol{P}^{-1}\boldsymbol{AP}|=|\boldsymbol{P}^{-1}(\lambda\boldsymbol{I}-\boldsymbol{A})\boldsymbol{P}|=|\boldsymbol{P}^{-1}|\cdot|\lambda\boldsymbol{I}-\boldsymbol{A}|\cdot|\boldsymbol{P}|=|\lambda\boldsymbol{I}-\boldsymbol{A}|$。

注：相似矩阵对于同一特征值不一定有相同的特征向量。

推论 相似矩阵具有相同的可逆性。

(1) 若 n 阶矩阵 $\boldsymbol{A}$、$\boldsymbol{B}$ 相似，则它们具有相同的行列式。

证 因为 $\boldsymbol{A}$ 与 $\boldsymbol{B}$ 相似，所以 $\boldsymbol{P}^{-1}\boldsymbol{A}\boldsymbol{P}=\boldsymbol{B}$

两边求行列式得：$|\boldsymbol{P}^{-1}\boldsymbol{A}\boldsymbol{P}|=|\boldsymbol{B}| \Rightarrow |\boldsymbol{P}^{-1}|\cdot|\boldsymbol{A}|\cdot|\boldsymbol{P}|=|\boldsymbol{B}|$

即得：$|\boldsymbol{A}|=|\boldsymbol{B}|$

(2) 若 n 阶矩阵 $\boldsymbol{A}$、$\boldsymbol{B}$ 相似，则它们具有相同的迹。

(3) 若 n 阶矩阵 $\boldsymbol{A}$、$\boldsymbol{B}$ 相似，则它们具有相同的秩。

(4) 若 n 阶矩阵 $\boldsymbol{A}$、$\boldsymbol{B}$ 相似，即 $\boldsymbol{P}^{-1}\boldsymbol{A}\boldsymbol{P}=\boldsymbol{B}$，则 $\boldsymbol{A}^k\sim\boldsymbol{B}^k$（$k$ 为任意非负整数），且 $\boldsymbol{P}^{-1}\boldsymbol{A}^k\boldsymbol{P}=\boldsymbol{B}^k$。

证 当 $k=1$ 时，$\boldsymbol{P}^{-1}\boldsymbol{A}\boldsymbol{P}=\boldsymbol{B}$ 成立（矩阵 $\boldsymbol{A}$、$\boldsymbol{B}$ 相似），

假设 $k=m$ 时成立，即有 $\boldsymbol{P}^{-1}\boldsymbol{A}^m\boldsymbol{P}=\boldsymbol{B}^m$

现证 $k=m+1$ 时也成立，$\boldsymbol{B}^{m+1}=\boldsymbol{B}^m\boldsymbol{B}=(\boldsymbol{P}^{-1}\boldsymbol{A}^m\boldsymbol{P})(\boldsymbol{P}^{-1}\boldsymbol{A}\boldsymbol{P})=\boldsymbol{P}^{-1}\boldsymbol{A}^m(\boldsymbol{P}\boldsymbol{P}^{-1})\boldsymbol{A}\boldsymbol{P}$

$$=\boldsymbol{P}^{-1}\boldsymbol{A}^{m+1}\boldsymbol{P}$$

则 $k=m+1$ 时也成立。

【例 4-13】 已知 n 阶方阵 $\boldsymbol{A}$、$\boldsymbol{B}$ 相似，$|\boldsymbol{A}|=5$，求 $|\boldsymbol{B}^{\mathrm{T}}|$，$|(\boldsymbol{A}^{\mathrm{T}}\boldsymbol{B})^{-1}|$。

【解】 因为 $\boldsymbol{A}\sim\boldsymbol{B}$，所以有 $|\boldsymbol{A}|=|\boldsymbol{B}|$

又因为 $|\boldsymbol{B}^{\mathrm{T}}|=|\boldsymbol{B}|$

则 $|\boldsymbol{B}^{\mathrm{T}}|=5$

即 $|(\boldsymbol{A}^{\mathrm{T}}\boldsymbol{B})^{-1}|=|(\boldsymbol{A}^{\mathrm{T}}\boldsymbol{B})|^{-1}=(|\boldsymbol{A}^{\mathrm{T}}|\cdot|\boldsymbol{B}|)^{-1}=(|\boldsymbol{A}|\cdot|\boldsymbol{B}|)^{-1}=\dfrac{1}{25}$。

【例 4-14】 若 $\boldsymbol{A}=\begin{pmatrix}22 & 31\\ y & x\end{pmatrix}$ 与 $\boldsymbol{B}=\begin{pmatrix}1 & 2\\ 3 & 4\end{pmatrix}$ 相似，求 x，y 的值。

【解】 因为 $\boldsymbol{A}\sim\boldsymbol{B}$，所以 $|\boldsymbol{A}|=|\boldsymbol{B}|$，由此得：

$$22x-31y=-2$$

又由于 $\boldsymbol{A}\sim\boldsymbol{B}$，所以 $tr(\boldsymbol{A})=tr(\boldsymbol{B})$，得：

$$22+x=1+4$$

解得：

$$x=-17,\ y=-12$$

【例 4-15】 如果矩阵 $\boldsymbol{A}$ 可逆，试证 $\boldsymbol{AB}$ 与 $\boldsymbol{BA}$ 的特征值相同。

【解】 因为 $\boldsymbol{A}$ 可逆，所以 $\boldsymbol{A}^{-1}(\boldsymbol{AB})\boldsymbol{A}=(\boldsymbol{A}^{-1}\boldsymbol{A})\boldsymbol{BA}=\boldsymbol{BA}$

即 $\boldsymbol{AB}$ 与 $\boldsymbol{BA}$ 相似，由性质 4 得 $\boldsymbol{AB}$ 与 $\boldsymbol{BA}$ 的特征值相同。

三、方阵对角化

定义 2 若方阵 $\boldsymbol{A}$ 可以和某个对角矩阵相似，则称矩阵 $\boldsymbol{A}$ 可对角化。

定理 1 设 λ_1，λ_2，…，λ_m 为 n 阶矩阵 $\boldsymbol{A}$ 的不同特征值，$\boldsymbol{\alpha}_1$，$\boldsymbol{\alpha}_2$，…，$\boldsymbol{\alpha}_m$ 分别是属于 λ_1，λ_2，…，λ_m 的特征向量，则 $\boldsymbol{\alpha}_1$，$\boldsymbol{\alpha}_2$，…，$\boldsymbol{\alpha}_m$ 线性无关。

定理 2 n 阶矩阵 $\boldsymbol{A}$ 相似于对角阵的充分必要条件是 $\boldsymbol{A}$ 有 n 个线性无关的特征向量。

从定理 2 可知：只要能求出 $\boldsymbol{A}$ 的 n 个线性无关的特征向量 $\boldsymbol{\alpha}_1$，$\boldsymbol{\alpha}_2$，…，$\boldsymbol{\alpha}_n$，令 $\boldsymbol{P}=$

$(\boldsymbol{\alpha}_1, \boldsymbol{\alpha}_2, \cdots, \boldsymbol{\alpha}_n)$，就能使 $\boldsymbol{P}^{-1}\boldsymbol{A}\boldsymbol{P}=\boldsymbol{\Lambda}$，其中矩阵 $\boldsymbol{\Lambda}=\begin{pmatrix}\lambda_1 & & & \\ & \lambda_2 & & \\ & & \ddots & \\ & & & \lambda_n\end{pmatrix}$，对角阵的主对角元素依次为 $\boldsymbol{\alpha}_1, \boldsymbol{\alpha}_2, \cdots, \boldsymbol{\alpha}_n$ 所对应的特征值 $\lambda_1, \lambda_2, \cdots, \lambda_n$。

推论　若 n 阶矩阵 $\boldsymbol{A}$ 有 n 个相异的特征值 $\lambda_1, \lambda_2, \cdots, \lambda_n$，则矩阵 $\boldsymbol{A}$ 一定可对角化。

定理 3　设 $\boldsymbol{\lambda}$ 是 n 阶矩阵 $\boldsymbol{A}$ 的特征多项式的 k 重根，则 $\boldsymbol{A}$ 的属于特征值 λ 的线性无关的特征向量个数最多有 k 个。

定理 4　设 n 阶矩阵 $\boldsymbol{A}$ 有 m 个不同特征值 $\lambda_1, \lambda_2, \cdots, \lambda_m$，设 $\boldsymbol{\alpha}_{i1}, \boldsymbol{\alpha}_{i2}, \cdots, \boldsymbol{\alpha}_{is_i}$ 是矩阵 $\boldsymbol{A}$ 的属于 λ_i 的线性无关的特征向量（$i=1, 2, \cdots, m$），则向量组 $\boldsymbol{\alpha}_{11}, \boldsymbol{\alpha}_{12}, \cdots, \boldsymbol{\alpha}_{1s_1}$；$\boldsymbol{\alpha}_{21}, \boldsymbol{\alpha}_{22}, \cdots, \boldsymbol{\alpha}_{2s_2}$；$\cdots$；$\boldsymbol{\alpha}_{m1}, \boldsymbol{\alpha}_{m2}, \cdots, \boldsymbol{\alpha}_{ms_m}$ 线性无关。

定理 5　n 阶矩阵 $\boldsymbol{A}$ 与对角阵相似的充分必要条件是对每一个特征值对应的特征向量线性无关的最大个数等于该特征值的重数，即对每一个 n_i 重特征值 λ_i，$(\lambda_i\boldsymbol{E}-\boldsymbol{A})\,x=0$ 的基础解系含有 n_i（$i=1, 2, \cdots m$；$n_1+n_2+\cdots+n_m=n$）个向量。

【例 4-16】　已知 $\boldsymbol{A}=\begin{pmatrix}1 & 2 & 2\\ 2 & 1 & -2\\ -2 & -2 & 1\end{pmatrix}$，问矩阵 $\boldsymbol{A}$ 可否对角化？若可对角化求出可逆阵 $\boldsymbol{P}$ 及对角阵 $\boldsymbol{\Lambda}$。

【解】　$|\lambda\boldsymbol{E}-\boldsymbol{A}|=(\lambda+1)(\lambda-1)(\lambda-3)$

解得：

$$\lambda_1=-1,\ \lambda_2=1,\ \lambda_3=3$$

由推论可得矩阵 $\boldsymbol{A}$ 可对角化。

当 $\lambda_1=-1$ 时，

$$\lambda_1\boldsymbol{E}-\boldsymbol{A}=\begin{pmatrix}-2 & -2 & -2\\ -2 & -2 & 2\\ 2 & 2 & -2\end{pmatrix}\to\begin{pmatrix}1 & 1 & 0\\ 0 & 0 & 1\\ 0 & 0 & 0\end{pmatrix}$$

取 x_2 为自由未知量，对应的方程组为：

$$\begin{cases}x_1+x_2=0\\ x_3=0\end{cases}$$

解得一个基础解系为：

$$\boldsymbol{\alpha}_1=(1, -1, 0)^{\mathrm{T}}$$

当 $\lambda_2=1$ 时，

$$\lambda_2\boldsymbol{E}-\boldsymbol{A}=\begin{pmatrix}0 & -2 & -2\\ -2 & 0 & 2\\ 2 & 2 & 0\end{pmatrix}\to\begin{pmatrix}1 & 1 & 0\\ 0 & 1 & 1\\ 0 & 0 & 0\end{pmatrix}$$

取 x_3 为自由未知量，对应的方程组为：

$$\begin{cases}x_1+x_2=0\\ x_2+x_3=0\end{cases}$$

解得一个基础解系为：

$$\boldsymbol{\alpha}_2=(1, -1, 1)^{\mathrm{T}}$$

当 $\lambda_3=3$ 时，

$$\lambda_3\boldsymbol{E}-\boldsymbol{A}=\begin{pmatrix}2&-2&-2\\-2&2&2\\2&2&2\end{pmatrix}\to\begin{pmatrix}1&1&1\\0&1&1\\0&0&0\end{pmatrix}$$

取 x_3 为自由未知量，对应的方程组为：

$$\begin{cases}x_1+x_2+x_3=0\\x_2+x_3=0\end{cases}$$

解得一个基础解系为：

$$\boldsymbol{\alpha}_3=(0, -1, 1)^{\mathrm{T}}$$

则可逆阵为 $\boldsymbol{P}=(\boldsymbol{\alpha}_1, \boldsymbol{\alpha}_2, \boldsymbol{\alpha}_3)=\begin{pmatrix}-1&1&0\\1&-1&-1\\0&1&1\end{pmatrix}$，对应的对角阵 $\boldsymbol{\Lambda}=\begin{pmatrix}-1&0&0\\0&1&0\\0&0&3\end{pmatrix}$。

【例 4-17】 已知 $\boldsymbol{A}=\begin{pmatrix}0&-1&-1\\-1&0&-1\\-1&-1&0\end{pmatrix}$，问矩阵 $\boldsymbol{A}$ 可否对角化？若可对角化求出可逆阵 $\boldsymbol{P}$ 及对角阵 $\boldsymbol{\Lambda}$。

【解】 $|\lambda\boldsymbol{E}-\boldsymbol{A}|=(\lambda+2)(\lambda-1)^2$，令 $|\lambda\boldsymbol{E}-\boldsymbol{A}|=0$ 得：

$$\lambda_1=\lambda_2=1, \lambda_3=-2$$

当 $\lambda_1=\lambda_2=1$ 时，

$$\boldsymbol{E}-\boldsymbol{A}=\begin{pmatrix}1&1&1\\1&1&1\\1&1&1\end{pmatrix}\to\begin{pmatrix}1&1&1\\0&0&0\\0&0&0\end{pmatrix}$$

取 x_2，x_3 为自由未知量，对应的方程为：

$$x_1+x_2+x_3=0$$

求得一个基础解系为：

$$\boldsymbol{\alpha}_1=(-1, 1, 0)^{\mathrm{T}}, \boldsymbol{\alpha}_2=(-1, 0, 1)^{\mathrm{T}}$$

当 $\lambda_3=-2$ 时，

$$-2\boldsymbol{E}-\boldsymbol{A}=\begin{pmatrix}-2&1&1\\1&-2&1\\1&1&-2\end{pmatrix}\to\begin{pmatrix}1&1&-2\\1&-2&1\\-2&1&1\end{pmatrix}$$

$$\to\begin{pmatrix}1&1&-2\\0&-3&3\\0&-3&3\end{pmatrix}\to\begin{pmatrix}1&1&-2\\0&1&-1\\0&0&0\end{pmatrix}$$

取 x_3 为自由未知量，对应的方程组为：

$$\begin{cases}x_1+x_2-2x_3=0\\-x_2+x_3=0\end{cases}$$

求得它的一个基础解系为：

$$\boldsymbol{\alpha}_3=(1,\ 1,\ 1)^{\mathrm{T}}$$

则由定理 5 可得矩阵 $\boldsymbol{A}$ 可对角化，即存在可逆阵：

$$\boldsymbol{P}=(\boldsymbol{\alpha}_3,\ \boldsymbol{\alpha}_1,\ \boldsymbol{\alpha}_2)=\begin{pmatrix}1 & -1 & -1\\ 1 & 1 & 0\\ 1 & 0 & 1\end{pmatrix}$$

相应的对角阵为：

$$\boldsymbol{\Lambda}=\begin{pmatrix}-2 & 0 & 0\\ 0 & 1 & 0\\ 0 & 0 & 1\end{pmatrix}$$

【例 4-18】　已知 $\boldsymbol{A}=\begin{pmatrix}3 & -1 & 1\\ 2 & 0 & 1\\ 1 & -1 & 2\end{pmatrix}$，问矩阵 $\boldsymbol{A}$ 可否对角化？若可对角化求出可逆阵 $\boldsymbol{P}$ 及对角阵 Λ。

【解】

$$|\lambda\boldsymbol{E}-\boldsymbol{A}|=\begin{vmatrix}\lambda-3 & 1 & -1\\ -2 & \lambda & -1\\ -1 & 1 & \lambda-2\end{vmatrix}=\begin{vmatrix}\lambda-1 & 1-\lambda & 0\\ -2 & \lambda & -1\\ -1 & 1 & \lambda-2\end{vmatrix}$$

$$=(\lambda-1)\begin{vmatrix}1 & -1 & 0\\ -2 & \lambda & -1\\ -1 & 1 & \lambda-2\end{vmatrix}=(\lambda-1)\begin{vmatrix}0 & -1 & 0\\ \lambda-2 & \lambda & -1\\ 0 & 1 & \lambda-2\end{vmatrix}$$

$$=(\lambda-1)(\lambda-2)^2$$

所以矩阵 $\boldsymbol{A}$ 的特征值为：　$\lambda_1=\lambda_2=2$，$\lambda_3=1$

当 $\lambda_1=\lambda_2=2$ 时，

$$\lambda_1\boldsymbol{E}-\boldsymbol{A}=\begin{pmatrix}-1 & 1 & -1\\ -2 & 2 & -1\\ -1 & 1 & 0\end{pmatrix}\to\begin{pmatrix}1 & -1 & 1\\ 0 & 0 & 1\\ 0 & 0 & 0\end{pmatrix}$$

取 x_2 为自由未知量，对应的方程组为：

$$\begin{cases}x_1+x_3=x_2\\ x_3=0\end{cases}$$

求得它的一个基础解系为：

$$\boldsymbol{\alpha}_1=(1,\ 1,\ 0)^{\mathrm{T}}$$

当 $\lambda_3=1$ 时，

$$\lambda_3\boldsymbol{E}-\boldsymbol{A}=\begin{pmatrix}-2 & 1 & -1\\ -2 & 1 & -1\\ -1 & 1 & -1\end{pmatrix}\to\begin{pmatrix}1 & -1 & 1\\ -2 & 1 & -1\\ -2 & 1 & -1\end{pmatrix}\to\begin{pmatrix}1 & -1 & 1\\ 0 & 1 & -1\\ 0 & 0 & 0\end{pmatrix}$$

取 x_3 为自由未知量，对应的方程组为：

$$\begin{cases}x_1-x_2+x_3=0\\ x_2-x_3=0\end{cases}$$

求得它的一个基础解系为：

$$\boldsymbol{\alpha}_2=(0,\ 1,\ 1)^{\mathrm{T}}$$

因为 $\boldsymbol{A}$ 只有 2 个线性无关的特征向量 $\boldsymbol{\alpha}_1$，$\boldsymbol{\alpha}_2$，而 $n=3$，所以矩阵 $\boldsymbol{A}$ 不能对角化。

注意：对重根一般有 $r(\lambda\boldsymbol{E}-\boldsymbol{A})\geqslant n-\lambda$ 的重数。

由性质 4 知，当 n 阶矩阵 $\boldsymbol{A}$，$\boldsymbol{B}$ 相似，即 $\boldsymbol{P}^{-1}\boldsymbol{AP}=\boldsymbol{B}$ 时，有 $\boldsymbol{A}^k\sim\boldsymbol{B}^k$（$k$ 为任意非负整数），且 $\boldsymbol{P}^{-1}\boldsymbol{A}^k\boldsymbol{P}=\boldsymbol{B}^k$，由此可得：$\boldsymbol{A}^k=\boldsymbol{PB}^k\boldsymbol{P}^{-1}$，如果 $\boldsymbol{B}$ 是对角阵 $\boldsymbol{\Lambda}$，则 $\boldsymbol{A}^k=\boldsymbol{P\Lambda}^k\boldsymbol{P}^{-1}$。

【例 4-19】 已知 $\boldsymbol{A}=\begin{pmatrix}4&6&0\\-3&-5&0\\-3&-6&1\end{pmatrix}$，试计算 $\boldsymbol{A}^{10}$。

【解】

$$|\lambda\boldsymbol{E}-\boldsymbol{A}|=\begin{vmatrix}\lambda-4&-6&0\\3&\lambda+5&0\\3&6&\lambda-1\end{vmatrix}=(\lambda-1)\begin{vmatrix}\lambda-4&-6\\3&\lambda+5\end{vmatrix}$$
$$=(\lambda+2)(\lambda-1)^2$$

令 $|\lambda\boldsymbol{E}-\boldsymbol{A}|=0$ 得：

$$\lambda_1=\lambda_2=1,\ \lambda_3=-2$$

当 $\lambda_1=\lambda_2=1$ 时，

$$\boldsymbol{E}-\boldsymbol{A}=\begin{pmatrix}-3&-6&0\\3&6&0\\3&6&0\end{pmatrix}\to\begin{pmatrix}-3&-6&0\\0&0&0\\0&0&0\end{pmatrix}\to\begin{pmatrix}1&2&0\\0&0&0\\0&0&0\end{pmatrix}$$

取 x_2，x_3 为自由未知量，对应的方程为：

$$x_1+2x_2=0$$

求得一个基础解系为：

$$\boldsymbol{\alpha}_1=(-2,\ 1,\ 0)^{\mathrm{T}},\ \boldsymbol{\alpha}_2=(0,\ 0,\ 1)^{\mathrm{T}}$$

当 $\lambda_3=-2$ 时，

$$-2\boldsymbol{E}-\boldsymbol{A}=\begin{pmatrix}-6&-6&0\\3&3&0\\3&6&-3\end{pmatrix}\to\begin{pmatrix}1&1&0\\0&0&0\\0&1&-1\end{pmatrix}\to\begin{pmatrix}1&1&0\\0&1&-1\\0&0&0\end{pmatrix}$$

取 x_3 为自由未知量，对应的方程组为：

$$\begin{cases}x_1+x_2=0\\x_2-x_3=0\end{cases}$$

求得它的一个基础解系为：

$$\boldsymbol{\alpha}_3=(-1,\ 1,\ 1)^{\mathrm{T}}$$

所以可逆阵为：

$$\boldsymbol{P}=(\boldsymbol{\alpha}_1,\ \boldsymbol{\alpha}_2,\ \boldsymbol{\alpha}_3)=\begin{pmatrix}-2&0&-1\\1&0&1\\0&1&1\end{pmatrix}$$

相应的对角阵为：

$$\boldsymbol{\Lambda}=\begin{pmatrix}1&0&0\\0&1&0\\0&0&-2\end{pmatrix}$$

从而得出 $$\boldsymbol{A}^{10}=\boldsymbol{P}\boldsymbol{\Lambda}^{10}\boldsymbol{P}^{-1}=\begin{pmatrix}-2&0&-1\\1&0&1\\0&1&1\end{pmatrix}\begin{pmatrix}1&0&0\\0&1&0\\0&0&-2\end{pmatrix}^{10}\begin{pmatrix}-1&-1&0\\-1&-2&1\\1&2&0\end{pmatrix}$$

$$=\begin{pmatrix}-2&0&-1024\\1&0&1024\\0&1&1024\end{pmatrix}\begin{pmatrix}-1&-1&0\\-1&-2&1\\1&2&0\end{pmatrix}$$

$$=\begin{pmatrix}-1024&-2046&0\\1023&2047&0\\1023&2046&1\end{pmatrix}$$

【例 4-20】 已知 $\boldsymbol{A}=\begin{pmatrix}3&1\\5&-1\end{pmatrix}$，求 $\boldsymbol{A}^n$。

【解】 $|\lambda\boldsymbol{E}-\boldsymbol{A}|=(\lambda-4)(\lambda+2)$

解得 $\boldsymbol{A}$ 的特征值为：

$$\lambda_1=4,\ \lambda_2=-2$$

当 $\lambda_1=4$ 时，解线性方程组

$$(4\boldsymbol{E}-\boldsymbol{A})\boldsymbol{x}=\boldsymbol{0}$$

解得一个基础解系为：

$$\boldsymbol{\alpha}_1=(1,\ 1)^{\mathrm{T}}$$

当 $\lambda_2=-2$ 时，解线性方程组

$$(-2\boldsymbol{E}-\boldsymbol{A})\ \boldsymbol{x}=\boldsymbol{0}$$

解得一个基础解系为：

$$\boldsymbol{\alpha}_2=(1,\ -5)^{\mathrm{T}}$$

所以可逆阵

$$\boldsymbol{P}=(\alpha_1,\ \alpha_2)=\begin{pmatrix}1&1\\1&-5\end{pmatrix}$$

相应的对角阵

$$\boldsymbol{\Lambda}=\begin{pmatrix}4&0\\0&-2\end{pmatrix}$$

从而 $$\boldsymbol{A}^n=\boldsymbol{P}\boldsymbol{\Lambda}^n\boldsymbol{P}^{-1}=\begin{pmatrix}1&1\\1&-5\end{pmatrix}\begin{pmatrix}4&0\\0&-2\end{pmatrix}^n\begin{pmatrix}\frac{5}{6}&\frac{1}{6}\\\frac{1}{6}&-\frac{1}{6}\end{pmatrix}$$

$$=\begin{pmatrix}\frac{5}{6}4^n+\frac{1}{6}(-2)^n&\frac{1}{6}4^n-\frac{1}{6}(-2)^n\\\frac{5}{6}4^n-\frac{5}{6}(-2)^n&\frac{1}{6}4^n+\frac{5}{6}(-2)^n\end{pmatrix}$$

【例 4-21】 设 3 阶矩阵 $\boldsymbol{A}$ 的特征值为 $\lambda_1=1$，$\lambda_2=2$，$\lambda_3=3$，对应的特征向量依次为：

$$\boldsymbol{\alpha}_1=\begin{pmatrix}1\\1\\1\end{pmatrix},\ \boldsymbol{\alpha}_2=\begin{pmatrix}1\\2\\4\end{pmatrix},\ \boldsymbol{\alpha}_3=\begin{pmatrix}1\\3\\9\end{pmatrix}$$，求 $\boldsymbol{A}^n$。

【解】 已知 $\boldsymbol{A}=\boldsymbol{P\Lambda P}^{-1}$，其中 $\boldsymbol{P}=(\boldsymbol{\alpha}_1,\ \boldsymbol{\alpha}_2,\ \boldsymbol{\alpha}_3)=\begin{pmatrix}1&1&1\\1&2&3\\1&4&9\end{pmatrix}$，$\boldsymbol{\Lambda}=\begin{pmatrix}1&0&0\\0&2&0\\0&0&3\end{pmatrix}$，

则

$$\boldsymbol{A}^n=\boldsymbol{P\Lambda}^n\boldsymbol{P}^{-1}=\begin{pmatrix}1&2^n&3^n\\1&2^{n+1}&3^{n+1}\\1&2^{n+2}&3^{n+2}\end{pmatrix}\begin{pmatrix}3&-\frac{5}{2}&\frac{1}{2}\\-3&4&-1\\1&-\frac{3}{2}&\frac{1}{2}\end{pmatrix}$$

$$=\begin{pmatrix}3-3\cdot2^n+3^n&-\frac{5}{2}+2^{n+2}-\frac{3^{n+1}}{2}&\frac{1}{2}-2^n+\frac{3^n}{2}\\3-3\cdot2^{n+1}+3^{n+1}&-\frac{5}{2}+2^{n+3}-\frac{3^{n+2}}{2}&\frac{1}{2}-2^{n+1}+\frac{3^{n+1}}{2}\\3-3\cdot2^{n+2}+3^{n+2}&-\frac{5}{2}+2^{n+4}-\frac{3^{n+3}}{2}&\frac{1}{2}-2^{n+2}+\frac{3^{n+2}}{2}\end{pmatrix}$$

【例 4-22】 设方阵 $\boldsymbol{A}=\begin{pmatrix}2&0&0\\0&0&1\\0&1&x\end{pmatrix}$，与 $\boldsymbol{B}=\begin{pmatrix}2&0&0\\0&y&0\\0&0&-1\end{pmatrix}$ 相似，求 x，y 之值，并求可逆阵 $\boldsymbol{P}$，使 $\boldsymbol{P}^{-1}\boldsymbol{AP}=\boldsymbol{B}$。

【解】 因为 $\boldsymbol{A}$ 与 $\boldsymbol{B}$ 相似，所以 $|\boldsymbol{A}|=|\boldsymbol{B}|$

即
$$-2=-2y\Rightarrow y=1$$
又有
$$tr(\boldsymbol{A})=tr(\boldsymbol{B})$$
即
$$2+x=2+y+(-1)\Rightarrow x=0$$

$\boldsymbol{A}$ 的特征值分别是：

$$\lambda_1=2,\ \lambda_2=1,\ \lambda_3=-1$$

而 $\lambda_1=2$ 对应的特征向量为：

$$k\begin{pmatrix}1\\0\\0\end{pmatrix}\ (k\neq0)$$

$\lambda_2=1$ 对应的特征向量为：

$$k\begin{pmatrix}0\\1\\1\end{pmatrix}\ (k\neq0)$$

$\lambda_3=-1$ 对应的特征向量为：

$$k\begin{pmatrix}0\\1\\-1\end{pmatrix}\quad(k\neq0)$$

所以

$$\boldsymbol{P}=\begin{pmatrix}1&0&0\\0&1&1\\0&1&-1\end{pmatrix}$$

习题　4.2

（1）下列矩阵中，$\boldsymbol{A}$ 和 $\boldsymbol{B}$ 相似的是（　　）

A. $\boldsymbol{A}=\begin{pmatrix}2&0&1\\0&0&0\\0&0&0\end{pmatrix}$，$\boldsymbol{B}=\begin{pmatrix}2&0&0\\0&0&1\\0&0&0\end{pmatrix}$

B. $\boldsymbol{A}=\begin{pmatrix}1&2&0\\2&3&1\\0&1&5\end{pmatrix}$，$\boldsymbol{B}=\begin{pmatrix}2&1&-1\\1&2&0\\-1&0&2\end{pmatrix}$

C. $\boldsymbol{A}=\begin{pmatrix}2&0&1\\0&0&0\\0&0&0\end{pmatrix}$，$\boldsymbol{B}=\begin{pmatrix}2&0&3\\0&0&0\\0&0&0\end{pmatrix}$

D. $\boldsymbol{A}=\begin{pmatrix}2&0&0\\0&2&0\\0&0&-3\end{pmatrix}$，$\boldsymbol{B}=\begin{pmatrix}1&0&0\\0&3&0\\0&0&-3\end{pmatrix}$

（2）下列矩阵中不能相似对角化的为（　　）

A. $\begin{pmatrix}1&2&0\\2&0&3\\0&3&0\end{pmatrix}$　　B. $\begin{pmatrix}0&0&0\\1&0&0\\0&2&3\end{pmatrix}$　　C. $\begin{pmatrix}0&0&0\\0&1&0\\0&2&3\end{pmatrix}$　　D. $\begin{pmatrix}0&0&0\\0&0&0\\1&2&3\end{pmatrix}$

（3）设矩阵 $\boldsymbol{A}=\begin{pmatrix}3&2&-2\\-k&-1&k\\4&2&-3\end{pmatrix}$，问当 k 为何值时，存在可逆矩阵 $\boldsymbol{P}$，使得 $\boldsymbol{P}^{-1}\boldsymbol{AP}$ 为对角矩阵？并求出 $\boldsymbol{P}$ 和相应的对角矩阵。

（4）已知矩阵 $\boldsymbol{A}=\begin{pmatrix}2&0&z\\z&0&2\\0&4&x\end{pmatrix}$，$\boldsymbol{B}=\begin{pmatrix}2&&\\&y&\\&&2\end{pmatrix}$相似，则：

1）求 x，y，z；

2）求 $\boldsymbol{P}$，使 $\boldsymbol{P}^{-1}\boldsymbol{AP}=\boldsymbol{B}$。

第三节　实对称阵的对角化

定理 1　实对称矩阵的特征值都是实数。

定理 2 实对称矩阵的属于不同特征值的特征向量是正交的。

如果实对称矩阵 $\boldsymbol{A}$ 的特征值 λ 的重数是 k，则恰好有 k 个属于特征值 λ 的线性无关的特征向量。如果利用施密特正交化方法把这 k 个向量正交化，它们仍是矩阵 $\boldsymbol{A}$ 的属于特征值 λ 的特征向量。

定理 3 设 $\boldsymbol{A}$ 为 n 阶实对称矩阵，则存在 n 阶正交矩阵 $\boldsymbol{Q}$，使 $\boldsymbol{Q}^{-1}\boldsymbol{AQ}$ 为对角阵 $\boldsymbol{\Lambda}$。

假设 $\boldsymbol{A}$ 有 m 个不同特征值 λ_1，λ_2，…，λ_m，其重数分别为 k_1，k_2，…，k_m（$k_1+k_2+\cdots+k_m=n$）。由上述说明可知，对同一特征值 λ_i，相应有 k_i 个正交的特征向量；而不同特征值对应的特征向量也是正交的，因此 $\boldsymbol{A}$ 一定有 n 个正交的特征向量，再将这 n 个正交的特征向量单位化，记其为 $\boldsymbol{\alpha}_1$，$\boldsymbol{\alpha}_2$，…，$\boldsymbol{\alpha}_n$，显然这是一个标准正交向量组，令 $\boldsymbol{Q}=(\boldsymbol{\alpha}_1, \boldsymbol{\alpha}_2, \cdots, \boldsymbol{\alpha}_n)$，则 $\boldsymbol{Q}$ 为正交矩阵，且 $\boldsymbol{Q}^{-1}\boldsymbol{AQ}$ 为对角阵 $\boldsymbol{\Lambda}$。

总结实对称矩阵对角化的步骤如下：

（1）求 $|\lambda \boldsymbol{I}-\boldsymbol{A}|=0$ 全部不同的根 λ_1，λ_2，…，λ_m，它们是 $\boldsymbol{A}$ 的全部不同的特征值；

（2）对于每个特征值 λ_i（k_i 重根），求齐次线性方程组 $(\lambda_i \boldsymbol{I}-\boldsymbol{A})\boldsymbol{x}=\boldsymbol{0}$ 的一个基础解系：$\boldsymbol{\eta}_{i1}$，$\boldsymbol{\eta}_{i2}$，…，$\boldsymbol{\eta}_{ik_i}$，利用施密特正交化方法将其正交化，再将其单位化得：$\boldsymbol{\alpha}_{i1}$，$\boldsymbol{\alpha}_{i2}$，…，$\boldsymbol{\alpha}_{ik_i}$；

（3）在第二步中对每个特征值得到一组标准正交向量组组合为一个向量组：

$$\boldsymbol{\alpha}_{11}, \boldsymbol{\alpha}_{12}, \cdots, \boldsymbol{\alpha}_{1k_1};\ \boldsymbol{\alpha}_{21}, \boldsymbol{\alpha}_{22}, \cdots, \boldsymbol{\alpha}_{2k_2};\ \cdots;\ \boldsymbol{\alpha}_{m1}, \boldsymbol{\alpha}_{m2}, \cdots, \boldsymbol{\alpha}_{mk_m}$$

其中，共有 $k_1+k_2+\cdots+k_m=n$ 个，它们是 n 个向量组成的标准正交向量组，以其为列向量组的矩阵 $\boldsymbol{Q}$ 就是所求正交矩阵。

（4）$\boldsymbol{Q}^{-1}\boldsymbol{AQ}=\boldsymbol{Q}^{T}\boldsymbol{AQ}=\boldsymbol{\Lambda}$，其主对角线元素依次为：

$$\underbrace{\lambda_1, \cdots, \lambda_1}_{k_1个};\ \underbrace{\lambda_2, \cdots, \lambda_2}_{k_2个};\ \cdots;\ \underbrace{\lambda_m, \cdots, \lambda_m}_{k_m个}$$

【例 4-23】 求正交矩阵 $\boldsymbol{Q}$，使 $\boldsymbol{Q}^{\mathrm{T}}\boldsymbol{AQ}$ 为对角阵，其中 $\boldsymbol{A}=\begin{pmatrix} 2 & -2 & 0 \\ -2 & 1 & -2 \\ 0 & -2 & 0 \end{pmatrix}$。

【解】 $$|\lambda \boldsymbol{E}-\boldsymbol{A}|=\begin{vmatrix} \lambda-2 & 2 & 0 \\ 2 & \lambda-1 & 2 \\ 0 & 2 & \lambda \end{vmatrix}=(\lambda-1)(\lambda-4)(\lambda+2)$$

得 $\boldsymbol{A}$ 的特征值为：

$$\lambda_1=1,\ \lambda_2=4,\ \lambda_3=-2$$

分别求出属于 λ_1，λ_2，λ_3 的线性无关的向量为：

$$\boldsymbol{\alpha}_1=(-2, -1, 2)^{\mathrm{T}},\ \boldsymbol{\alpha}_2=(2, -2, 1)^{\mathrm{T}},\ \boldsymbol{\alpha}_3=(1, 2, 2)^{\mathrm{T}}$$

则 $\boldsymbol{\alpha}_1$，$\boldsymbol{\alpha}_2$，$\boldsymbol{\alpha}_3$ 是正交的，再将 $\boldsymbol{\alpha}_1$，$\boldsymbol{\alpha}_2$，$\boldsymbol{\alpha}_3$ 单位化，得：

$$\boldsymbol{\eta}_1=\left(-\frac{2}{3}, -\frac{1}{3}, \frac{2}{3}\right)^{\mathrm{T}},\ \boldsymbol{\eta}_2=\left(\frac{2}{3}, -\frac{2}{3}, \frac{1}{3}\right)^{\mathrm{T}},\ \boldsymbol{\eta}_3=\left(\frac{1}{3}, \frac{2}{3}, \frac{2}{3}\right)^{\mathrm{T}}$$

令

$$\boldsymbol{Q}=(\boldsymbol{\eta}_1, \boldsymbol{\eta}_2, \boldsymbol{\eta}_3)=\frac{1}{3}\begin{pmatrix} -2 & 2 & 1 \\ -1 & -2 & 2 \\ 2 & 1 & 2 \end{pmatrix}$$

则

$$Q^{-1}AQ=\begin{pmatrix}1&0&0\\0&4&0\\0&0&-2\end{pmatrix}$$

【例 4-24】　求正交矩阵 $\boldsymbol{Q}$，使 $\boldsymbol{Q}^{\mathrm{T}}\boldsymbol{A}\boldsymbol{Q}$ 为对角阵，其中 $\boldsymbol{A}=\begin{pmatrix}1&-2&2\\-2&-2&4\\2&4&-2\end{pmatrix}$。

【解】

$$|\lambda\boldsymbol{E}-\boldsymbol{A}|=\begin{vmatrix}\lambda-1&2&-2\\2&\lambda+2&-4\\-2&-4&\lambda+2\end{vmatrix}=(\lambda+7)(\lambda+2)^2$$

得矩阵 $\boldsymbol{A}$ 的特征值为：

$$\lambda_1=-7,\ \lambda_2=\lambda_3=2$$

求出属于 $\lambda_1=-7$ 的特征向量为 $\boldsymbol{\alpha}_1=(1,\ 2,\ -2)^{\mathrm{T}}$，属于 $\lambda_2=\lambda_3=2$ 的特征向量为 $\boldsymbol{\alpha}_2=(-2,\ 1,\ 0)^{\mathrm{T}}$，$\boldsymbol{\alpha}_3=(2,\ 0,\ 1)^{\mathrm{T}}$，利用施密特正交化方法将 $\boldsymbol{\alpha}_2$，$\boldsymbol{\alpha}_3$ 正交化得：

$$\boldsymbol{\beta}_2=(-2,\ 1,\ 0)^{\mathrm{T}},\ \boldsymbol{\beta}_3=\left(\frac{2}{5},\ \frac{4}{5},\ 1\right)^{\mathrm{T}}$$

所以 $\boldsymbol{\alpha}_1$，$\boldsymbol{\beta}_2$，$\boldsymbol{\beta}_3$ 相互正交，再将其单位化得：

$$\boldsymbol{\eta}_1=\left(\frac{1}{3},\ \frac{2}{3},\ -\frac{2}{3}\right)^{\mathrm{T}},\ \boldsymbol{\eta}_2=\left(-\frac{2}{\sqrt{5}},\ \frac{1}{\sqrt{5}},\ 0\right)^{\mathrm{T}},\ \boldsymbol{\eta}_3=\left(\frac{2}{3\sqrt{5}},\ \frac{4}{3\sqrt{5}},\ \frac{5}{3\sqrt{5}}\right)^{\mathrm{T}}$$

令

$$\boldsymbol{Q}=\begin{pmatrix}\frac{1}{3}&-\frac{2}{\sqrt{5}}&\frac{2}{3\sqrt{5}}\\\frac{2}{3}&\frac{1}{\sqrt{5}}&\frac{4}{3\sqrt{5}}\\-\frac{2}{3}&0&\frac{5}{3\sqrt{5}}\end{pmatrix}$$

则

$$\boldsymbol{Q}^{-1}\boldsymbol{A}\boldsymbol{Q}=\begin{pmatrix}-7&0&0\\0&2&0\\0&0&2\end{pmatrix}$$

【例 4-25】　设 3 阶实对称矩阵 $\boldsymbol{A}$ 的特征值是 1，2，3；矩阵 $\boldsymbol{A}$ 的属于特征值 1，2 的特征向量分别为 $\boldsymbol{\alpha}_1=(-1,\ -1,\ 1)^{\mathrm{T}}$，$\boldsymbol{\alpha}_2=(1,\ -2,\ -1)^{\mathrm{T}}$，求：

（1）$\boldsymbol{A}$ 的属于 3 的特征向量；

（2）求矩阵 $\boldsymbol{A}$。

【解】　（1）设 $\boldsymbol{A}$ 的属于 3 的特征向量为 $\boldsymbol{\alpha}_3=(x_1,\ x_2,\ x_3)^{\mathrm{T}}$

因为 $\boldsymbol{\alpha}_1$，$\boldsymbol{\alpha}_2$，$\boldsymbol{\alpha}_3$ 是实对称矩阵 $\boldsymbol{A}$ 的属于不同特征值的特征向量，所以 $\boldsymbol{\alpha}_1$，$\boldsymbol{\alpha}_2$，$\boldsymbol{\alpha}_3$ 两两正交，故有：$\boldsymbol{\alpha}_1^{\mathrm{T}}\boldsymbol{\alpha}_3=\mathbf{0}$，$\boldsymbol{\alpha}_2^{\mathrm{T}}\boldsymbol{\alpha}_3=\mathbf{0}$

即得一线性方程组：

$$\begin{cases}-x_1-x_2+x_3=0\\ x_1-2x_2-x_3=0\end{cases}$$

解得非零解为：

$$\boldsymbol{\alpha}_3=(1,\ 0,\ 1)^{\mathrm{T}}$$

则 $\boldsymbol{A}$ 的属于 3 的特征向量为：

$$k(1,\ 0,\ 1)^{\mathrm{T}}\ (k\text{ 为非零常数})$$

（2）将 $\boldsymbol{\alpha}_1$，$\boldsymbol{\alpha}_2$，$\boldsymbol{\alpha}_3$ 单位化得：

$$\boldsymbol{\beta}_1=\left(-\frac{1}{\sqrt{3}},\ -\frac{1}{\sqrt{3}},\ \frac{1}{\sqrt{3}}\right)^{\mathrm{T}},\ \boldsymbol{\beta}_2=\left(\frac{1}{\sqrt{6}},\ -\frac{2}{\sqrt{6}},\ -\frac{1}{\sqrt{6}}\right)^{\mathrm{T}},\ \boldsymbol{\beta}_3=\left(\frac{1}{\sqrt{2}},\ 0,\ \frac{1}{\sqrt{2}}\right)^{\mathrm{T}}$$

令

$$\boldsymbol{P}=(\boldsymbol{\beta}_1,\ \boldsymbol{\beta}_2,\ \boldsymbol{\beta}_3)=\begin{pmatrix}-\frac{1}{\sqrt{3}} & \frac{1}{\sqrt{6}} & \frac{1}{\sqrt{2}}\\ -\frac{1}{\sqrt{3}} & -\frac{2}{\sqrt{6}} & 0\\ \frac{1}{\sqrt{3}} & -\frac{1}{\sqrt{6}} & \frac{1}{\sqrt{2}}\end{pmatrix}$$

则有：

$$\boldsymbol{P}^{-1}\boldsymbol{A}\boldsymbol{P}=\boldsymbol{\Lambda}=\begin{pmatrix}1&0&0\\0&2&0\\0&0&3\end{pmatrix}$$

故

$$\begin{aligned}\boldsymbol{A}&=\boldsymbol{P}\boldsymbol{\Lambda}\boldsymbol{P}^{-1}\boldsymbol{A}=\boldsymbol{P}\boldsymbol{\Lambda}\boldsymbol{P}^{\mathrm{T}}\\ &=\begin{pmatrix}-\frac{1}{\sqrt{3}} & \frac{1}{\sqrt{6}} & \frac{1}{\sqrt{2}}\\ -\frac{1}{\sqrt{3}} & -\frac{2}{\sqrt{6}} & 0\\ \frac{1}{\sqrt{3}} & -\frac{1}{\sqrt{6}} & \frac{1}{\sqrt{2}}\end{pmatrix}\begin{pmatrix}1&0&0\\0&2&0\\0&0&3\end{pmatrix}\begin{pmatrix}-\frac{1}{\sqrt{3}} & -\frac{1}{\sqrt{3}} & \frac{1}{\sqrt{3}}\\ \frac{1}{\sqrt{6}} & -\frac{2}{\sqrt{6}} & -\frac{1}{\sqrt{6}}\\ \frac{1}{\sqrt{2}} & 0 & \frac{1}{\sqrt{2}}\end{pmatrix}\\ &=\frac{1}{6}\begin{pmatrix}13&-2&5\\-2&10&2\\5&2&13\end{pmatrix}\end{aligned}$$

【例 4-26】　在某国，每年有比例为 p 的农村居民移居城镇，有比例为 q 的城镇居民移居农村。假设该国总人口不变，且上述人口迁移的规律也不变。把 n 年后的农村人口和城镇人口占总人口的比例依次记为 x_n 和 y_n（$x_n+y_n=1$），则：

（1）求关系式 $\begin{pmatrix}x_{n+1}\\y_{n+1}\end{pmatrix}=\boldsymbol{A}\begin{pmatrix}x_n\\y_n\end{pmatrix}$ 中的矩阵 $\boldsymbol{A}$；

（2）设目前农村人口与城镇人口相等，即 $\begin{pmatrix}x_0\\y_0\end{pmatrix}=\begin{pmatrix}0.5\\0.5\end{pmatrix}$，求 $\begin{pmatrix}x_n\\y_n\end{pmatrix}$。

【解】　（1）$A=\begin{pmatrix}1-p & q\\ p & 1-q\end{pmatrix}$

（2）由

$$|\lambda E-A|=\begin{vmatrix}(\lambda-1)+p & -q\\ -p & (\lambda-1)+q\end{vmatrix}=(\lambda-1)\ [\lambda-(1-p-q)]$$

得 A 的特征值为：

$$\lambda_1=1,\ \lambda_2=1-p-q=r$$

对应的特征向量为：

$$\alpha_1=\begin{pmatrix}q\\ p\end{pmatrix},\ \alpha_2=\begin{pmatrix}-1\\ 1\end{pmatrix}$$

令 $P=\begin{pmatrix}q & -1\\ p & 1\end{pmatrix}$，则：

$$P^{-1}AP=\begin{pmatrix}\lambda_1 & \\ & \lambda_2\end{pmatrix}=\begin{pmatrix}1 & \\ & r\end{pmatrix}$$

于是

$$A=P\begin{pmatrix}1 & \\ & r\end{pmatrix}P^{-1}$$

$$A^n=P\begin{pmatrix}1 & \\ & r^n\end{pmatrix}P^{-1}=\frac{1}{p+q}\begin{pmatrix}q & -1\\ p & 1\end{pmatrix}\begin{pmatrix}1 & \\ & r^n\end{pmatrix}\begin{pmatrix}1 & 1\\ -p & q\end{pmatrix}$$

$$=\frac{1}{p+q}\begin{pmatrix}q+pr^n & q-qr^n\\ p-pr^n & p+qr^n\end{pmatrix}$$

$$\begin{pmatrix}x_n\\ y_n\end{pmatrix}=A^n\begin{pmatrix}x_0\\ y_0\end{pmatrix}=\frac{1}{p+q}\begin{pmatrix}q+pr^n & q-qr^n\\ p-pr^n & p+qr^n\end{pmatrix}\begin{pmatrix}0.5\\ 0.5\end{pmatrix}=\frac{1}{2(p+q)}\begin{pmatrix}2q+(p-q)r^n\\ 2p+(q-p)r^n\end{pmatrix}$$

习题　4.3

（1）已知矩阵 $A=\begin{pmatrix}3 & 1 & 2\\ 0 & 2 & a\\ 0 & 0 & 3\end{pmatrix}$，问当 a 为何值时，此矩阵和一对角矩阵相似？

（2）已知矩阵 $A=\begin{pmatrix}2 & 0 & 0\\ 0 & 0 & 1\\ 0 & 1 & x\end{pmatrix}$ 与 $B=\begin{pmatrix}2 & 0 & 0\\ 0 & y & 0\\ 0 & 0 & -1\end{pmatrix}$ 相似，则：

1）求 x 与 y；

2）求一个满足 $P^{-1}AP=B$ 的可逆矩阵 P。

（3）设 $A=\begin{pmatrix}0 & 0 & 1\\ x & 1 & y\\ 1 & 0 & 0\end{pmatrix}$ 有三个线性无关的特征向量，则：

1）求 x 和 y 应满足的条件；

2）若 $x=1$，求可逆矩阵 P，使得 $P^{-1}AP$ 为对角矩阵。

【知识点总结】

【要点】

（1）矩阵的特征值与特征向量的定义；特征方程、特征值与特征向量的求法与性质。

（2）相似矩阵的定义、性质；矩阵可对角化的条件。

（3）实对称矩阵的特征值和特征向量。包括：

1）向量内积的定义及其性质；

2）正交向量组；

3）施密特正交化方法；

4）正交矩阵；

5）实对称矩阵的特征值与特征向量的性质；

6）实对称矩阵的对角化。

【基本要求】

（1）理解矩阵的特征值；特征向量的概念及有关性质。

（2）掌握特征值与特征向量的求法。

（3）理解并掌握相似矩阵的概念与性质。

（4）掌握判断矩阵与对角矩阵相似的条件及对角化的方法。

（5）会将实对称矩阵正交相似变换化为对角矩阵。

总习题 4

一、单项选择题

（1）设 $\boldsymbol{A}=\begin{pmatrix}0&0&1\\0&1&0\\1&0&0\end{pmatrix}$，则 $\boldsymbol{A}$ 的特征值是（　　）

A. −1，1，1　　B. 0，1，1　　C. −1，1，2　　D. 1，1，2

（2）设 $\boldsymbol{A}=\begin{pmatrix}1&1&0\\1&0&1\\0&1&1\end{pmatrix}$，则 $\boldsymbol{A}$ 的特征值是（　　）

A. 0，1，1　　B. 1，1，2　　C. −1，1，2　　D. −1，1，1

（3）设 $\boldsymbol{A}$ 为 n 阶方阵，$\boldsymbol{A}^2=\boldsymbol{I}$，则（　　）

A. $|\boldsymbol{A}|=1$　　B. $\boldsymbol{A}$ 的特征根都是 1

C. $r(\boldsymbol{A})=n$　　D. $\boldsymbol{A}$ 一定是对称阵

（4）若 x_1，x_2 分别是方阵 $\boldsymbol{A}$ 的两个不同的特征值对应的特征向量，则 $k_1x_1+k_2x_2$ 也是 $\boldsymbol{A}$ 的特征向量的充分条件是（　　）

A. $k_1=0$ 且 $k_2=0$　　B. $k_1\neq0$ 且 $k_2\neq0$

C. $k_1k_2=0$　　D. $k_1\neq 0$ 且 $k_2=0$

(5) 设 $\boldsymbol{A}$ 为 n 阶可逆矩阵，λ 是 $\boldsymbol{A}$ 的特征值，则 $\boldsymbol{A}^*$ 的特征根之一是（　　）

A. $\lambda^{-1}|\boldsymbol{A}|^n$　　B. $\lambda^{-1}|\boldsymbol{A}|$　　C. $\lambda|\boldsymbol{A}|$　　D. $\lambda|\boldsymbol{A}|^n$

(6) 设 2 是非奇异阵 $\boldsymbol{A}$ 的一个特征值，则 $(\frac{1}{3}\boldsymbol{A}^2)^{-1}$ 至少有一个特征值等于（　　）

A. 4/3　　B. 3/4　　C. 1/2　　D. 1/4

(7) 设 n 阶方阵 $\boldsymbol{A}$ 的每一行元素之和均为 $a(a\neq 0)$，则 $2\boldsymbol{A}^{-1}+\boldsymbol{E}$ 的一个特征值为(　　)

A. a　　B. $2a$　　C. $2a+1$　　D. $\frac{2}{a}+1$

(8) 矩阵 $\boldsymbol{A}$ 的属于不同特征值的特征向量（　　）

A. 线性相关　　B. 线性无关

C. 两两相交　　D. 其和仍是特征向量

(9) 下列说法错误的是（　　）

A. 因为特征向量是非零向量，所以它所对应的特征向量非零

B. 属于一个特征值的向量也许只有一个

C. 一个特征向量只能属于一个特征值

D. 特征值为零的矩阵未必是零矩阵

(10) 设矩阵 $\boldsymbol{A}=\begin{pmatrix}1&2&3\\x&y&z\\0&0&1\end{pmatrix}$，$\boldsymbol{A}$ 的特征值为 1，2，3，则（　　）

A. $x=2$，$y=4$，$z=8$　　B. $x=1$，$y=4$，$z\in\mathbf{R}$

C. $x=-2$，$y=2$，$z\in\mathbf{R}$　　D. $x=1$，$y=4$，$z=3$

(11) 已知矩阵 $\begin{pmatrix}22&30\\-12&x\end{pmatrix}$ 有一特征向量 $\begin{pmatrix}-5\\3\end{pmatrix}$，则 $x=$（　　）

A. −18　　B. −16　　C. −14　　D. −12

(12) 已知矩阵 $\boldsymbol{A}$ 的各列元素之和为 3，则（　　）

A. $\boldsymbol{A}$ 有一个特征值为 3，并对应一个特征向量 $(1,1,\cdots,1)^{\mathrm{T}}$

B. $\boldsymbol{A}$ 有一个特征值为 3，并不一定对应有特征向量 $(1,1,\cdots,1)^{\mathrm{T}}$

C. 3 不一定是 $\boldsymbol{A}$ 的特征值

D. $\boldsymbol{A}$ 是否有特征值不能确定

(13) 设 $\boldsymbol{A}$ 是三阶矩阵，有特征值 1，−1，2，则下列矩阵中可逆的是（　　）

A. $\boldsymbol{I}-\boldsymbol{A}$　　B. $\boldsymbol{I}+\boldsymbol{A}$　　C. $2\boldsymbol{I}-\boldsymbol{A}$　　D. $2\boldsymbol{I}+\boldsymbol{A}$

二、填空题

(1) 设 $\boldsymbol{A}$ 为 3 阶矩阵，其特征值为 3，−1，2，则 $|\boldsymbol{A}|=$________，$\boldsymbol{A}^{-1}$ 的特征值为________，$2\boldsymbol{A}^2-3\boldsymbol{A}+\boldsymbol{E}$ 的特征值为________。

(2) 如果二阶矩阵 $\boldsymbol{A}=\begin{pmatrix}7&12\\y&x\end{pmatrix}$，$\boldsymbol{B}=\begin{pmatrix}1&3\\2&4\end{pmatrix}$ 相似，则 $x=$________，y________。

(3) 若 n 阶可逆阵 $\boldsymbol{A}$ 的每行元素之和是 a（$a\neq 0$），则数________一定是 $2\boldsymbol{A}^{-1}+\boldsymbol{E}$ 的

特征值。

（4）设三阶矩阵 $\boldsymbol{A}$ 有 3 个属于特征值 λ 的线性无关的特征向量，则 $\boldsymbol{A}=$________。

（5）若 $\boldsymbol{A}^2=\boldsymbol{E}$，则 $\boldsymbol{A}$ 的特征值为________。

（6）设 n 阶方阵 $\boldsymbol{A}$ 的 n 个特征值为 1，2，…，n，则 $|\boldsymbol{A}+\boldsymbol{I}|=$________。

（7）设 $\boldsymbol{A}=\begin{pmatrix}1&0&1\\0&2&1\\1&0&1\end{pmatrix}$ 则 $\boldsymbol{A}^n-2\boldsymbol{A}^{n-1}=$________（$n\geqslant 2$）。

（8）$\boldsymbol{A}=\begin{pmatrix}\frac{1}{4}&-1&2\\0&\frac{1}{5}&0\\0&0&\frac{1}{6}\end{pmatrix}$，则 $\lim\limits_{n\to\infty}\boldsymbol{A}^n=$________。

三、解答题

（1）设三阶矩阵 $\boldsymbol{A}$ 的特征值为 $\lambda_1=1$，$\lambda_2=2$，$\lambda_3=3$，对应的特征向量依次为：$\boldsymbol{\xi}_1=(1,1,1)^{\mathrm{T}}$，$\boldsymbol{\xi}_2=(1,2,4)^{\mathrm{T}}$，$\boldsymbol{\xi}_3=(1,3,2)^{\mathrm{T}}$，向量 $\boldsymbol{\beta}=(1,1,3)^{\mathrm{T}}$，则：

1）将 $\boldsymbol{\beta}$ 用 $\boldsymbol{\xi}_1$，$\boldsymbol{\xi}_2$，$\boldsymbol{\xi}_3$ 线性表示；

2）求 $\boldsymbol{A}^n\boldsymbol{\beta}$（$n$ 为自然数）。

（2）已知 $\boldsymbol{A}=\begin{pmatrix}2&x&1\\0&3&0\\3&-6&0\end{pmatrix}$ 有 3 个线性无关的特征向量，求 $\boldsymbol{A}^{100}$。

（3）设 $\boldsymbol{A}=\begin{pmatrix}1&2&2\\2&1&2\\2&2&1\end{pmatrix}$，则：

1）求 $\boldsymbol{A}$ 的特征值与对应的特征向量；

2）$\boldsymbol{A}$ 是否对角阵相似，若相似，写出使 $\boldsymbol{P}^{-1}\boldsymbol{A}\boldsymbol{P}=\boldsymbol{\Lambda}$ 的矩阵 $\boldsymbol{P}$ 及对角阵 $\boldsymbol{\Lambda}$；

3）计算 $\boldsymbol{A}^{10}(1,3,2)^{\mathrm{T}}$，$\boldsymbol{A}^5$。

（4）设 $\boldsymbol{A}=\begin{pmatrix}2&-1&2\\5&b&3\\-1&0&-2\end{pmatrix}$，已知 $|\boldsymbol{A}|=-1$，$\boldsymbol{A}$ 的伴随矩阵 $\boldsymbol{A}^*$ 的特征值 λ_0 对应的特征向量 $\boldsymbol{\alpha}=(-1,-1,1)^{\mathrm{T}}$，求 λ_0 和 b 的值。

四、证明题

（1）设 $\boldsymbol{\alpha}$ 为 n 维非零列向量，$\boldsymbol{\alpha}=(a_1,a_2,\cdots,a_n)^{\mathrm{T}}$，$\boldsymbol{A}=\boldsymbol{\alpha}\boldsymbol{\alpha}^{\mathrm{T}}$，证明：

1）$\boldsymbol{A}^2=k\boldsymbol{A}$（$k$ 为某常数）；

2）$\boldsymbol{\alpha}$ 是 $\boldsymbol{A}$ 的一个特征向量；

3）$\boldsymbol{A}$ 相似于对角阵。

（2）设 n 阶方阵 $\boldsymbol{A}$ 有 n 个对应于特征值 λ 的线性无关的特征向量，证明：$\boldsymbol{A}=\lambda\boldsymbol{E}$。

（3）设 n 阶方阵 $\boldsymbol{A}$ 的每行元素之和都为常数 a，求证：

1）a 为 $\boldsymbol{A}$ 的一个特征值；

2）对于任意自然数 m，$\boldsymbol{A}^m$ 的每行元素之和都为 a^m。

（4）设三阶方阵 $\boldsymbol{A}$ 的三个特征值 λ_1，λ_2，λ_3 互异，分别对应于特征向量 $\boldsymbol{\alpha}_1$，$\boldsymbol{\alpha}_2$，$\boldsymbol{\alpha}_3$，证明：$\boldsymbol{\alpha}_1+\boldsymbol{\alpha}_2$，$\boldsymbol{\alpha}_1+\boldsymbol{\alpha}_2+\boldsymbol{\alpha}_3$ 都不是 $\boldsymbol{A}$ 的特征向量。

（5）设 $\boldsymbol{A}$，$\boldsymbol{B}$ 为 n 阶方阵，证明：$\boldsymbol{AB}$，$\boldsymbol{BA}$ 都有相同的特征值。

（6）设 λ_1，λ_2 是 $\boldsymbol{A}$ 的两个不同的特征值，$\boldsymbol{\xi}$ 是对应于 λ_1 的特征向量，证明：$\boldsymbol{\xi}$ 不是 λ_2 的特征向量（即一个特征向量不能属于两个不同的特征值）。

第五章 二次型

【学习目标】

（1）了解二次型以及标准型、正定二次型的基本概念；

（2）掌握实二次型化为标准型的正交合同变换法和配方法的基本程序；

（3）了解正定二次型的判定方法。

二次型理论来源于解析几何中方程化二次曲线及二次曲面方程为标准方程的问题，它在微分几何、统计学、物理学及经济学等方面有着重要应用。本章重点介绍二次型、标准型以及实数域上的正定二次型问题。

第一节 二次型

在解析几何中，为了便于研究二次曲线的几何性质，通常可以选择适当的坐标变换，将其曲线方程化为标准型，即将一般的曲线方程化为只含有平方项的形式。例如，在平面上来确定二次曲线 $x^2-\sqrt{3}xy+2y^2=1$ 的形状，令

$$\begin{cases} x=\dfrac{1}{2}x_1+\dfrac{\sqrt{3}}{2}y_1 \\ y=-\dfrac{\sqrt{3}}{2}x_1+\dfrac{1}{2}y_1 \end{cases},$$

得

$$\frac{5}{2}x_1^2+\frac{1}{2}y_1^2=1,$$

这是一个椭圆。这个问题中，引入了旋转变换

$$\begin{cases} x=\dfrac{1}{2}x_1+\dfrac{\sqrt{3}}{2}y_1, \\ y=-\dfrac{\sqrt{3}}{2}x_1+\dfrac{1}{2}y_1 \end{cases},$$

将这样的变量替换称为非奇异的线性变换，也称为非退化的线性变换。

定义 1 设 **P** 是一数域，一个系数在数域 **P** 中的 x_1，x_2，…，x_n 的二次齐次多项式

$$\begin{aligned} f(x_1,\ x_2,\cdots,\ x_n) = {} & a_{11}x_1^2+2a_{12}x_1x_2+\cdots+2a_{1n}x_1x_n+ \\ & a_{22}x_2^2+\cdots+2a_{2n}x_2x_n+\cdots a_{nn}x_n^2 \end{aligned} \tag{5-1}$$

称为数域 **P** 上的一个 n 元二次型，亦或简称为二次型。

例如，$x_1^2+x_1x_2+3x_1x_3+2x_2^2+4x_2x_3+3x_3^2$ 就是有理数域上的一个 3 元二次型。

定义 2 设 x_1，x_2，…，x_n；y_1，y_2，…，y_n 是两组数字，系数在数域 **P** 中的一组关系式

$$\begin{cases}x_1=c_{11}y_1+c_{12}y_2+\cdots+c_{1n}y_n\\x_2=c_{21}y_1+c_{22}y_2+\cdots+c_{2n}y_n\\\vdots\quad\quad\vdots\quad\quad\vdots\quad\quad\vdots\\x_n=c_{n1}y_1+c_{n2}y_2+\cdots+c_{nn}y_n\end{cases}\tag{5-2}$$

称为 x_1，x_2，…，x_n 到 y_1，y_2，…，y_n 的一个线性替换，亦或简称为线性替换。如果系数行列式 $|c_{ij}|\neq 0$，那么线性替换式(5-2)就称为非退化的。

1. 二次型的矩阵表示

令 $a_{ij}=a_{ji}(i<j)$，由于 $x_ix_j=x_jx_i$，那么二次型（5-1）就可以写为：

$$\begin{aligned}f(x_1,x_2,\cdots,x_n)&=a_{11}x_1^2+a_{12}x_1x_2+\cdots+a_{1n}x_1x_n+a_{21}x_2x_1+a_{22}x_2^2+\cdots+\\&\quad a_{2n}x_2x_n+\cdots+a_{n1}x_nx_1+a_{n2}x_nx_2+\cdots+a_{nn}x_n^2\\&=\sum_{i=1}^{n}\sum_{j=1}^{n}a_{ij}x_ix_j\end{aligned}\tag{5-3}$$

把式(5-3)的系数排成一个 $n\times n$ 矩阵

$$\boldsymbol{A}=\begin{pmatrix}a_{11}&a_{12}&\cdots&a_{1n}\\a_{21}&a_{22}&\cdots&a_{2n}\\\vdots&\vdots&\vdots&\vdots\\a_{n1}&a_{n2}&\cdots&a_{nn}\end{pmatrix}$$

则称为二次型式(5-3)的矩阵。因为 $a_{ij}=a_{ji}$（i，$j=1$，2，…，n），所以

$$\boldsymbol{A}'=\boldsymbol{A},$$

把这样的矩阵称为对称矩阵。因此，二次型(5-3)的矩阵都是对称的。

令

$$\boldsymbol{X}=\begin{pmatrix}x_1\\x_2\\\vdots\\x_n\end{pmatrix},$$

于是，二次型可以用矩阵的乘积表示出来，即：

$$\begin{aligned}\boldsymbol{X}'\boldsymbol{A}\boldsymbol{X}&=(x_1,x_2,\cdots,x_n)\begin{pmatrix}a_{11}&a_{12}&\cdots&a_{1n}\\a_{21}&a_{22}&\cdots&a_{2n}\\\vdots&\vdots&&\vdots\\a_{n1}&a_{n2}&\cdots&a_{nn}\end{pmatrix}\begin{pmatrix}x_1\\x_2\\\vdots\\x_n\end{pmatrix}\\&=(x_1,x_2,\cdots,x_n)\begin{pmatrix}a_{11}x_1+a_{12}x_2+\cdots+a_{1n}x_n\\a_{21}x_1+a_{22}x_2+\cdots+a_{2n}x_n\\\vdots\\a_{n1}x_1+a_{n2}x_2+\cdots+a_{nn}x_n\end{pmatrix}\\&=\sum_{i=1}^{n}\sum_{j=1}^{n}a_{ij}x_ix_j,\end{aligned}$$

故

$$f(x_1, x_2, \cdots, x_n) = \boldsymbol{X'AX}。$$

显然，二次型和它的矩阵是相互唯一决定的。由此还能得到，若二次型

$$f(x_1, x_2, \cdots, x_n) = \boldsymbol{X'AX} = \boldsymbol{X'BX},$$

且

$$\boldsymbol{A'} = \boldsymbol{A},\ \boldsymbol{B'} = \boldsymbol{B},$$

则

$$\boldsymbol{A} = \boldsymbol{B}。$$

2. 线性替换的矩阵表示

令

$$\boldsymbol{C} = \begin{pmatrix} c_{11} & c_{12} & \cdots & c_{1n} \\ c_{21} & c_{22} & \cdots & c_{2n} \\ \vdots & \vdots & & \vdots \\ c_{n1} & c_{n2} & \cdots & c_{nn} \end{pmatrix},\ \boldsymbol{Y} = \begin{pmatrix} y_1 \\ y_2 \\ \vdots \\ y_n \end{pmatrix},$$

那么，线性替换式（5-2）可以写成

$$\begin{pmatrix} x_1 \\ x_2 \\ \vdots \\ x_n \end{pmatrix} = \begin{pmatrix} c_{11} & c_{12} & \cdots & c_{1n} \\ c_{21} & c_{22} & \cdots & c_{2n} \\ \vdots & \vdots & & \vdots \\ c_{n1} & c_{n2} & \cdots & c_{nn} \end{pmatrix} \begin{pmatrix} y_1 \\ y_2 \\ \vdots \\ y_n \end{pmatrix}$$

或者 $\boldsymbol{X} = \boldsymbol{CY}$。

显然，一个非退化的线性替换把二次型还是变成二次型，现在就来看一下替换后的二次型与原二次型之间有什么关系。

设

$$f(x_1, x_2, \cdots, x_n) = \boldsymbol{X'AX},\ \boldsymbol{A'} = \boldsymbol{A}, \tag{5-4}$$

是一个二次型，作非退化的线性替换

$$\boldsymbol{X} = \boldsymbol{CY} \tag{5-5}$$

得到一个 $y_1, y_2, \cdots, y_n$ 的二次型 $\boldsymbol{Y'BY}$。

现在来看矩阵 $\boldsymbol{B}$ 与矩阵 $\boldsymbol{A}$ 的关系，把式（5-5）代入式（5-4）有：

$$f(x_1, x_2, \cdots, x_n) = \boldsymbol{X'AX} = (\boldsymbol{CY})'\boldsymbol{A}(\boldsymbol{CY}) = \boldsymbol{Y'C'ACY} = \boldsymbol{Y'}(\boldsymbol{C'AC})\boldsymbol{Y} = \boldsymbol{Y'BY}$$

容易看出，矩阵 $\boldsymbol{C'AC}$ 也是对称的，事实上，

$$(\boldsymbol{C'AC})' = \boldsymbol{C'A'C''} = \boldsymbol{C'AC}。$$

由此可得：

$$\boldsymbol{B} = \boldsymbol{C'AC}$$

定义 3 数域 **P** 上 $n \times n$ 矩阵 $\boldsymbol{A}$，$\boldsymbol{B}$ 称为合同的，如果有数域 **P** 上可逆的 $n \times n$ 矩阵 $\boldsymbol{C}$，使

$$\boldsymbol{B} = \boldsymbol{C'AC}。$$

合同是矩阵之间的一个关系，不难看出，合同关系具有：

（1）反身性。$\boldsymbol{A} = \boldsymbol{E'AE}$；

（2）对称性。由 $\boldsymbol{B}=\boldsymbol{C}'\boldsymbol{A}\boldsymbol{C}$，即得 $\boldsymbol{A}=(\boldsymbol{C}^{-1})'\boldsymbol{B}(\boldsymbol{C}^{-1})$；

（3）传递性。由 $\boldsymbol{A}_1=\boldsymbol{C}_1\boldsymbol{A}\boldsymbol{C}_1$，$\boldsymbol{A}_2=\boldsymbol{C}_2\boldsymbol{A}_1\boldsymbol{C}_2$，即得 $\boldsymbol{A}_2=(\boldsymbol{C}_1\boldsymbol{C}_2)'\boldsymbol{A}(\boldsymbol{C}_1\boldsymbol{C}_2)$。

因此，经过非退化的线性替换，替换后的二次型的矩阵与原二次型矩阵是合同的。

【例 5-1】　写出二次型

$$f(x_1,\ x_2,\ x_3)=(x_1,\ x_2,\ x_3)\begin{pmatrix}1&2&3\\4&5&6\\7&8&9\end{pmatrix}\begin{pmatrix}x_1\\x_2\\x_3\end{pmatrix}$$

的矩阵。

【解】　把二次型的右端展开，得：

$$f(x_1,\ x_2,\ x_3)=x_1^2+5x_2^2+9x_3^2+6x_1x_2+10x_1x_3+14x_2x_3$$

重新整理，有：

$$f(x_1,\ x_2,\ x_3)=(x_1,\ x_2,\ x_3)\begin{pmatrix}1&3&5\\3&5&7\\5&7&9\end{pmatrix}\begin{pmatrix}x_1\\x_2\\x_3\end{pmatrix}$$

所以，该二次型的矩阵是：

$$\begin{pmatrix}1&3&5\\3&5&7\\5&7&9\end{pmatrix}$$

【例 5-2】　设二次型 $f=\sum\limits_{i=1}^{m}(a_{i1}x_1+\cdots+a_{in}x_n)^2$，令 $\boldsymbol{A}=(a_{ij})_{m\times n}$，证明二次型 f 的秩等于 $r(\boldsymbol{A})$。

【解】　方法 1

将二次型 f 写成如下形式：

$$f=\sum_{i=1}^{m}(a_{i1}x_1+\cdots+a_{ij}x_j+\cdots+a_{in}x_n)^2$$

设 $\boldsymbol{A}_i=(a_{i1},\cdots,\ a_{ij},\cdots,\ a_{in})\qquad i=1,\cdots,\ m$

则

$$A=\begin{pmatrix}a_{11}&\cdots&a_{1j}&\cdots&a_{1n}\\\vdots&&\vdots&&\vdots\\a_{i1}&\cdots&a_{ij}&\cdots&a_{in}\\\vdots&&\vdots&&\vdots\\a_{m1}&\cdots&a_{mj}&\cdots&a_{mj}\end{pmatrix}=\begin{pmatrix}\boldsymbol{A}_1\\\vdots\\\boldsymbol{A}_i\\\vdots\\\boldsymbol{A}_m\end{pmatrix}$$

于是

$$\boldsymbol{A}^{\mathrm{T}}\boldsymbol{A}=(\boldsymbol{A}_1^{\mathrm{T}},\cdots,\ \boldsymbol{A}_i^{\mathrm{T}},\cdots,\ \boldsymbol{A}_m^{\mathrm{T}})\begin{pmatrix}\boldsymbol{A}_1\\\vdots\\\boldsymbol{A}_i\\\vdots\\\boldsymbol{A}_m\end{pmatrix}=\sum_{i=1}^{m}A_i^TA_i$$

$$f=\sum_{i=1}^{m}(a_{i1}x_1+\cdots+a_{ij}x_j+\cdots+a_{in}x_n)^2=\sum_{i=1}^{m}\left[(x_1,\cdots,x_j,\cdots,x_n)\begin{pmatrix}a_{i1}\\ \vdots\\ a_{ij}\\ \vdots\\ a_{in}\end{pmatrix}\right]^2$$

$$=\sum_{i=1}^{m}\left[(x_1,\cdots,x_j,\cdots,x_n)\begin{pmatrix}a_{i1}\\ \vdots\\ a_{ij}\\ \vdots\\ a_{in}\end{pmatrix}(a_{i1},\cdots,a_{ij},\cdots,a_{in})\begin{pmatrix}x_1\\ \vdots\\ x_j\\ \vdots\\ x_n\end{pmatrix}\right]=$$

$$(x_1,\cdots,x_j,\cdots,x_n)\left(\sum_{i=1}^{m}\boldsymbol{A}_{\mathrm{i}}^{\mathrm{T}}\boldsymbol{A}_{\mathrm{i}}\right)\begin{pmatrix}x_1\\ \vdots\\ x_j\\ \vdots\\ x_n\end{pmatrix}$$

$$=\boldsymbol{X}^{\mathrm{T}}(\boldsymbol{A}^{\mathrm{T}}\boldsymbol{A})\boldsymbol{X}$$

因为 $\boldsymbol{A}^{\mathrm{T}}\boldsymbol{A}$ 为对称矩阵，所以 $\boldsymbol{A}^{\mathrm{T}}\boldsymbol{A}$ 就是所求的二次型 f 的表示矩阵。显然 $r(\boldsymbol{A}^{\mathrm{T}}\boldsymbol{A})=r(\boldsymbol{A})$，故二次型 f 的秩为 $r(\boldsymbol{A})$。

方法 2

设 $y_i=a_{i1}x_1+\cdots+a_{in}x_n$（$i=1,\cdots,n$），记 $\boldsymbol{Y}=(y_1,\cdots,y_m)^{\mathrm{T}}$，于是有：

$$\boldsymbol{Y}=\boldsymbol{AX}$$

其中 $\boldsymbol{X}=(x_1,\cdots,x_n)^{\mathrm{T}}$，则：

$$f=\sum_{i=1}^{m}y_i^2=y_1^2+\cdots+y_m^2=\boldsymbol{Y}^{\mathrm{T}}\boldsymbol{Y}=\boldsymbol{X}^{\mathrm{T}}(\boldsymbol{A}^{\mathrm{T}}\boldsymbol{A})\boldsymbol{X}$$

因为 $\boldsymbol{A}^{\mathrm{T}}\boldsymbol{A}$ 为对称矩阵，所以 $\boldsymbol{A}^{\mathrm{T}}\boldsymbol{A}$ 就是所求的二次型 f 的表示矩阵。显然 $r(\boldsymbol{A}^{\mathrm{T}}\boldsymbol{A})=r(\boldsymbol{A})$，故二次型 f 的秩为 $r(\boldsymbol{A})$。

习题 5.1

（1）设方阵 $\boldsymbol{A}_1$ 与 $\boldsymbol{B}_1$ 合同，$\boldsymbol{A}_2$ 与 $\boldsymbol{B}_2$ 合同，证明 $\begin{pmatrix}\boldsymbol{A}_1 & \\ & \boldsymbol{A}_2\end{pmatrix}$ 与 $\begin{pmatrix}\boldsymbol{B}_1 & \\ & \boldsymbol{B}_2\end{pmatrix}$ 合同。

（2）设 $\boldsymbol{A}$ 对称，$\boldsymbol{B}$ 与 $\boldsymbol{A}$ 合同，证明 $\boldsymbol{B}$ 对称。

第二节　标准型

可以认为,在二次型中最简单的一种是只含有平方项的二次型为：

$$d_1x_1^2+d_2x_2^2+\cdots+d_nx_n^2 \tag{5-6}$$

定理 1　二次型都可以经过非退化的线性替换变为平方和式(5-6)的形式，即：

$$d_1x_1^2+d_2x_2^2+\cdots+d_nx_n^2$$

$$=(x_1,\ x_2,\cdots,\ x_n)\begin{pmatrix} d_1 & 0 & \cdots & 0 \\ 0 & d_2 & \cdots & 0 \\ \cdots & \cdots & \cdots & \cdots \\ 0 & 0 & \cdots & d_n \end{pmatrix}\begin{pmatrix} x_1 \\ x_2 \\ \vdots \\ x_n \end{pmatrix},$$

反过来，矩阵是对角形的二次型就只含有平方项。

定理 2　在数域 **P** 上，任意一个对称矩阵都合同于一对角矩阵。

定义 1　二次型 $f(x_1,\ x_2,\cdots,\ x_n)$ 经过非退化的线性替换所变成的平方和称为 $f(x_1,\ x_2,\cdots,\ x_n)$ 的一个标准型。

【例 5-3】　设 $\boldsymbol{A}=\begin{pmatrix} 1 & -2 & 2 \\ -2 & 4 & -4 \\ 2 & -4 & 4 \end{pmatrix}$，则：

(1) 将 $\boldsymbol{A}$ 对角化。

(2) 求一个正交变换 $\boldsymbol{x}=\boldsymbol{Q}\boldsymbol{y}$，使二次型

$$f(x_1,\ x_2,\ x_3)=x_1^2-4x_1x_2+4x_1x_3+4x_2^2+4x_3^2-8x_2x_3$$

为标准型。

【解】　(1) 求 $\boldsymbol{A}$ 的特征值，即：

$$|\boldsymbol{A}-\lambda\boldsymbol{I}|=\begin{vmatrix} 1-\lambda & -2 & 2 \\ -2 & 4-\lambda & -4 \\ 2 & -4 & 4-\lambda \end{vmatrix}$$

$$=-\lambda^2(\lambda-9)$$

特征值为：

$$\lambda_1=\lambda_2=0,\ \lambda_3=9。$$

对 $\lambda_1=\lambda_2=0$，解方程组

$$(\boldsymbol{A}-0\boldsymbol{I})\ \boldsymbol{x}=\boldsymbol{0}$$

即：

$$\begin{cases} -x_1+2x_2-2x_3=0 \\ 2x_1-4x_2+4x_3=0 \\ -2x_1+4x_2-4x_3=0 \end{cases}$$

得线性无关的特征向量为：

$$\boldsymbol{\alpha}_1=(2,\ 1,\ 0)^{\mathrm{T}},\ \boldsymbol{\alpha}_2=(-2,\ 0,\ 1)^{\mathrm{T}}$$

将它们正交化，得：

$$\boldsymbol{\beta}_1=\boldsymbol{\alpha}_1=(2,\ 1,\ 0)^{\mathrm{T}}$$

$$\boldsymbol{\beta}_2=\boldsymbol{\alpha}_2-\frac{(\boldsymbol{\alpha}_2,\ \boldsymbol{\beta}_1)}{(\boldsymbol{\beta}_1,\ \boldsymbol{\beta}_1)}\boldsymbol{\beta}_1=\left(-\frac{2}{5},\ \frac{4}{5},\ 1\right)^{\mathrm{T}}$$

对 $\lambda_3=9$，解方程组

$$(\boldsymbol{A}-9\boldsymbol{I})\ \boldsymbol{x}=\boldsymbol{0}$$

即：

$$\begin{cases}8x_1+2x_2-2x_3=0\\2x_1+5x_2+4x_3=0\\-2x_1+4x_2+5x_3=0\end{cases}$$

得到一个线性无关的特征向量，为：

$$\boldsymbol{\alpha}_3=(1,\ -2,\ 2)^{\mathrm{T}}$$

由于$\boldsymbol{\alpha}_3$必与$\boldsymbol{\beta}_1$，$\boldsymbol{\beta}_2$正交，故将$\boldsymbol{\beta}_1$，$\boldsymbol{\beta}_2$，$\boldsymbol{\alpha}_3$单位化，得：

$$\boldsymbol{\eta}_1=\left(\frac{2}{\sqrt{5}},\ \frac{1}{\sqrt{5}},\ 0\right)^{\mathrm{T}}$$

$$\boldsymbol{\eta}_2=\left(-\frac{2}{3\sqrt{5}},\ \frac{4}{3\sqrt{5}},\ \frac{5}{3\sqrt{5}}\right)^{\mathrm{T}}$$

$$\boldsymbol{\eta}_3=\left(\frac{1}{3},\ -\frac{2}{3},\ \frac{2}{3}\right)^{\mathrm{T}}$$

令$\boldsymbol{Q}=(\boldsymbol{\eta}_1,\ \boldsymbol{\eta}_2,\ \boldsymbol{\eta}_3)$，则$\boldsymbol{Q}$为正交阵，且有

$$\boldsymbol{Q}^{\mathrm{T}}\boldsymbol{A}\boldsymbol{Q}=\boldsymbol{\Lambda}，即\ \boldsymbol{A}=\boldsymbol{Q}\boldsymbol{\Lambda}\boldsymbol{Q}^{\mathrm{T}}$$

其中

$$\boldsymbol{\Lambda}=\begin{pmatrix}0&&\\&0&\\&&9\end{pmatrix}$$

(2) f的矩阵恰为$\boldsymbol{A}$，故由（1）的计算可得正交变换$\boldsymbol{x}=\boldsymbol{Q}\boldsymbol{y}$，则：

$$f=\boldsymbol{x}^{\mathrm{T}}\boldsymbol{A}\boldsymbol{x}=\boldsymbol{y}^{\mathrm{T}}\boldsymbol{\Lambda}\boldsymbol{y}=9y_3^2$$

注：(1) 实对称矩阵的属于不同特征值的特征向量是正交的，所以本题中属于$\lambda_3=9$的特征向量$\boldsymbol{\alpha}_3$与$\lambda_1=\lambda_2=0$的特征向量已正交，只需将其标准化即可；

(2) 特征向量（即齐次线性方程组的基础解系）的取法是不唯一的，所以正交矩阵$\boldsymbol{Q}$不唯一；

(3) 在构成正交矩阵$\boldsymbol{Q}$时，标准正交向量$\boldsymbol{\eta}_1$，$\boldsymbol{\eta}_2$，$\boldsymbol{\eta}_3$的顺序是可变的，只要λ_1，λ_2，λ_3在对角阵中的位置与$\boldsymbol{\eta}_1$，$\boldsymbol{\eta}_2$，$\boldsymbol{\eta}_3$在$\boldsymbol{Q}$中的位置相同即可；

(4) 用正交变换将二次型化为标准型，标准型的平方项系数恰为二次型矩阵的特征值，但用一般可逆变换时，这个结果不成立。

【例 5-4】 用配方法化下列二次型

(1) $f(x_1,\ x_2,\ x_3,\ x_4)=2x_1^2-4x_1x_2+x_2^2-4x_2x_3$

(2) $f(x_1,\ x_2,\ x_3,\ x_4)=x_1x_2+2x_1x_3-x_1x_3$

为标准型，并求出所用的非退化线性变换。

【解】 (1)
$$\begin{aligned}f(x_1,\ x_2,\ x_3,\ x_4)&=2(x_1^2-2x_1x_2)+x_2^2-4x_2x_3\\&=2(x_1-x_2)^2-(x_2^2+4x_2x_3)\\&=2(x_1-x_2)^2-(x_2+2x_3)^2+4x_3^2\end{aligned}$$

令

$$\begin{cases}y_1=x_1-x_2\\y_2=x_2+2x_3\\y_3=x_3\end{cases}$$

则

$$\begin{pmatrix} y_1 \\ y_2 \\ y_3 \end{pmatrix} = \begin{pmatrix} 1 & -1 & 0 \\ 0 & 1 & 2 \\ 0 & 0 & 1 \end{pmatrix} \begin{pmatrix} x_1 \\ x_2 \\ x_3 \end{pmatrix}$$

即

$$\boldsymbol{x} = \begin{pmatrix} 1 & -1 & 0 \\ 0 & 1 & 2 \\ 0 & 0 & 1 \end{pmatrix}^{-1}, \quad \boldsymbol{y} = \begin{pmatrix} 1 & 1 & -2 \\ 0 & 1 & -2 \\ 0 & 0 & 1 \end{pmatrix}$$

使

$$f = 2y_1^2 - y_2^2 + 4y_3^2$$

（2）令

$$\begin{cases} x_1 = y_1 - y_2 \\ x_2 = y_1 + y_2 \\ x_3 = y_3 \end{cases}$$

即

$$\boldsymbol{x} = \begin{pmatrix} 1 & -1 & 0 \\ 1 & 1 & 0 \\ 0 & 0 & 1 \end{pmatrix} \boldsymbol{y}$$

则

$$\begin{aligned} f &= y_1^2 - y_2^2 + 2(y_1 - y_2)y_3 - (y_1 + y_2)y_3 \\ &= y_1^2 + y_3y_1 - y_2^2 - 3y_2y_3 \\ &= \left(y_1 + \frac{1}{2}y_3\right)^2 - \left(y_2^2 + 3y_2y_3 + \frac{1}{4}y_3^2\right) \\ &= \left(y_1 + \frac{1}{2}y_3\right)^2 - \left(y_2 + \frac{3}{2}y_3\right)^2 + 2y_3^2 \end{aligned}$$

令

$$\begin{cases} y_1 + \dfrac{1}{2}y_3 = z_1 \\ y_2 + \dfrac{3}{2}y_3 = z_2 \\ y_3 = z_3 \end{cases}$$

即

$$\begin{cases} y_1 = z_1 - \dfrac{1}{2}z_3 \\ y_2 = z_2 - \dfrac{3}{2}z_3 \\ y_3 = z_3 \end{cases}$$

即

$$y=\begin{pmatrix}1 & 0 & -\frac{1}{2}\\0 & 1 & -\frac{3}{2}\\0 & 0 & 1\end{pmatrix}z$$

于是

$$x=\begin{pmatrix}1 & -1 & 0\\1 & 1 & 0\\0 & 0 & 1\end{pmatrix}\begin{pmatrix}1 & 0 & -\frac{1}{2}\\0 & 1 & -\frac{3}{2}\\0 & 0 & 1\end{pmatrix}z=\begin{pmatrix}1 & -1 & 1\\1 & 1 & -2\\0 & 0 & 1\end{pmatrix}z$$

使

$$f=z_1^2-z_2^2+2z_3^2$$

【例 5-5】 化二次型

$$f(x_1, x_2, x_3)=2x_1x_2-6x_2x_3+2x_1x_3$$

为标准型。

【解】 方法 1

作非退化的线性替换：

$$\begin{cases}x_1=y_1+y_2\\x_2=y_1-y_2\\x_3=y_3\end{cases}$$

则

$$\begin{aligned}f(x_1, x_2, x_3)&=2(y_1+y_2)(y_1-y_2)-6(y_1-y_2)y_3+2(y_1+y_2)y_3\\&=2y_1^2-2y_2^2-4y_1y_3+8y_2y_3\\&=2(y_1-y_3)^2-2y_3^2-2y_2^2+8y_2y_3\end{aligned}$$

令

$$\begin{cases}z_1=y_1-y_3\\z_2=y_2\\z_3=y_3\end{cases}\quad 或\quad\begin{cases}y_1=z_1+z_3\\y_2=z_2\\y_3=z_3\end{cases}$$

则 $f(x_1, x_2, x_3)=2z_1^2-2z_2^2+8z_2z_3-2z_3^2=2z_1^2-2(z_2-2z_3)^2+6z_3^2$

令

$$\begin{cases}w_1=z_1\\w_2=z_2-2z_3\\w_3=z_3\end{cases}\quad 或\quad\begin{cases}z_1=w_1\\z_2=w_2+2w_3\\z_3=w_3\end{cases}$$

则 $f(x_1, x_2, x_3)=2w_1^2-2w_2^2+6w_3^2$ 是平方和，而这几次线性替换的结果相当于作一个总的线性替换。

$$\begin{pmatrix}x_1\\x_2\\x_3\end{pmatrix}=\begin{pmatrix}1 & 1 & 0\\1 & -1 & 0\\0 & 0 & 1\end{pmatrix}\begin{pmatrix}1 & 0 & 1\\0 & 1 & 0\\0 & 0 & 1\end{pmatrix}\begin{pmatrix}1 & 0 & 0\\0 & 1 & 2\\0 & 0 & 1\end{pmatrix}\begin{pmatrix}w_1\\w_2\\w_3\end{pmatrix}=\begin{pmatrix}1 & 1 & 3\\0 & -1 & -1\\0 & 0 & 1\end{pmatrix}\begin{pmatrix}w_1\\w_2\\w_3\end{pmatrix}$$

方法 2

$f(x_1, x_2, x_3)$ 的矩阵为 $A=\begin{pmatrix}0&1&1\\1&0&-3\\1&-3&0\end{pmatrix}$

取 $C_1=\begin{pmatrix}1&1&0\\1&-1&0\\0&0&1\end{pmatrix}$，则

$$A_1=C_1'AC_1=\begin{pmatrix}1&1&0\\1&-1&0\\0&0&1\end{pmatrix}\begin{pmatrix}0&1&1\\1&0&-3\\1&-3&0\end{pmatrix}\begin{pmatrix}1&1&0\\1&-1&0\\0&0&1\end{pmatrix}=\begin{pmatrix}2&0&-2\\0&-2&4\\-2&4&0\end{pmatrix}$$

再取 $C_2=\begin{pmatrix}1&0&1\\0&1&0\\0&0&1\end{pmatrix}$，则

$$A_2=C_2'A_1C_2=\begin{pmatrix}1&0&0\\0&1&0\\1&0&1\end{pmatrix}\begin{pmatrix}2&0&-2\\0&-2&4\\-2&4&0\end{pmatrix}\begin{pmatrix}1&0&1\\0&1&0\\0&0&1\end{pmatrix}=\begin{pmatrix}2&0&0\\0&-2&4\\0&4&-2\end{pmatrix}$$

再取 $C_3=\begin{pmatrix}1&0&0\\0&1&2\\0&0&1\end{pmatrix}$，则

$$A_3'=C_3A_2C_3=\begin{pmatrix}1&0&0\\0&1&0\\0&2&1\end{pmatrix}\begin{pmatrix}2&0&0\\0&-2&4\\0&4&-2\end{pmatrix}\begin{pmatrix}1&0&0\\0&1&2\\0&0&1\end{pmatrix}$$

因为 A_3 是对角矩阵，因此令

$$C=C_1C_2C_3=\begin{pmatrix}1&1&0\\1&-1&0\\0&0&1\end{pmatrix}\begin{pmatrix}1&0&1\\0&1&0\\0&0&1\end{pmatrix}\begin{pmatrix}1&0&0\\0&1&2\\0&0&1\end{pmatrix}=\begin{pmatrix}1&1&3\\1&-1&-1\\0&0&1\end{pmatrix}$$

则

$$C'AC=\begin{pmatrix}2&0&0\\0&-2&0\\0&0&6\end{pmatrix}$$

作非退化的线性替换：

$$X=CY$$

即得：

$$f(x_1, x_2, x_3)=2y_1^2-2y_2^2+6y_3^2$$

【例 5-6】 试问：三元方程 $3x_1^2+3x_2^2+3x_3^2+2x_1x_2+2x_1x_3+2x_2x_3-x_1-x_2-x_3=0$，在三维空间中代表何种几何曲面？

【解】 记 $f=3x_1^2+3x_2^2+3x_3^2+2x_1x_2+2x_1x_3+2x_2x_3-x_1-x_2-x_3$

则

$$f=(x_1,x_2,x_3)\begin{pmatrix}3&1&1\\1&3&1\\1&1&3\end{pmatrix}\begin{pmatrix}x_1\\x_2\\x_3\end{pmatrix}+(-1,-1,-1)\begin{pmatrix}x_1\\x_2\\x_3\end{pmatrix}$$

设

$$\boldsymbol{A}=\begin{pmatrix}3&1&1\\1&3&1\\1&1&3\end{pmatrix}$$

则 $|\lambda\boldsymbol{E}-\boldsymbol{A}|=(\lambda-2)^2(\lambda-5)$，故 $\boldsymbol{A}$ 的特征值为 $\lambda_1=\lambda_2=2$，$\lambda_3=5$。
对于 $\lambda_1=\lambda_2=2$，求得特征向量为：

$$\boldsymbol{\xi}_1=\begin{pmatrix}-1\\1\\0\end{pmatrix},\ \boldsymbol{\xi}_2=\begin{pmatrix}-1\\0\\1\end{pmatrix}$$

由 Schmidt 正交化得：

$$\boldsymbol{\beta}_1=\begin{pmatrix}-1\\1\\0\end{pmatrix},\ \boldsymbol{\beta}_2=\begin{pmatrix}-\frac{1}{2}\\-\frac{1}{2}\\1\end{pmatrix}$$

对于 $\lambda_3=5$ 得特征向量 $\boldsymbol{\xi}_3=\begin{pmatrix}1\\1\\1\end{pmatrix}$，标准化得：

$$\boldsymbol{P}_1=\begin{pmatrix}-\frac{1}{\sqrt{2}}\\\frac{1}{\sqrt{2}}\\0\end{pmatrix},\ \boldsymbol{P}_2=\begin{pmatrix}-\frac{1}{\sqrt{6}}\\-\frac{1}{\sqrt{6}}\\\frac{2}{\sqrt{6}}\end{pmatrix},\ \boldsymbol{P}_3=\begin{pmatrix}\frac{1}{\sqrt{3}}\\\frac{1}{\sqrt{3}}\\\frac{1}{\sqrt{3}}\end{pmatrix}$$

令

$$\boldsymbol{P}=(\boldsymbol{P}_1,\boldsymbol{P}_2,\boldsymbol{P}_3)=\begin{pmatrix}-\frac{1}{\sqrt{2}}&-\frac{1}{\sqrt{6}}&\frac{1}{\sqrt{3}}\\\frac{1}{\sqrt{2}}&-\frac{1}{\sqrt{6}}&\frac{1}{\sqrt{3}}\\0&\frac{2}{\sqrt{6}}&\frac{1}{\sqrt{3}}\end{pmatrix}$$

则在正交变换 $\boldsymbol{X}=\boldsymbol{PY}$ 下，

$$f=2y_1^2+2y_2^2+5y_3^2-\sqrt{3}y_3$$

于是 $f=0$ 时，

$$2y_1^2+2y_2^2+5(y_3-\frac{\sqrt{3}}{10})^2=\frac{3}{20}$$

为椭球面。

【例 5-7】　求出二次型 $f=(-2x_1+x_2+x_3)^2+(x_1-2x_2+x_3)^2+(x_1+x_2-2x_3)^2$ 的标准型及相应的可逆线性变换。

【解】　将括号展开，合并同类项有：

$$\begin{aligned} f &= 4x_1^2+x_2^2+x_3^2-4x_1x_2-4x_1x_3+2x_2x_3+x_1^2+4x_2^2+x_3^2-4x_1x_2+2x_1x_3-4x_2x_3+ \\ &\quad x_1^2+x_2^2+4x_3^2+2x_1x_2-4x_1x_3-4x_2x_3 \\ &= 6x_1^2+6x_2^2+6x_3^2-6x_1x_2-6x_1x_3-6x_2x_3 \\ &= 6(x_1^2+x_2^2+x_3^2-x_1x_2-x_1x_3-x_2x_3) \\ &= 6[(x_1-\frac{1}{2}x_2-\frac{1}{2}x_3)^2+\frac{3}{4}x_2^2+\frac{3}{4}x_3^2-\frac{3}{2}x_2x_3] \\ &= 6(x_1-\frac{1}{2}x_2-\frac{1}{2}x_3)^2+\frac{9}{2}(x_2-x_3)^2 \end{aligned}$$

令

$$\begin{cases} y_1=x_1-\frac{1}{2}x_2-\frac{1}{2}x_3 \\ y_2=x_2-x_3 \\ y_3=x_3 \end{cases}$$

即

$$\begin{pmatrix} y_1 \\ y_2 \\ y_3 \end{pmatrix}=\begin{pmatrix} 1 & -\frac{1}{2} & -\frac{1}{2} \\ 0 & 1 & -1 \\ 0 & 0 & 1 \end{pmatrix}\begin{pmatrix} x_1 \\ x_2 \\ x_3 \end{pmatrix}$$

则可逆变换为：

$$\begin{pmatrix} x_1 \\ x_2 \\ x_3 \end{pmatrix}=\begin{pmatrix} 1 & \frac{1}{2} & 1 \\ 0 & 1 & 1 \\ 0 & 0 & 1 \end{pmatrix}\begin{pmatrix} y_1 \\ y_2 \\ y_3 \end{pmatrix}$$

在此可逆线性变换下 f 的标准型为：

$$f=6y_1^2+\frac{9}{2}y_2^2$$

习题　5.2

（1）设 $A=\begin{pmatrix} 1 & -2 & 2 \\ -2 & 4 & a \\ 2 & a & 4 \end{pmatrix}$，二次型 $f=X^TAX$ 经正交变换 $X=PY$ 化成标准型 $f=9y_3^2$，求所作的正交变换。

（2）设三阶实对称阵 A 的特征值为 1，2，3，其中 1，2 对应的特征向量分别为：$\xi_1=(1,0,0)^T$，$\xi_2=(0,1,1)^T$，求一正交变换 $X=PY$，将二次型 $f=X^TAX$ 化成标准型。

第三节　唯 一 性

在一个二次型的标准型中，系数不为零的平方项个数是唯一确定的，与所作的非退化的线性替换无关。二次型的矩阵的秩有时候就称为二次型的秩，标准型的系数不是唯一的。

例如，二次型 $f(x_1, x_2, x_3) = 2x_1x_2-6x_2x_3+2x_1x_3$ 经过非退化的线性替换为：

$$\begin{pmatrix} x_1 \\ x_2 \\ x_3 \end{pmatrix} = \begin{pmatrix} 1 & 1 & 3 \\ 0 & -1 & -1 \\ 0 & 0 & 1 \end{pmatrix} \begin{pmatrix} w_1 \\ w_2 \\ w_3 \end{pmatrix}$$

即得到标准型

$$2w_1^2-2w_2^2+6w_3^2,$$

而经过非退化的线性替换得：

$$\begin{pmatrix} x_1 \\ x_2 \\ x_3 \end{pmatrix} = \begin{pmatrix} 1 & -\frac{1}{2} & 1 \\ 1 & \frac{1}{2} & -\frac{1}{3} \\ 0 & 0 & \frac{1}{3} \end{pmatrix} \begin{pmatrix} y_1 \\ y_2 \\ y_3 \end{pmatrix},$$

因而得到另一个标准型

$$2y_1^2-\frac{1}{2}y_2^2+\frac{2}{3}y_3^2。$$

这就说明，在一般的数域内，二次型的标准型不是唯一的，而与所作的非退化的线性替换有关。

下面就复数域和实数域的情形来进一步讨论唯一性的问题。

1. 对于复数域的情形

设 $f(x_1, x_2, \cdots, x_n)$ 是一个复系数的二次型，则经过一个适当的非退化的线性替换后，$f(x_1, x_2, \cdots, x_n)$ 变为标准型，不妨设标准型为：

$$d_1y_1^2+d_2y_2^2+\cdots+d_ry_r^2 \quad d_i \neq 0,\ i=1,\ 2, \cdots,\ r \tag{5-7}$$

其中，r 是 $f(x_1, x_2, \cdots, x_n)$ 的矩阵的秩。因为复数总可以开平方，再作一非退化的线性替换

$$\begin{cases} y_1 = \dfrac{1}{\sqrt{d_1}} z_1 \\ \vdots \quad \vdots \\ y_r = \dfrac{1}{\sqrt{d_r}} z_r, \\ y_{r+1} = z_{r+1} \\ \vdots \quad \vdots \\ y_n = z_n \end{cases} \tag{5-8}$$

式（5-7）就变为

$$z_1^2+z_2^2+\cdots+z_r^2 \tag{5-9}$$

式（5-9）称为复二次型$f(x_1, x_2,\cdots, x_n)$的规范型。显然，规范型完全被原二次型的矩阵的秩所决定。

定理 1 任意一个复系数的二次型，经过一个适当的非退化的线性替换可以变为规范型，规范型是唯一的。

换个说法说，任意一个复的对称矩阵合同于一个形式为

$$\begin{pmatrix} 1 & & & & & \\ & \ddots & & & & \\ & & 1 & & & \\ & & & 0 & & \\ & & & & \ddots & \\ & & & & & 0 \end{pmatrix}$$

的对角矩阵，即两个复对称矩阵合同的充分必要条件是它们的秩相等。

2. 对于实数域的情形

设$f(x_1, x_2,\cdots, x_n)$是一个实系数的二次型，则经过一个适当的非退化的线性替换，再适当排列文字的次序，可使$f(x_1, x_2,\cdots, x_n)$变为标准型

$$d_1y_1^2+\cdots+d_py_p^2-d_{p+1}y_{p+1}^2-\cdots-d_ry_r^2\ (d_i>0;\ i=1, 2,\cdots, r) \tag{5-10}$$

r是$f(x_1, x_2,\cdots, x_n)$的矩阵的秩。因为在实数域中，正实数总可以开平方，所以再作一非退化的线性替换，得：

$$\begin{cases} y_1=\dfrac{1}{\sqrt{d_1}}z_1 \\ \vdots \qquad \vdots \\ y_r=\dfrac{1}{\sqrt{d_r}}z_r \\ y_{r+1}=z_{r+1} \\ \vdots \qquad \vdots \\ y_n=z_n \end{cases}, \tag{5-11}$$

式（5-10）就变为

$$z_1^2+\cdots+z_p^2-z_{p+1}^2-\cdots-z_r^2, \tag{5-12}$$

式（5-12）称为实二次型$f(x_1, x_2,\cdots, x_n)$的规范型。显然，规范型完全被r，p这两个数所决定。

定理 2（惯性定理） 任意一个实数域上的二次型，经过一个适当的非退化的线性替换可以变为规范型，规范型是唯一的。

定义 1 在实二次型$f(x_1, x_2,\cdots, x_n)$的规范型中，正平方项的个数p称为$f(x_1, x_2,\cdots, x_n)$的正惯性指数，负平方项的个数$r-p$称为$f(x_1, x_2,\cdots, x_n)$的负惯性指数，它们的差$p-(r-p)=2p-r$称为$f(x_1, x_2,\cdots, x_n)$的符号差。

惯性定理也可以叙述为：实二次型的标准型中系数为正的平方项个数是唯一的，它等

于正惯性指数；系数为负的平方项个数也是唯一的，它等于负惯性指数。

习题 5.3

求二次型 $f(x_1, x_2, x_3) = 2x_1x_2-6x_2x_3+2x_1x_3$ 的正惯性指数和负惯性指数。

第四节 正定二次型

定义1 实二次型 $f(x_1, x_2, \cdots, x_n)$ 称为正定的，如果对于任意一组不全为零的实数 $c_1, c_2, \cdots, c_n$，都有 $f(c_1, c_2, \cdots, c_n)>0$。

显然，二次型

$$f(x_1, x_2, \cdots, x_n)=x_1^2+\cdots+x_n^2$$

是正定的，因为只有在

$$c_1=c_2=\cdots=c_n=0$$

时，$c_1^2+\cdots+c_n^2$ 才为零。

一般情况下，实二次型

$$f(x_1, x_2, \cdots, x_n) = d_1x_1^2+d_2x_2^2+\cdots+d_nx_n^2$$

是正定的，当且仅当

$$d_i>0, \quad i=1, 2, \cdots, n$$

时可以证明，非退化的实线性替换保持正定性不变。

定理1 n 元实二次型 $f(x_1, x_2, \cdots, x_n)$ 是正定的充分必要条件是它的正惯性指数等于 n。

定理1说明正定二次型 $f(x_1, x_2, \cdots, x_n)$ 的规范型为

$$y_1^2+\cdots+y_n^2 \tag{5-13}$$

定义2 如果二次型 $\boldsymbol{X'AX}$ 正定，则实对称矩阵 $\boldsymbol{A}$ 称为正定的。

因为二次型（5-12）的矩阵是单位矩阵 $\boldsymbol{E}$，所以，当且仅当一个实对称与单位矩阵合同时，该实对称矩阵正定。

推论 正定矩阵的行列式大于零。

定义3 子式

$$P_i=\begin{vmatrix} a_{11} & a_{12} & \cdots & a_{1i} \\ a_{21} & a_{22} & \cdots & a_{2i} \\ \vdots & \vdots & & \vdots \\ a_{i1} & a_{i2} & \cdots & a_{ii} \end{vmatrix} \quad (i=1, 2, \cdots, n)$$

称为矩阵 $\boldsymbol{A}=(a_{ij})_{nn}$ 的顺序主子式。

定理2 实二次型

$$f(x_1, x_2, \cdots, x_n) = \sum_{i=1}^{n}\sum_{j=1}^{n} a_{ij}x_ix_j = \boldsymbol{X'AX}$$

是正定的充分必要条件为矩阵 $\boldsymbol{A}$ 的顺序主子式全大于零。

【例5-8】 判断二次型

$$f(x_1, x_2, x_3) = 5x_1^2+x_2^2+x_3^2+4x_1x_2-8x_1x_3+4x_2x_3$$

是否正定。

【解】　$f(x_1, x_2, x_3)$ 的矩阵为：

$$\begin{pmatrix} 5 & 2 & -4 \\ 2 & 1 & -2 \\ -4 & -2 & 5 \end{pmatrix}$$

它的顺序主子式为：

$$5>0$$

$$\begin{vmatrix} 5 & 2 \\ 2 & 1 \end{vmatrix}>0$$

$$\begin{vmatrix} 5 & 2 & -4 \\ 2 & 1 & -2 \\ -4 & -2 & 5 \end{vmatrix}>0$$

因此，$f(x_1, x_2, x_3)$ 正定。

定义 4　设 $f(x_1, x_2, \cdots, x_n)$ 是一实二次型，对于任意一组不全为零的实数 $c_1, c_2, \cdots, c_n$，如果都有 $f(c_1, c_2, \cdots, c_n)<0$，那么 $f(x_1, x_2, \cdots, x_n)$ 称为负定的；如果都有 $f(c_1, c_2, \cdots, c_n)\geqslant 0$，那么 $f(x_1, x_2, \cdots, x_n)$ 称为半正定的；如果都有 $f(c_1, c_2, \cdots, c_n)\leqslant 0$，那么 $f(x_1, x_2, \cdots, x_n)$ 称为半负定的；如果它既不是半正定又不是半负定，那么 $f(x_1, x_2, \cdots, x_n)$ 就称为不定的。

定理 3　对于实二次型 $f(x_1, x_2, \cdots, x_n)=\boldsymbol{X'AX}$，其中 $\boldsymbol{A}$ 是实对称的，下面条件等价：

（1）$f(x_1, x_2, \cdots, x_n)$ 是半正定的；

（2）实二次型 f 的正惯性指数与秩相等；

（3）有可逆实矩阵 $\boldsymbol{C}$，使

$$\boldsymbol{C'AC}=\begin{pmatrix} d_1 & & & \\ & d_2 & & \\ & & \ddots & \\ & & & d_n \end{pmatrix} \quad (d_i\geqslant 0,\ i=1, 2, \cdots, n)$$

（4）有实矩阵 $\boldsymbol{C}$ 使 $\boldsymbol{A}=\boldsymbol{C'C}$。

（5）$\boldsymbol{A}$ 的所有主子式皆大于或等于零。

注：在式（5-13）中，仅有顺序主子式大于或等于零是不能保证半正定性的。比如，

$f(x_1, x_2) = -x_2^2=(x_1 \quad x_2)\begin{pmatrix} 0 & 0 \\ 0 & -1 \end{pmatrix}\begin{pmatrix} x_1 \\ x_2 \end{pmatrix}$ 就是一个反例。

【例 5-9】　当 λ 取何值时，二次型

$$f(x_1, x_2, x_3) = x_1^2+2x_2^2+3x_3^2+2x_1x_2-2x_1x_3+2\lambda x_2x_3$$

为正定二次型。

【解】　$f(x_1, x_2, x_3)$ 的矩阵为：

$$A=\begin{pmatrix}1 & 1 & -1\\ 1 & 2 & \lambda\\ -1 & \lambda & 3\end{pmatrix}$$

因为f（x_1，x_2，x_3）是正定二次型，故$\boldsymbol{A}$的所有顺序主子式全大于零，即

$$1>0$$

$$\begin{vmatrix}1 & 1\\ 1 & 2\end{vmatrix}=1>0$$

$$\begin{vmatrix}1 & 1 & -1\\ 1 & 2 & \lambda\\ -1 & \lambda & 3\end{vmatrix}=-(\lambda^2+2\lambda-1)>0$$

解得：

$$-1-\sqrt{2}<\lambda<-1+\sqrt{2}$$

【例 5-10】 试证：若$\boldsymbol{A}$是正定矩阵，则$\boldsymbol{A}$的伴随矩阵$\boldsymbol{A}^*$也是正定矩阵。

【证明】 因为$\boldsymbol{A}$是正定矩阵，所以

$$|\boldsymbol{A}|>0$$

又有

$$\boldsymbol{A}^*\boldsymbol{A}=|\boldsymbol{A}|\boldsymbol{E}$$

因为$\boldsymbol{A}^{\mathrm{T}}=\boldsymbol{A}$，且$\boldsymbol{A}$可逆，故得：

$$\boldsymbol{A}^{\mathrm{T}}\boldsymbol{A}^*\boldsymbol{A}=\boldsymbol{A}^{\mathrm{T}}|\boldsymbol{A}|\boldsymbol{E}=|\boldsymbol{A}|\boldsymbol{A}^{\mathrm{T}}=|\boldsymbol{A}|\boldsymbol{A}$$

所以$\boldsymbol{A}^*$与$\boldsymbol{A}$具有相同的正定性，从$\boldsymbol{A}$是正定矩阵，可知$\boldsymbol{A}^*$也是正定矩阵。

【例 5-11】 若$\boldsymbol{A}$是正定矩阵，$\boldsymbol{E}$是n阶单位矩阵，证明$|\boldsymbol{A}+\boldsymbol{E}|>1$。

【证明】 设λ_1，$\lambda_2,\cdots$，λ_n为矩阵$\boldsymbol{A}$的特征值，则$\boldsymbol{A}+\boldsymbol{E}$的特征值为：

$$\lambda_1+1,\ \lambda_2+1,\cdots,\lambda_n+1$$

由于$\boldsymbol{A}$是正定矩阵，故

$$\lambda_1>0,\ \lambda_2>0,\cdots,\lambda_n>0$$

因此

$$\lambda_1+1>1,\lambda_2+1>1,\cdots,\lambda_n+1>1$$

故

$$|\boldsymbol{A}+\boldsymbol{E}|=(\lambda_1+1)(\lambda_2+1)\cdots(\lambda_n+1)>1$$

习题 5.4

（1）设$\boldsymbol{A}=\begin{pmatrix}1 & 1 & 1 & 1\\ 1 & 1 & 1 & 1\\ 1 & 1 & 1 & 1\\ 1 & 1 & 1 & 1\end{pmatrix}$，$\boldsymbol{B}=\begin{pmatrix}4 & 0 & 0 & 0\\ 0 & 0 & 0 & 0\\ 0 & 0 & 0 & 0\\ 0 & 0 & 0 & 0\end{pmatrix}$，则（　　）

A. $\boldsymbol{A}$与$\boldsymbol{B}$既合同又相似　　B. $\boldsymbol{A}$与$\boldsymbol{B}$合同但不相似

C. $\boldsymbol{A}$与$\boldsymbol{B}$不合同但相似　　D. $\boldsymbol{A}$与$\boldsymbol{B}$不合同也不相似

（2）若 n 阶方阵 $\boldsymbol{A}$ 与 $\boldsymbol{B}$ 合同，则（　　）

A. $\boldsymbol{A}=\boldsymbol{B}$　　B. $\boldsymbol{A}$ 与 $\boldsymbol{B}$ 相似

C. $\boldsymbol{A}$ 与 $\boldsymbol{B}$ 的行列式相等　　D. $\boldsymbol{A}$ 与 $\boldsymbol{B}$ 的秩相等

（3）实对称矩阵的所有特征值均大于 0 是它正定的（　　）

A. 充分必要条件　　B. 充分非必要条件

C. 必要非充分条件　　D. 既非充分也非必要条件

（4）若二次型 f 的标准型为 $f=d_1y_1{}^2+d_2y_2{}^2+\cdots+d_ny_n{}^2$，则（　　）

A. d_1，d_2，…，d_n 均为特征值

B. d_1，d_2，…，d_n 均不是特征值

C. d_1，d_2，…，d_n 不一定为特征值

D. $|\boldsymbol{A}|=d_1d_2\cdots d_n$ 均为特征值

（5）下列矩阵中，必可对角化的是（　　）

A. 可逆矩阵　　B. 正交矩阵

C. 上三角矩阵　　D. 负定矩阵

（6）正定矩阵未必是（　　）

A. 对称矩阵　　B. 正交矩阵

C. 满秩矩阵　　D. 可逆矩阵

7. 设 $\boldsymbol{U}$ 为可逆矩阵，则一定有（　　）

A. $\boldsymbol{U}^{\mathrm{T}}\boldsymbol{U}$ 是正定矩阵　　B. $\boldsymbol{U}^{\mathrm{T}}+\boldsymbol{U}$ 是正定矩阵

C. $\boldsymbol{U}^2$ 是正定矩阵　　D. $\boldsymbol{U}$ 是正定矩阵

（8）对称矩阵 $\boldsymbol{A}$ 为正定的充分必要条件是（　　）

A. $\boldsymbol{A}$ 的特征值互不相同

B. $|\boldsymbol{A}|>0$

C. $\boldsymbol{A}$ 的特征值均非负

D. 存在可逆矩阵 $\boldsymbol{U}$，使 $\boldsymbol{U}^{\mathrm{T}}\boldsymbol{U}=\boldsymbol{A}$

（9）设 $\boldsymbol{A}$ 正定，$\boldsymbol{P}$ 可逆，证明 $\boldsymbol{P}^{\mathrm{T}}\boldsymbol{A}\boldsymbol{P}$ 正定。

（10）设 $\boldsymbol{A}$ 为实对称矩阵，证明 $\boldsymbol{A}$ 可逆的充分必要条件为存在实矩阵 $\boldsymbol{B}$，使 $\boldsymbol{A}\boldsymbol{B}+\boldsymbol{B}^{\mathrm{T}}\boldsymbol{A}$ 正定。

（11）设 A 为正定阵，证明 $\boldsymbol{A}^2+\boldsymbol{A}^*+3\boldsymbol{A}^{-1}$ 仍为正定阵。

【知识点总结】

【要点】

（1）二次型与对称矩阵：1）二次型的定义；2）二次型与对称矩阵的对应关系。

（2）二次型与对称矩阵的标准型：1）配方法；2）初等变换法；3）正交变换法；4）合同矩阵；5）二次型及对称矩阵的标准型与规范型。

（3）二次型与对称矩阵的有定性，二次型与对称矩阵的正定、负定、半正定、半负定。

【基本要求】

（1）理解并掌握二次型的定义及其矩阵的表示方法。

（2）会用三种非退化线性替换，即配方法、初等变换法、正交变换法化二次型为标准型及规范型。

（3）掌握二次型的正定、负定、半正定、半负定的定义，会判定二次型的正定性。

总习题 5

一、选择题

（1）下列二次型正惯性指数等于 2 的是（　　）

A. $f(x_1, x_2, x_3) = (x_1+x_2+x_3)^2-2x_2^2$

B. $f(x_1, x_2, x_3) = x_1^2+x_2^2+5x_3^2-6x_1x_2-2x_1x_3+2x_2x_3$

C. $f(x_1, x_2, x_3) = x_1^2+x_2^2+x_3^2-x_1x_2$

D. $f(x_1, x_2, x_3) = x_1^2+x_2^2+5x_3^2-2x_1x_2+2x_1x_3-2x_2x_3$

（2）下列矩阵合同于单位矩阵的是（　　）

A. $\begin{pmatrix}1&1&1\\1&1&1\\1&1&1\end{pmatrix}$　　B. $\begin{pmatrix}1&0&1\\0&1&0\\1&0&1\end{pmatrix}$

C. $\begin{pmatrix}1&2&1\\2&7&1\\1&1&8\end{pmatrix}$　　D. $\begin{pmatrix}2&-1&2\\-1&3&-\frac{3}{2}\\2&-\frac{3}{2}&-4\end{pmatrix}$

（3）下列二次型属于正定的是（　　）

A. $f(x_1, x_2, x_3)=x_1^2+{}^2x_2$

B. $f(x_1, x_2, x_3)=x_1^2+x_2^2+x_3^2+2x_1x_2$

C. $f(x_1, x_2, x_3)=4x_1^2+3x_2^2+6x_3^2-x_1x_2-x_1x_3$

D. $f(x_1, x_2, x_3)=x_1^2+x_2^2+x_3^2+2x_1x_2+2x_1x_3+2x_2x_3$

（4）n 阶实对称矩阵正定的充要条件是（　　）

A. $\boldsymbol{A}$ 的主对角线上的元素全大于 0

B. $\boldsymbol{A}$ 的所有元素都大于 0

C. $\boldsymbol{A}$ 的所有主子式都大于 0

D. 以上都不对

二、填空题

（1）实二次型的正惯性指数为 p，负惯性指数为 q，秩为 r，差为 s，

1）已知 p，q 则 r=________，s=________；

2）已知 p，r 则 s=________________；

3）已知 p，s 则 q=________，r=________。

（2）两个复二次型等价的充要条件是________。

（3）两个实二次型等价的充要条件是________。

三、计算题

（1）写出二次型 $f(x_1, x_2, x_3)=2x_1x_2+x_2^2+2x_1x_3-6x_2x_3$ 的矩阵。

（2）写出矩阵 $A=\begin{pmatrix}1 & 2 & 4\\ 2 & 2 & -1\\ 4 & -1 & 3\end{pmatrix}$ 对应的二次型。

（3）已知二次型 $f(x_1, x_2, x_3)=a(x_1^2+x_2^2+x_3^2)+4x_1x_2+4x_1x_3+4x_2x_3$ 经正交变换 $\boldsymbol{x}=\boldsymbol{P}\boldsymbol{y}$ 可化成标准型 $f=6y_1^2$，求 a。

（4）用配方法将下列二次型化为标准型，并判断正、负惯性指数的个数，然后写出其规范型。

1）$f(x_1, x_2, x_3)=x_1^2+x_2^2-x_3^2+2x_1x_2+2x_1x_3-2x_2x_3$；

2）$f(x_1, x_2, x_3)=x_1^2+2x_2^2+2x_1x_2-2x_1x_3+2x_2x_3$；

3）$f(x_1, x_2, x_3)=-2x_1x_2+2x_1x_3+2x_2x_3$。

（5）设二次型 $f(x_1, x_2, x_3)=ax_1^2+2x_2^2-2x_3^2+2bx_1x_3$（$b>0$），其中二次型矩阵 $\boldsymbol{A}$ 的特征值之和为 1，特征值之积为 −12，则：

1）求 a，b；

2）用正交变换化 $f(x_1, x_2, x_3)$ 为标准型。

（6）已知二次型 $f(x_1, x_2, x_3)=(1-a)x_1^2+(1-a)x_2^2+2x_3^2+2(1+a)x_1x_2$ 的秩为 2，则：

1）求 a；

2）求作正交变换 $\boldsymbol{X}=\boldsymbol{Q}\boldsymbol{Y}$，把 $f(x_1, x_2, x_3)$ 化为标准型；

3）求方程 $f(x_1, x_2, x_3)=0$ 的解。

（7）判断 3 元二次型 $f=x_1^2+5x_2^2+x_3^2+4x_1x_2-4x_2x_3$ 的正定性。

（8）判断什么情况下，实二次型 $f(x_1, x_2, x_3)=x_1^2+x_2^2+5x_3^2+2tx_1x_2-2x_1x_3+4x_2x_3$ 是正定的。

（9）设 $\boldsymbol{A}$ 是 3 阶实对称矩阵，满足 $\boldsymbol{A}^2+2\boldsymbol{A}=\boldsymbol{0}$，并且 $r(\boldsymbol{A})=2$，则：

1）求 $\boldsymbol{A}$ 的特征值；

2）当实数 k 满足什么条件时，$k\boldsymbol{A}+\boldsymbol{E}$ 正定？

（10）$f(x_1, x_2, x_3)=(x_1+ax_2-2x_3)^2+(2x_2+3x_3)^2+(x_1+3x_2+ax_3)^2$，已知二次型正定，则 a 的取值范围是什么？

（11）已知 $\boldsymbol{A}$ 是 n 阶可逆矩阵，证明 $\boldsymbol{A}^{\mathrm{T}}\boldsymbol{A}$ 是对称、正定矩阵。

第六章　线性空间与线性变换

【学习目标】

（1）了解线性空间的概念和结构，掌握基变换、过渡矩阵和向量的坐标变换；
（2）了解线性子空间的概念，掌握维数定理，直和分解定理；
（3）熟练掌握线性变换及其矩阵表示；
（4）了解欧氏空间与酉空间，掌握正交阵与酉阵，正交补与正交分解；
（5）熟练掌握正交变换及其特征；
（6）了解应用于小波变换的框架理论（对偶框架，紧框架，Riesz 基）。

第一节　线性空间

一、线性空间的概念

在诸如所有 n 维实向量构成的集合 $\mathbf{R}^n$ 等集合中，线性运算是研究向量性质的基本工具，它能从线性相关性和线性结构的角度研究向量、向量组之间的关系，这在线性代数课程中已得到充分展示。对于更加一般的元素构成的集合，也可同样在其中引入"线性运算"，进行集合性质和结构的研究。通常具有某些运算工具的集合称为"空间"。

定义 1　设非空集合 V 相对于数域 $\mathbf{P}$ 具有封闭的加法和数乘运算，并且具有与任何元素之和仍为该元素的零元素，同时每个元素均具有与其之和为零元素的负元素。若 V 中运算满足加法结合律与交换律、数乘结合律与分配律和乘 1 不变性，则称 V 为数域 $\mathbf{P}$ 上的线性空间。

注：（1）数域是指对加减乘除四则运算封闭的数集，如有理数集、实数集和复数集等；
（2）易证零元素和负元素均是唯一的，零元素为 0，元素 x 的负元素记为 $-x$；
（3）任何线性空间必含有零元素 0，只含有零元素 0 的线性空间称为零空间，记为 $\{0\}$。

对于元素 x，y 和数 λ，μ，x 与 y 的和记为 $x+y$，λ 与 x 的数乘记为 λx，$\lambda x+\mu y$ 称为 x 与 y 的线性运算或线性组合。

一个集合是否构成一个线性空间，主要是看所引入的线性运算是否具有封闭性。

【例 6-1】　数域 $\mathbf{P}$ 上的 n 维（行或列，以后若不加声明均指列）向量空间 $\mathbf{P}^n$。

按 n 维向量的线性运算，$\mathbf{P}^n$ 构成数域 $\mathbf{P}$ 上的线性空间。

【例 6-2】　$\mathbf{P}^n$ 中的子集 $S=\{\boldsymbol{x}\mid \boldsymbol{A}\boldsymbol{x}=\mathbf{0}\}$，其中 $\boldsymbol{A}$ 为 $\mathbf{P}$ 上 $m\times n$ 阶矩阵。

按 $\mathbf{P}^n$ 中的线性运算，非空子集 S 是封闭的，从而构成数域 $\mathbf{P}$ 上的线性空间。

【例 6-3】　数域 $\mathbf{P}$ 上的 $m\times n$ 阶矩阵空间 $\mathbf{P}^{m\times n}$。

按 $m\times n$ 阶矩阵的线性运算，$\mathbf{P}^{m\times n}$ 构成数域 $\mathbf{P}$ 上的线性空间。

【例 6-4】 数域 $\mathbf{P}$ 上的多项式空间 $\mathbf{P}[x]$。

按多项式的线性运算，$\mathbf{P}[x]$ 构成数域 $\mathbf{P}$ 上的线性空间。

【例 6-5】 区间 $[a, b]$ 上的实值连续函数空间 $C[a, b]$。

按函数的线性运算，$C[a, b]$ 构成数域 $\mathbf{P}$ 上的线性空间。

【例 6-6】 $\mathbf{P}^n$ 中子集 $V=\{\boldsymbol{x} \mid \boldsymbol{A}\boldsymbol{x}=\boldsymbol{b}\neq\mathbf{0}\}$，其中 $\boldsymbol{A}\in\mathbf{P}^{m\times n}$，$\boldsymbol{b}\in\mathbf{P}^m$。

因为 $\boldsymbol{A}(2\boldsymbol{x})=2\boldsymbol{b}\neq\boldsymbol{b}$，所以 $\boldsymbol{x}\in V$ 时，$2\boldsymbol{x}\notin V$，即数乘运算不满足封闭性，因而 V 不构成数域 $\mathbf{P}$ 上的线性空间。

【例 6-7】 设 $V=\{x\in\mathbf{R} \mid x>0\}$，定义 V 中的“加法 $\oplus$”和“数乘 $\otimes$”为：$x+y=xy$，$\lambda\otimes x=x^{\lambda}(x, y\in V, \lambda\in\mathbf{R})$，则 V 为 $\mathbf{R}$ 上的线性空间，其中 V 中零元素为 1，x 的负元素为 $\dfrac{1}{x}$。

二、线性空间的结构

由于线性空间可类似于 n 维向量空间中的做法，考察元素间的线性相关性和线性空间的结构。为习惯起见，以后线性空间中元素仍称为向量。

定义 2 设 $\boldsymbol{\alpha}_1, \boldsymbol{\alpha}_2, \cdots, \boldsymbol{\alpha}_r$ 为数域 $\mathbf{P}$ 上的线性空间 V 中的一组向量，若有 $\mathbf{P}$ 中不全为零的一组数 $k_1, k_2, \cdots, k_r$，使得 $k_1\boldsymbol{\alpha}_1+k_2\boldsymbol{\alpha}_2+\cdots+k_r\boldsymbol{\alpha}_r=\mathbf{0}$，则称 $\boldsymbol{\alpha}_1, \boldsymbol{\alpha}_2, \cdots, \boldsymbol{\alpha}_r$ 线性相关，否则称为线性无关。

显然，若使得 $k_1\boldsymbol{\alpha}_1+k_2\boldsymbol{\alpha}_2+\cdots+k_r\boldsymbol{\alpha}_r=0$ 成立，数 $k_1, k_2, \cdots, k_r$ 只能全为 $\mathbf{0}$，则向量组 $\boldsymbol{\alpha}_1, \boldsymbol{\alpha}_2, \cdots, \boldsymbol{\alpha}_r$ 必是线性无关的。由此可知，单个非零向量也是线性无关的。

定义 3 设线性空间 V 中有一组非零向量 $\boldsymbol{\alpha}_1, \boldsymbol{\alpha}_2, \cdots, \boldsymbol{\alpha}_r$，满足：

（1）$\boldsymbol{\alpha}_1, \boldsymbol{\alpha}_2, \cdots, \boldsymbol{\alpha}_r$ 线性无关；

（2）V 中任一向量均可由 $\boldsymbol{\alpha}_1, \boldsymbol{\alpha}_2, \cdots, \boldsymbol{\alpha}_r$ 线性表示。

则称 $\boldsymbol{\alpha}_1, \boldsymbol{\alpha}_2, \cdots, \boldsymbol{\alpha}_r$ 为 V 的一组基，数 r 称为 V 的维数，记为 $dimV$。

注：（1）线性空间的基不是唯一的，但其维数是唯一确定的；

（2）线性空间的基可以理解为空间中的参照系，能将所有元素线性表示出来。

定理 1 设 $\boldsymbol{\alpha}_1, \boldsymbol{\alpha}_2, \cdots, \boldsymbol{\alpha}_n$ 为数域 $\mathbf{P}$ 上线性空间 V 的一组基，则对于任何向量 $\boldsymbol{\beta}\in V$，存在唯一一组数 $k_1, k_2, \cdots, k_n\in\mathbf{P}$，使得 $\boldsymbol{\beta}=k_1\boldsymbol{\alpha}_1+k_2\boldsymbol{\alpha}_2+\cdots+k_n\boldsymbol{\alpha}_n$，从而

$$V=\{k_1\boldsymbol{\alpha}_1+k_2\boldsymbol{\alpha}_2+\cdots+k_n\boldsymbol{\alpha}_n \mid k_1, k_2, \cdots, k_n\in\mathbf{P}\}。$$

证明　对于向量 $\boldsymbol{\beta}=k_1\boldsymbol{\alpha}_1+k_2\boldsymbol{\alpha}_2+\cdots+k_n\boldsymbol{\alpha}_n$，若有一组数 $k_1', k_2', \cdots, k_n'\in P$，使得 $\boldsymbol{\beta}=k_1'\boldsymbol{\alpha}_1+k_2'\boldsymbol{\alpha}_2+\cdots+k_n'\boldsymbol{\alpha}_n$，则 $(k_1-k_1')\boldsymbol{\alpha}_1+(k_2-k_2')\boldsymbol{\alpha}_2+\cdots+(k_n-k_n')\boldsymbol{\alpha}_n=\mathbf{0}$。

由基 $\boldsymbol{\alpha}_1, \boldsymbol{\alpha}_2, \cdots, \boldsymbol{\alpha}_n$ 的线性无关性可知：

$$k_1=k_1', \ k_2=k_2', \cdots, \ k_n=k_n'$$

因此，向量 $\boldsymbol{\beta}$ 在基 $\boldsymbol{\alpha}_1, \boldsymbol{\alpha}_2, \cdots, \boldsymbol{\alpha}_n$ 下的线性表示是唯一的。

由基的定义可知

$$V\subset\{k_1\boldsymbol{\alpha}_1+k_2\boldsymbol{\alpha}_2+\cdots+k_n\boldsymbol{\alpha}_n \mid k_1, k_2, \cdots, k_n\in\mathbf{P}\}$$

由线性运算的封闭性可知，对于任意 $k_1, k_2, \cdots, k_n\in\mathbf{P}$

$$k_1\boldsymbol{\alpha}_1+k_2\boldsymbol{\alpha}_2+\cdots+k_n\boldsymbol{\alpha}_n\in V,$$

从而有

$$\{k_1\boldsymbol{\alpha}_1+k_2\boldsymbol{\alpha}_2+\cdots+k_n\boldsymbol{\alpha}_n \mid k_1, k_2, \cdots, k_n \in \mathbf{P}\} \subset V$$

因此

$$V=\{k_1\boldsymbol{\alpha}_1+k_2\boldsymbol{\alpha}_2+\cdots+k_n\boldsymbol{\alpha}_n \mid k_1, k_2, \cdots, k_n \in \mathbf{P}\}$$

注：集合$\{k_1\boldsymbol{\alpha}_1+k_2\boldsymbol{\alpha}_2+\cdots+k_n\boldsymbol{\alpha}_n \mid k_1, k_2, \cdots, k_n \in \boldsymbol{P}\}$称为线性空间 V 的结构表示；$\boldsymbol{\beta}=k_1\boldsymbol{\alpha}_1+k_2\boldsymbol{\alpha}_2+\cdots+k_n\boldsymbol{\alpha}_n$ 称为向量$\boldsymbol{\beta}$在基$\boldsymbol{\alpha}_1$，$\boldsymbol{\alpha}_2$，…，$\boldsymbol{\alpha}_n$下的结构表达式；若将$\boldsymbol{\beta}$记为$(\boldsymbol{\alpha}_1, \boldsymbol{\alpha}_2, \cdots, \boldsymbol{\alpha}_n)\begin{pmatrix}k_1\\k_2\\\vdots\\k_n\end{pmatrix}$，$n$ 维向量$\begin{pmatrix}k_1\\k_2\\\vdots\\k_n\end{pmatrix}$称为$\boldsymbol{\beta}$在基$\boldsymbol{\alpha}_1$，$\boldsymbol{\alpha}_2$，…，$\boldsymbol{\alpha}_n$下的坐标。

【例 6-8】　$(1, 0, \cdots, 0)^{\mathrm{T}}$，$(0, 1, \cdots, 0)^{\mathrm{T}}$，…，$(0, 0, \cdots, 1)^{\mathrm{T}}$ 为 $\mathbf{P}^n$ 中的一组基，$dim\mathbf{P}^n=n$；

$\begin{pmatrix}1&0&\cdots&0\\0&0&\cdots&0\\\vdots&\vdots&&\vdots\\0&0&\cdots&0\end{pmatrix}_{m\times n}$，$\begin{pmatrix}0&1&\cdots&0\\0&0&\cdots&0\\\vdots&\vdots&&\vdots\\0&0&\cdots&0\end{pmatrix}_{m\times n}$，…，$\begin{pmatrix}0&0&\cdots&0\\0&0&\cdots&0\\\vdots&\vdots&&\vdots\\0&0&\cdots&1\end{pmatrix}_{m\times n}$ 为 $\mathbf{P}^{m\times n}$中的一组基，$dim\mathbf{P}^{m\times n}=mn$；1，$x$，$x^2$，…，$x^{n-1}$为 $P[x]_n$（所有以 $\mathbf{P}$ 中数为系数，次数不超过 $n-1$ 的多项式的集合）中的一组基，$dim\mathbf{P}[x]_n=n$；1，x，…，x^{n-1}，…中任意有限个向量均为 $\mathbf{P}[x]$或 $C[a, b]$中线性无关的向量组，因而 $\mathbf{P}[x]$或 $C[a, b]$均不是有限维的线性空间。

【例 6-9】　试证 $\boldsymbol{E}_{11}=\begin{pmatrix}1&0\\0&0\end{pmatrix}$，$\boldsymbol{E}_{12}=\begin{pmatrix}1&1\\0&0\end{pmatrix}$，$\boldsymbol{E}_{21}=\begin{pmatrix}1&1\\1&0\end{pmatrix}$，$\boldsymbol{E}_{22}=\begin{pmatrix}1&1\\1&1\end{pmatrix}$为线性空间 $\mathbf{R}^{2\times2}$中的一组基，并求矩阵 $\boldsymbol{B}=\begin{pmatrix}2&1\\0&2\end{pmatrix}$在这组基下的坐标。

【证明】　设 $k_1\boldsymbol{E}_{11}+k_2\boldsymbol{E}_{12}+k_3\boldsymbol{E}_{21}+k_4\boldsymbol{E}_{22}=0$，则

$$\begin{pmatrix}k_1+k_2+k_3+k_4 & k_2+k_3+k_4\\ k_3+k_4 & k_4\end{pmatrix}=\begin{pmatrix}0&0\\0&0\end{pmatrix}$$

由此可得

$$k_1=k_2=k_3=k_4=0$$

因此 E_{11}，E_{12}，E_{21}，E_{22}线性无关。

对于 $\mathbf{R}^{2\times2}$中的任意矩阵 $\boldsymbol{A}=\begin{pmatrix}a&b\\c&d\end{pmatrix}$，总有

$$\boldsymbol{A}=(a-b)\boldsymbol{E}_{11}+(b-c)\boldsymbol{E}_{12}+(c-d)\boldsymbol{E}_{21}+d\boldsymbol{E}_{22}$$

因此，$\boldsymbol{E}_{11}$，$\boldsymbol{E}_{12}$，$\boldsymbol{E}_{21}$，$\boldsymbol{E}_{22}$为 $\mathbf{R}^{2\times2}$中的一组基，并且矩阵 $\boldsymbol{B}=\begin{pmatrix}2&1\\0&2\end{pmatrix}$在这组基下的坐标为 $(1, 1, -2, 2)^{\mathrm{T}}$。

注：若令

$$k_1\boldsymbol{E}_{11}+k_2\boldsymbol{E}_{12}+k_3\boldsymbol{E}_{21}+k_4\boldsymbol{E}_{22}=\begin{pmatrix}2&1\\0&2\end{pmatrix}$$

可得

$$\begin{cases} k_1+k_2+k_3+k_4=2 \\ k_2+k_3+k_4=1 \\ k_3+k_4=0 \\ k_4=2 \end{cases}$$

解得

$$k_1=1,\ k_2=1,\ k_3=-2,\ k_4=2$$

从而矩阵 $\boldsymbol{B}=\begin{pmatrix} 2 & 1 \\ 0 & 2 \end{pmatrix}$ 在基 $\boldsymbol{E}_{11}$，$\boldsymbol{E}_{12}$，$\boldsymbol{E}_{21}$，$\boldsymbol{E}_{22}$ 下的坐标为（1，1，−2，2)^{T}。

三、基变换、过渡矩阵和坐标变换

在实际问题中，某个参照系中的描述和分析较为复杂时，往往需要建立新的参照系，使得原问题形式简化，分析简单。因此，当线性空间的一组基被理解为空间中的一种参照系时，自然就存在基之间的转换。

定义 4　设 $\boldsymbol{\alpha}_1$，$\boldsymbol{\alpha}_2,\cdots$，$\boldsymbol{\alpha}_n$ 和 $\boldsymbol{\beta}_1$，$\boldsymbol{\beta}_2,\cdots$，$\boldsymbol{\beta}_n$ 为线性空间 V 中的两组基，若

$$\begin{aligned} \boldsymbol{\beta}_1 &= p_{11}\boldsymbol{\alpha}_1+p_{21}\boldsymbol{\alpha}_2+\cdots+p_{n1}\boldsymbol{\alpha}_n \\ \boldsymbol{\beta}_2 &= p_{12}\boldsymbol{\alpha}_1+p_{22}\boldsymbol{\alpha}_2+\cdots+p_{n2}\boldsymbol{\alpha}_n \\ &\vdots \qquad \vdots \qquad \vdots \qquad \vdots \\ \boldsymbol{\beta}_n &= p_{1n}\boldsymbol{\alpha}_1+p_{2n}\boldsymbol{\alpha}_2+\cdots+p_{nn}\boldsymbol{\alpha}_n \end{aligned}$$

则矩阵 $\boldsymbol{P}=(p_{ij})_n$ 称为从基 $\boldsymbol{\alpha}_1$，$\boldsymbol{\alpha}_2,\cdots$，$\boldsymbol{\alpha}_n$ 到基 $\boldsymbol{\beta}_1$，$\boldsymbol{\beta}_2,\cdots$，$\boldsymbol{\beta}_n$ 的过渡矩阵。

将上述基变换表达式简记为（B_1，$B_2,\cdots$，B_n)=($\boldsymbol{\alpha}_1$，$\boldsymbol{\alpha}_2$，$\cdots\boldsymbol{\alpha}_n$）$\boldsymbol{P}$，称之为基变换公式。

定理 2　线性空间基之间的过渡矩阵是可逆的。

证明　设从基 $\boldsymbol{\alpha}_1$，$\boldsymbol{\alpha}_2,\cdots$，$\boldsymbol{\alpha}_n$ 到基 $\boldsymbol{\beta}_1$，$\boldsymbol{\beta}_2,\cdots$，$\boldsymbol{\beta}_n$ 的过渡矩阵为 $\boldsymbol{P}$，则

$$(\boldsymbol{\beta}_1,\ \boldsymbol{\beta}_2,\cdots,\ \boldsymbol{\beta}_n)=(\boldsymbol{\alpha}_1,\ \boldsymbol{\alpha}_2,\cdots,\ \boldsymbol{\alpha}_n)\boldsymbol{P}。$$

对于任何列向量（k_1，$k_2,\cdots$，k_n)^{T}，$\boldsymbol{P}\begin{pmatrix} k_1 \\ k_2 \\ \vdots \\ k_n \end{pmatrix}=\boldsymbol{0}$ 时，必有

$$(\boldsymbol{\beta}_1,\ \boldsymbol{\beta}_2,\cdots,\ \boldsymbol{\beta}_n)\begin{pmatrix} k_1 \\ k_2 \\ \vdots \\ k_n \end{pmatrix}=k_1\boldsymbol{\beta}_1+k_2\boldsymbol{\beta}_2+\cdots+k_n\boldsymbol{\beta}_n=(\boldsymbol{\alpha}_1,\ \boldsymbol{\alpha}_2,\cdots,\ \boldsymbol{\alpha}_n)\boldsymbol{P}\begin{pmatrix} k_1 \\ k_2 \\ \vdots \\ k_n \end{pmatrix}=\boldsymbol{0}$$

由基 $\boldsymbol{\beta}_1$，$\boldsymbol{\beta}_2,\cdots$，$\boldsymbol{\beta}_n$ 的线性无关性，可得

$$\begin{pmatrix} k_1 \\ k_2 \\ \vdots \\ k_n \end{pmatrix}=\boldsymbol{0}$$

再由线性代数知识可知，过渡矩阵 $\boldsymbol{P}$ 是可逆的。

推论 设 $\boldsymbol{P}$ 为基 $\boldsymbol{\alpha}_1, \boldsymbol{\alpha}_2, \cdots, \boldsymbol{\alpha}_n$ 到基 $\boldsymbol{\beta}_1, \boldsymbol{\beta}_2, \cdots, \boldsymbol{\beta}_n$ 的过渡矩阵，则基 $\boldsymbol{\beta}_1, \boldsymbol{\beta}_2, \cdots, \boldsymbol{\beta}_n$ 到基 $\boldsymbol{\alpha}_1, \boldsymbol{\alpha}_2, \cdots, \boldsymbol{\alpha}_n$ 的过渡矩阵为 $\boldsymbol{P}^{-1}$。

证 设基 $\boldsymbol{\beta}_1, \boldsymbol{\beta}_2, \cdots, \boldsymbol{\beta}_n$ 到基 $\boldsymbol{\alpha}_1, \boldsymbol{\alpha}_2, \cdots, \boldsymbol{\alpha}_n$ 的过渡矩阵为 $\boldsymbol{Q}$，则由

$$(\boldsymbol{\beta}_1, \boldsymbol{\beta}_2, \cdots, \boldsymbol{\beta}_n) = (\boldsymbol{\alpha}_1, \boldsymbol{\alpha}_2, \cdots, \boldsymbol{\alpha}_n)\boldsymbol{P},$$

$$(\boldsymbol{\alpha}_1, \boldsymbol{\alpha}_2, \cdots, \boldsymbol{\alpha}_n) = (\boldsymbol{\beta}_1, \boldsymbol{\beta}_2, \cdots, \boldsymbol{\beta}_n)\boldsymbol{Q}$$

可得：

$$(\boldsymbol{\beta}_1, \boldsymbol{\beta}_2, \cdots, \boldsymbol{\beta}_n) = (\boldsymbol{\alpha}_1, \boldsymbol{\alpha}_2, \cdots, \boldsymbol{\alpha}_n)\boldsymbol{P} = (\boldsymbol{\beta}_1, \boldsymbol{\beta}_2, \cdots, \boldsymbol{\beta}_n)\boldsymbol{QP}$$

比较左、右对应项在基 $\boldsymbol{\beta}_1, \boldsymbol{\beta}_2, \cdots, \boldsymbol{\beta}_n$ 下表达式的系数，可得：

$$\boldsymbol{QP} = \begin{pmatrix} 1 & & & \\ & 1 & & \\ & & \ddots & \\ & & & 1 \end{pmatrix} (\text{记为 } \boldsymbol{E})$$

即

$$\boldsymbol{Q} = \boldsymbol{P}^{-1}。$$

这说明 $\boldsymbol{\beta}_1, \boldsymbol{\beta}_2, \cdots, \boldsymbol{\beta}_n$ 到 $\boldsymbol{\alpha}_1, \boldsymbol{\alpha}_2, \cdots, \boldsymbol{\alpha}_n$ 的过渡矩阵为 $\boldsymbol{P}^{-1}$。

注：由一组基 $\boldsymbol{\alpha}_1, \boldsymbol{\alpha}_2, \cdots, \boldsymbol{\alpha}_n$ 和一个可逆矩阵 $\boldsymbol{P}$，可构造出另一组基 $(\boldsymbol{\alpha}_1, \boldsymbol{\alpha}_2, \cdots, \boldsymbol{\alpha}_n)\boldsymbol{P}$。

定理 3 设向量 $\boldsymbol{\alpha}$ 在基 $\boldsymbol{\alpha}_1, \boldsymbol{\alpha}_2, \cdots, \boldsymbol{\alpha}_n$ 和基 $\boldsymbol{\beta}_1, \boldsymbol{\beta}_2, \cdots, \boldsymbol{\beta}_n$ 下的坐标分别为 $\begin{pmatrix} \lambda_1 \\ \lambda_2 \\ \vdots \\ \lambda_n \end{pmatrix}$ 和 $\begin{pmatrix} \mu_1 \\ \mu_2 \\ \vdots \\ \mu_n \end{pmatrix}$，$\boldsymbol{P}$ 为基 $\boldsymbol{\alpha}_1, \boldsymbol{\alpha}_2, \cdots, \boldsymbol{\alpha}_n$ 到基 $\boldsymbol{\beta}_1, \boldsymbol{\beta}_2, \cdots, \boldsymbol{\beta}_n$ 的过渡矩阵，则

$$\begin{pmatrix} \lambda_1 \\ \lambda_2 \\ \vdots \\ \lambda_n \end{pmatrix} = \boldsymbol{P} \begin{pmatrix} \mu_1 \\ \mu_2 \\ \vdots \\ \mu_n \end{pmatrix} \text{ 或 } \begin{pmatrix} \mu_1 \\ \mu_2 \\ \vdots \\ \mu_n \end{pmatrix} = \boldsymbol{P}^{-1} \begin{pmatrix} \lambda_1 \\ \lambda_2 \\ \vdots \\ \lambda_n \end{pmatrix}$$

证明 由

$$(\boldsymbol{\alpha}_1, \boldsymbol{\alpha}_2, \cdots, \boldsymbol{\alpha}_n) \begin{pmatrix} \lambda_1 \\ \lambda_2 \\ \vdots \\ \lambda_n \end{pmatrix} = (\boldsymbol{\beta}_1, \boldsymbol{\beta}_2, \cdots, \boldsymbol{\beta}_n) \begin{pmatrix} \mu_1 \\ \mu_2 \\ \vdots \\ \mu_n \end{pmatrix}$$

及

$$(\boldsymbol{\beta}_1, \boldsymbol{\beta}_2, \cdots, \boldsymbol{\beta}_n) = (\boldsymbol{\alpha}_1, \boldsymbol{\alpha}_2, \cdots, \boldsymbol{\alpha}_n)\boldsymbol{P}$$

得

$$(\boldsymbol{\alpha}_1, \boldsymbol{\alpha}_2, \cdots, \boldsymbol{\alpha}_n)\begin{pmatrix}\lambda_1\\ \lambda_2\\ \vdots\\ \lambda_n\end{pmatrix}=(\boldsymbol{\alpha}_1, \boldsymbol{\alpha}_2, \cdots, \boldsymbol{\alpha}_n)\boldsymbol{P}\begin{pmatrix}\mu_1\\ \mu_2\\ \vdots\\ \mu_n\end{pmatrix}$$

从而

$$\begin{pmatrix}\lambda_1\\ \lambda_2\\ \vdots\\ \lambda_n\end{pmatrix}=\boldsymbol{P}\begin{pmatrix}\mu_1\\ \mu_2\\ \vdots\\ \mu_n\end{pmatrix} \quad 或 \quad \begin{pmatrix}\mu_1\\ \mu_2\\ \vdots\\ \mu_n\end{pmatrix}=\boldsymbol{P}^{-1}\begin{pmatrix}\lambda_1\\ \lambda_2\\ \vdots\\ \lambda_n\end{pmatrix}$$

注：上述公式称为向量在不同基下的坐标变换公式。

【例 6-10】 验证 $\boldsymbol{\alpha}_1=1$，$\boldsymbol{\alpha}_2=x$，$\boldsymbol{\alpha}_3=x^2$ 和 $\boldsymbol{\beta}_1=1$，$\boldsymbol{\beta}_2=x-1$，$\boldsymbol{\beta}_3=(x-1)^2$ 均为 $\boldsymbol{P}[x]_3$中的基，并求前一组基到后一组基的过渡矩阵，以及 $p=1-2x-3x^2$ 在后一组基下的坐标。

【解】 考察 $k_1\boldsymbol{\alpha}+k_2\boldsymbol{\alpha}_2+k_3\boldsymbol{\alpha}_3=\boldsymbol{0}$，即 $k_1+k_2x+k_3x^2=0$ 对任何数 x 成立，则由多项式理论可知：

$$k_1=k_2=k_3=0$$

因而 $\boldsymbol{\alpha}_1$，$\boldsymbol{\alpha}_2$，$\boldsymbol{\alpha}_3$ 是线性无关的，并构成 $P[x]_3$ 的一组基。

由

$$\boldsymbol{\beta}_1=1=\boldsymbol{\alpha}_1, \ \boldsymbol{\beta}_2=x-1=-\boldsymbol{\alpha}_1+\boldsymbol{\alpha}_2, \ \boldsymbol{\beta}_3=(x-1)^2=\boldsymbol{\alpha}_1-2\boldsymbol{\alpha}_2+\boldsymbol{\alpha}_3;$$

$$\boldsymbol{P}=\begin{pmatrix}1 & -1 & 1\\ 0 & 1 & -2\\ 0 & 0 & 1\end{pmatrix}$$

可逆知，$\boldsymbol{\beta}_1$，$\boldsymbol{\beta}_2$，$\boldsymbol{\beta}_3$ 也构成 $P[x]_3$ 的一组基，并且基 $\boldsymbol{\alpha}_1$，$\boldsymbol{\alpha}_2$，$\boldsymbol{\alpha}_3$ 到基 $\boldsymbol{\beta}_1$，$\boldsymbol{\beta}_2$，$\boldsymbol{\beta}_3$ 的过渡矩阵为 $\boldsymbol{P}$。

由

$$\boldsymbol{P}=1-2x-3x^2=-4-8(x-1)-3(x-1)^2=-4\boldsymbol{\beta}_1-8\boldsymbol{\beta}_2-3\boldsymbol{\beta}_3$$

可得，$\boldsymbol{P}$ 在基 $\boldsymbol{\beta}_1$，$\boldsymbol{\beta}_2$，$\boldsymbol{\beta}_3$ 下的坐标为 $\begin{pmatrix}-4\\ -8\\ -3\end{pmatrix}$。

注：也可先求出 $\boldsymbol{P}^{-1}=\begin{pmatrix}1 & 1 & 1\\ 0 & 1 & 2\\ 0 & 0 & 1\end{pmatrix}$，再计算出 $\begin{pmatrix}1 & 1 & 1\\ 0 & 1 & 2\\ 0 & 0 & 1\end{pmatrix}\begin{pmatrix}1\\ -2\\ -3\end{pmatrix}=\begin{pmatrix}-4\\ -8\\ -3\end{pmatrix}$。

【例 6-11】 已知 $\mathbf{R}^4$ 的两组基分别为：

$\boldsymbol{\alpha}_1=(1, 1, 2, 1)^{\mathrm{T}}$，$\boldsymbol{\alpha}_2=(0, 2, 1, 2)^{\mathrm{T}}$，$\boldsymbol{\alpha}_3=(0, 0, 3, 1)^{\mathrm{T}}$，$\boldsymbol{\alpha}_4=(0, 0, 0, 4)^{\mathrm{T}}$；

$\boldsymbol{\beta}_1=(1, 0, 0, 0)^{\mathrm{T}}$，$\boldsymbol{\beta}_2=(1, 2, 0, 0)^{\mathrm{T}}$，$\boldsymbol{\beta}_3=(0, 0, 1, 1)^{\mathrm{T}}$，$\boldsymbol{\beta}_4=(0, 0, -1, 1)^{\mathrm{T}}$。

试求基 $\boldsymbol{\alpha}_1$，$\boldsymbol{\alpha}_2$，$\boldsymbol{\alpha}_3$，$\boldsymbol{\alpha}_4$ 到基 $\boldsymbol{\beta}_1$，$\boldsymbol{\beta}_2$，$\boldsymbol{\beta}_3$，$\boldsymbol{\beta}_4$ 的过渡矩阵。

【解】　设 $(\boldsymbol{\beta}_1, \boldsymbol{\beta}_2, \boldsymbol{\beta}_3, \boldsymbol{\beta}_4) = (\boldsymbol{\alpha}_1, \boldsymbol{\alpha}_2, \boldsymbol{\alpha}_3, \boldsymbol{\alpha}_4)\boldsymbol{P}$，则

$$\begin{pmatrix}1 & 1 & 0 & 0\\0 & 2 & 0 & 0\\0 & 0 & 1 & -1\\0 & 0 & 1 & -1\end{pmatrix}=\begin{pmatrix}1 & 0 & 0 & 0\\1 & 2 & 0 & 0\\2 & 1 & 3 & 0\\1 & 2 & 1 & 4\end{pmatrix}\boldsymbol{P}$$

因此

$$\boldsymbol{P}=\begin{pmatrix}1 & 0 & 0 & 0\\1 & 2 & 0 & 0\\2 & 1 & 3 & 0\\1 & 2 & 1 & 4\end{pmatrix}^{-1}\begin{pmatrix}1 & 1 & 0 & 0\\0 & 2 & 0 & 0\\0 & 0 & 1 & -1\\0 & 0 & 1 & -1\end{pmatrix}=\begin{pmatrix}1 & 1 & 0 & 0\\-\frac{1}{2} & \frac{1}{2} & 0 & 0\\-\frac{1}{2} & -\frac{5}{6} & \frac{1}{3} & -\frac{1}{3}\\\frac{1}{8} & -\frac{7}{24} & \frac{1}{6} & -\frac{1}{6}\end{pmatrix}$$

四、线性子空间的概念

当一个集合包含一些特殊类型的元素时，研究其局部的性质是必不可少的，这是对整体性质研究的一个补充，至少可以将整个集合分解成一些特殊的子集。线性空间对于那些保持着原有的线性运算封闭性的子集，有着重要的意义。

定义 5　设 W 是线性空间 V 的非空子集，若 W 关于 V 中的加法和数乘也构成线性空间，则称 W 是 V 的一个线性子空间。

显然，零空间 $\{0\}$ 是任何线性空间 V 的子空间。

【例 6-12】　设 $\boldsymbol{\alpha}_1, \boldsymbol{\alpha}_2, \cdots, \boldsymbol{\alpha}_n$ 是数域 $\mathbf{P}$ 上线性空间 V 中的一组向量，则集合

$$\{k_1\boldsymbol{\alpha}_1+k_2\boldsymbol{\alpha}_2+\cdots+k_n\boldsymbol{\alpha}_n \mid k_1, k_2, \cdots, k_n \in \mathbf{P}\}$$

构成 V 的子空间，称为由 $\boldsymbol{\alpha}_1, \boldsymbol{\alpha}_2, \cdots, \boldsymbol{\alpha}_n$ 的生成子空间，记为

$$Span\{\boldsymbol{\alpha}_1, \boldsymbol{\alpha}_2, \cdots, \boldsymbol{\alpha}_n\}。$$

子空间判别定理　线性空间 V 的非空子集 W 为 V 的子空间的充分必要条件是 W 对 V 中的线性运算封闭。

根据上述判别定理，不难证明以下的结论 1 和结论 2。

结论 1　设 V_1、V_2 为线性空间 V 的子空间，则 $V_1 \cap V_2$ 也是 V 的子空间，称为交空间。

结论 2　设 V_1、V_2 为线性空间 V 的子空间，则

$$V_1+V_2=\{\boldsymbol{\alpha}_1+\boldsymbol{\alpha}_2 \mid \boldsymbol{\alpha}_1 \in V_1, \boldsymbol{\alpha}_2 \in V_2\}$$

也是 V 的子空间，称为和空间。

比如，设 $V_1=\{\boldsymbol{x} \mid \boldsymbol{A}_{m\times n}\boldsymbol{x}=\mathbf{0}, \boldsymbol{x}\in\mathbf{R}^n\}$，$V_2=\{\boldsymbol{x} \mid \boldsymbol{B}_{l\times n}\boldsymbol{x}=\mathbf{0}, \boldsymbol{x}\in\mathbf{R}^n\}$，$\boldsymbol{A}_{m\times n}$，$\boldsymbol{B}_{l\times n}$ 均为实矩阵，则 $V_1\cap V_2=\{\boldsymbol{x} \mid \boldsymbol{A}_{m\times n}\boldsymbol{x}=\mathbf{0}, \boldsymbol{B}_{l\times n}\boldsymbol{x}=\mathbf{0}, \boldsymbol{x}\in\mathbf{R}^n\}$。

【例 6-13】　设 $\boldsymbol{\alpha}_1=(2, -1, 0, 1)^{\mathrm{T}}$，$\boldsymbol{\alpha}_2=(1, -1, 3, 7)^{\mathrm{T}}$，$\boldsymbol{\beta}_1=(1, 2, 1, 0)^{\mathrm{T}}$，$\boldsymbol{\beta}_2=(-1, 1, 1, 1)^{\mathrm{T}}$，$V_1=Span\{\boldsymbol{\alpha}_1, \boldsymbol{\alpha}_2\}$，$V_2=Span\{\boldsymbol{\beta}_1, \boldsymbol{\beta}_2\}$，求 $V_1\cap V_2$、V_1+V_2 及它们的一组基。

【解】　任取 $\boldsymbol{\alpha}\in V_1\cap V_2$，则

$$\boldsymbol{\alpha}=k_1\boldsymbol{\alpha}_1+k_2\boldsymbol{\alpha}_2=l_1\boldsymbol{\beta}_1+l_2\boldsymbol{\beta}_2$$

即

$$(\boldsymbol{\alpha}_1,\ \boldsymbol{\alpha}_2,\ -\boldsymbol{\beta}_1,\ -\boldsymbol{\beta}_2)\begin{pmatrix}k_1\\k_2\\l_1\\l_2\end{pmatrix}=\mathbf{0}$$

解，得：

$$(k_1,\ k_2,\ l_1,\ l_2)^{\mathrm{T}}=k_2\ (-3,\ 1,\ -1,\ 4)^{\mathrm{T}}$$

从而

$$\boldsymbol{\alpha}=k_2(-5,\ 2,\ 3,\ 4)^{\mathrm{T}}\ (k_2\in\mathbf{R})$$

由此可得：

$$V_1\cap V_2=\{k(-5,\ 2,\ 3,\ 4)^{\mathrm{T}}\mid k\in\mathbf{R}\}$$

即 $(-5,\ 2,\ 3,\ 4)^{\mathrm{T}}$ 为其一组基。

任取

$$\boldsymbol{\alpha}\in V_1+V_2$$

则

$$\boldsymbol{\alpha}=k_1\boldsymbol{\alpha}_1+k_2\boldsymbol{\alpha}_2+l_1\boldsymbol{\beta}_1+l_2\boldsymbol{\beta}_2$$

因此

$$V_1+V_2=Span\{\boldsymbol{\alpha}_1,\ \boldsymbol{\alpha}_2,\ \boldsymbol{\beta}_1,\ \boldsymbol{\beta}_2\}$$

由 $r(\boldsymbol{\alpha}_1,\ \boldsymbol{\alpha}_2,\ \boldsymbol{\beta}_1)=r(\boldsymbol{\alpha}_1,\ \boldsymbol{\alpha}_2,\ \boldsymbol{\beta}_1,\ \boldsymbol{\beta}_2)=3$ 可知，$\boldsymbol{\alpha}_1$，$\boldsymbol{\alpha}_2$，$\boldsymbol{\beta}_1$ 为 V_1+V_2 的一组基。

维数定理　设 V_1、V_2 为线性空间 V 的子空间，则

$$dim(V_1)+dim(V_2)=dim(V_1+V_2)+dim(V_1\cap V_2)。$$

证明　设

$$dim(V_1)=m,\ dim(V_2)=n,\ dim(V_1\cap V_2)=l,$$

取 $V_1\cap V_2$ 的一组基 $\boldsymbol{\alpha}_1$，$\boldsymbol{\alpha}_2$，…，$\boldsymbol{\alpha}_l$，并将其分别扩展为 V_1 和 V_2 的基，即：

$\boldsymbol{\alpha}_1$，$\boldsymbol{\alpha}_2$，…，$\boldsymbol{\alpha}_l$，$\boldsymbol{\alpha}_{l+1}$，…，$\boldsymbol{\alpha}_m$；$\boldsymbol{\alpha}_1$，$\boldsymbol{\alpha}_2$，…，$\boldsymbol{\alpha}_l$，$\boldsymbol{\beta}_1$…，$\boldsymbol{\beta}_{n-l}$。

以下证明 $\boldsymbol{\alpha}_1$，$\boldsymbol{\alpha}_2$，…，$\boldsymbol{\alpha}_m$，$\boldsymbol{\beta}_1$，…，$\boldsymbol{\beta}_{n-l}$ 是线性无关的，从而构成 V_1+V_2 的一组基。

考察

$$k_1\boldsymbol{\alpha}_1+k_2\boldsymbol{\alpha}_2+\cdots+k_m\boldsymbol{\alpha}_m+k_{m+1}\boldsymbol{\beta}_1+k_{m+2}\boldsymbol{\beta}_2+\cdots+k_{m+n-l}\boldsymbol{\beta}_{n-l}=\mathbf{0}$$

由

$$k_1\boldsymbol{\alpha}_1+k_2\boldsymbol{\alpha}_2+\cdots+k_m\boldsymbol{\alpha}_m=-(k_{m+1}\boldsymbol{\beta}_1+k_{m+2}\boldsymbol{\beta}_2+\cdots+k_{m+n-l}\boldsymbol{\beta}_{n-l})$$

可知，右端属于 $V_1\cap V_2$ 可由 $\boldsymbol{\alpha}_1$，$\boldsymbol{\alpha}_2$，…，$\boldsymbol{\alpha}_l$ 线性表示，即有 $-(k_{m+1}\boldsymbol{\beta}_1+k_{m+2}\boldsymbol{\beta}_2+\cdots+k_{m+n-l}\boldsymbol{\beta}_{n-l})=\boldsymbol{\lambda}_1\boldsymbol{\alpha}_1+k_2\boldsymbol{\alpha}_2+\cdots+\boldsymbol{\lambda}_l\boldsymbol{\alpha}_l$

整理后得：

$$\lambda_1\alpha_1+k_2\alpha_2+\cdots+\lambda_l\alpha_l+k_{m+1}\beta_1+k_{m+2}\beta_2+\cdots+k_{m+n-l}\beta_{n-l}=\mathbf{0}$$

由 $\boldsymbol{\alpha}_1$，$\boldsymbol{\alpha}_2$，…，$\boldsymbol{\alpha}_l$，$\boldsymbol{\beta}_1$，$\boldsymbol{\beta}_2$，…，$\boldsymbol{\beta}_{n-l}$ 的线性无关性可得：

$$\lambda_1=\cdots=\lambda_l=k_{m+1}=\cdots=k_{m+n-l}=\mathbf{0}$$

从而可知

$$k_1\boldsymbol{\alpha}_1+k_2\boldsymbol{\alpha}_2+\cdots+k_m\boldsymbol{\alpha}_m=\mathbf{0}$$

再由 $\boldsymbol{\alpha}_1,\cdots,\boldsymbol{\alpha}_m$ 的线性无关性可得：

$$k_1=\cdots=k_m=k_{m+1}=\cdots=k_{m+n-l}=\mathbf{0}$$

从而向量组 $\boldsymbol{\alpha}_1,\boldsymbol{\alpha}_2,\cdots,\boldsymbol{\alpha}_l,\cdots,\boldsymbol{\alpha}_m$ 与 $\boldsymbol{\beta}_1,\cdots,\boldsymbol{\beta}_{n-l}$ 线性无关，并构成 V_1+V_2 的一组基。由此可得：

$$dim(V_1+V_2)=n+m-l$$

并且

$$dim(V_1)+dim(V_2)=dim(V_1+V_2)+dim(V_1\cap V_2)$$

定义 6 设 V_1、V_2 为线性空间 V 的子空间，若 V_1+V_2 中每个向量 $\boldsymbol{\alpha}$ 的分解式 $\boldsymbol{\alpha}=\boldsymbol{\alpha}_1+\boldsymbol{\alpha}_2$（$\boldsymbol{\alpha}_1\in V_1$，$\boldsymbol{\alpha}_2\in V_2$）是唯一的，即：$\boldsymbol{\alpha}_1+\boldsymbol{\alpha}_2=\boldsymbol{\alpha}'_1+\boldsymbol{\alpha}'_2$，$\boldsymbol{\alpha}_1$，$\boldsymbol{\alpha}'_1\in V_1$，$\boldsymbol{\alpha}_2$，$\boldsymbol{\alpha}'_2\in V_2$ 时，总有 $\boldsymbol{\alpha}_1=\boldsymbol{\alpha}'_1$，$\boldsymbol{\alpha}_2=\boldsymbol{\alpha}'_2$，则称 V_1+V_2 为 V_1 与 V_2 的直和，记为 $V_1\oplus V_2$。

直和判别定理 设 V_1、V_2 为线性空间 V 的子空间，则

$$V_1+V_2=V_1\oplus V_2\Leftrightarrow V_1\cap V_2=\{0\}\Leftrightarrow dim(V_1)+dim(V_2)=dim(V_1+V_2)。$$

证明 若 V_1+V_2 是直和，假设存在 $\boldsymbol{\alpha}\in V_1\cap V_2$，$\boldsymbol{\alpha}\neq\mathbf{0}$，则 $\boldsymbol{\alpha}\in V_1$，$-\boldsymbol{\alpha}\in V_2$，并且 $\boldsymbol{\alpha}+(-\boldsymbol{\alpha})=\mathbf{0}$，由零向量分解式的唯一性可得，$\boldsymbol{\alpha}=\mathbf{0}$，这与假设矛盾，因此 $\boldsymbol{V}_1\cap\boldsymbol{V}_2=\{0\}$。若 $V_1\cap V_2=\{0\}$，假设 V_1+V_2 中向量 $\boldsymbol{\alpha}$ 的分解式不唯一，即存在

$$\boldsymbol{\alpha}_1,\ \boldsymbol{\beta}_1\in V_1,\ \boldsymbol{\alpha}_2,\ \boldsymbol{\beta}_2\in V_2,\ \boldsymbol{\alpha}_1\neq\boldsymbol{\beta}_1,\ \boldsymbol{\alpha}_2\neq\boldsymbol{\beta}_2$$

使得

$$\boldsymbol{\alpha}=\boldsymbol{\alpha}_1+\boldsymbol{\beta}_1=\boldsymbol{\alpha}_2+\boldsymbol{\beta}_2。$$

由此可得

$$\boldsymbol{\alpha}_1-\boldsymbol{\alpha}_2=\boldsymbol{\beta}_2-\boldsymbol{\beta}_1\in V_1\cap V_2$$

从而

$$\boldsymbol{\alpha}_1-\boldsymbol{\alpha}_2=\boldsymbol{\beta}_2-\boldsymbol{\beta}_1=\mathbf{0}，即\ \boldsymbol{\alpha}_1=\boldsymbol{\beta}_1，\boldsymbol{\alpha}_2=\boldsymbol{\beta}_2$$

这与假设矛盾，因此 V_1+V_2 是直和。

这说明

$$V_1+V_2=V_1\oplus V_2\Leftrightarrow V_1\cap V_2=\{0\}。$$

另由维数定理可知，

$$V_1\cap V_2=\{0\}\Leftrightarrow dim(V_1)+dim(V_2)=dim(V_1+V_2)。$$

注：(1) V_1+V_2 为直和的充要条件为某一向量（包括 0）的分解式唯一。

这只要注意到如下事实：设向量 $\boldsymbol{\alpha}$ 的分解式 $\boldsymbol{\alpha}=\boldsymbol{\alpha}_1+\boldsymbol{\alpha}_2$ 是唯一的，并且 $\mathbf{0}$ 的分解式为 $\mathbf{0}=\boldsymbol{\beta}_1+\boldsymbol{\beta}_2$，则

$$\boldsymbol{\alpha}=\boldsymbol{\alpha}+\mathbf{0}=(\boldsymbol{\alpha}_1+\boldsymbol{\beta}_1)+(\boldsymbol{\alpha}_2+\boldsymbol{\beta}_2),$$

由此可得，$\boldsymbol{\beta}_1=\mathbf{0}$，$\boldsymbol{\beta}_2=\mathbf{0}$，因而 $\mathbf{0}$ 的分解式是唯一的。对于任意向量 $\boldsymbol{\gamma}\in V$，若

$$\boldsymbol{\gamma}=\boldsymbol{\gamma}_1+\boldsymbol{\gamma}_2=\boldsymbol{\gamma}'_1+\boldsymbol{\gamma}'_2,\ \boldsymbol{\gamma}_1,\ \boldsymbol{\gamma}'_1\in V_1(\boldsymbol{\gamma}_2,\ \boldsymbol{\gamma}'_2\in V_2),$$

则

$$(\boldsymbol{\gamma}_1-\boldsymbol{\gamma}'_1)+(\boldsymbol{\gamma}_2-\boldsymbol{\gamma}')_2=\mathbf{0},$$

并且

$$\boldsymbol{\gamma}_1-\boldsymbol{\gamma}'_1\in V_1,\ \boldsymbol{\gamma}'_2-\boldsymbol{\gamma}_2\in V_2。$$

由 $\mathbf{0}$ 的分解唯一性的可得，$\boldsymbol{\gamma}_1=\boldsymbol{\gamma}'_1$，$\boldsymbol{\gamma}_2=\boldsymbol{\gamma}'_2$，即任意向量 $\boldsymbol{\gamma}$ 的分解也是唯一的。

(2) V_1、V_2 的基合并在一起构成 V_1+V_2 基的充分必要条件是 V_1+V_2 为直和。

直和分解定理　设 V_1 为线性空间 V 的子空间，则存在 V 的子空间 V_2，使得 $V=V_1\oplus V_2$。

证明　任取 V_1 的一组基

$$\boldsymbol{\alpha}_1,\ \boldsymbol{\alpha}_2,\cdots,\ \boldsymbol{\alpha}_l$$

将其扩展为 V 的一组基

$$\boldsymbol{\alpha}_1,\ \boldsymbol{\alpha}_2,\cdots,\ \boldsymbol{\alpha}_l,\ \boldsymbol{\alpha}_{l+1}\cdots,\ \boldsymbol{\alpha}_{\mathrm{m}}$$

令

$$V_2=Span\{\boldsymbol{\alpha}_{l+1},\ \cdots,\ \boldsymbol{\alpha}_m\}$$

则

$$V_1\cap V_2=\{0\}。$$

因此 V 为 V_1 和 V_2 的直和，并且 $V=V_1\oplus V_2$。

注：(1) 若 $\boldsymbol{\alpha}_1,\ \boldsymbol{\alpha}_2,\cdots,\ \boldsymbol{\alpha}_n$ 为 V 的一组基，则

$$V=Span\{\alpha_1\}\oplus Span\{\alpha_2\}\oplus\cdots\oplus Span\{\alpha_n\},$$

但

$$Span\{\alpha_1\}\cup Span\{\alpha_2\}\cup\cdots\cup Span\{\alpha_n\}$$

远远不能充满线性空间 V。

(2) 直和分解的意义还在于将大规模的线性运算分解成较小规模线性运算的线性组合，这将大大加快线性运算的速度，傅立叶（Fourier）变换的快速计算就是建立在这种思想上的。

习题　6.1

检验一下集合对给定的加法和数乘是否构成实数域上的线性空间：

(1) 全体 n 阶实对称矩阵；关于矩阵的加法，实数与矩阵的数乘；

(2) 全体 n 阶实反对称矩阵；运算同 (1)；

(3) 全体 n 阶实非异矩阵；运算同 (1)；

(4) 复数集合；关于复数的加法，实数与复数的乘法。

第二节　线性变换及其矩阵

一、线性变换及其运算

线性变换是线性运算和运算具有线性的共性化的概念，其本质是像的线性运算与原像的线性运算可以互相转换。如 n 维向量的线性变换、函数的微分和积分运算均为线性变换。

定义 1　设 $\boldsymbol{T}$ 是数域 $\mathbf{P}$ 上线性空间 $\boldsymbol{V}$ 到 $\boldsymbol{V}$（或另一线性空间）中的映射，若对任何 $a,\ b\in V,\ \lambda\in\mathbf{P}$，总成立着

$$\boldsymbol{T}(a+b)=\boldsymbol{T}a+\boldsymbol{T}b,\ \boldsymbol{T}(\lambda a)=\lambda(\boldsymbol{T}a),$$

则称 $\boldsymbol{T}$ 是 V 上线性变换。

【例 6-14】　(1) 对于任意 $\boldsymbol{x}\in\mathbf{P}^2$，$T(\boldsymbol{x})=\boldsymbol{A}\boldsymbol{x}\in\mathbf{P}^2$，其中 $\boldsymbol{A}\in\mathbf{P}^{2\times2}$，则 $\boldsymbol{T}$ 为 $\mathbf{P}^2$ 上的

线性变换。

对于任意

$$f(x)=a+bx+cx^2\in P[x]_3,\ T(f)=\begin{pmatrix}a\\b\\c\end{pmatrix}\in\mathbf{P}^3$$

则 $\boldsymbol{T}$ 为 $P[x]_3$ 上的线性变换。

（2）对于任意

$$f(x)\in C[a,\ b],\ T(f)=\int_a^b f(x)\,\mathrm{d}x\in\mathbf{P}$$

则 $\boldsymbol{T}$ 为 $C[a,\ b]$ 上的线性变换。

（3）对于任意

$$f(x)\in C'[a,\ b],\ D(f)=f'(x)\in C[a,\ b],$$

则 $\boldsymbol{D}$ 为 $C'[a,\ b]$ 到 $C[a,\ b]$ 中的线性变换。

（4）对于任意

$$\boldsymbol{A}=(a_{ij})_n\in\mathbf{P}^{n\times n},\ \mathrm{T}(\boldsymbol{A})=|\boldsymbol{A}|\in\mathbf{P}$$

则 $\boldsymbol{T}$ 不构成 $\mathbf{P}^{n\times n}$ 上的线性变换。

结论 1 线性变换的加、减、乘、数乘和逆运算仍为线性变换，线性空间 V 上所有线性变换的集合构成线性空间，记为 $L(V)$。

线性变换的研究与其他许多数学对象一样，常常是从运算性质、特殊区域上的表现、运算表达式等方面着手的。

二、象空间、核空间和不变子空间

定义 2 设 $\boldsymbol{T}$ 是 V 上线性变换，V 中所有向量在 $\boldsymbol{T}$ 下的像构成的集合 $T(V)=\{\boldsymbol{Tx}\mid\boldsymbol{x}\in V\}$ 称为 $\boldsymbol{T}$ 的像空间，V 中所有被 $\boldsymbol{T}$ 变换成 0 的向量构成的集合 $Ker(T)=\{\boldsymbol{x}\mid\boldsymbol{Tx}=\boldsymbol{0},\ \boldsymbol{x}\in V\}$ 称为 $\boldsymbol{T}$ 的核空间。

注：$\boldsymbol{T}$ 的像空间和核空间均为 V 的子空间。

定理 1 设 $\boldsymbol{T}$ 是 V 上线性变换，则 $dimT(V)+dimKer(T)=dim(V)$。

证明 取 $Ker(T)$ 的一组基

$$\boldsymbol{\alpha}_1,\ \boldsymbol{\alpha}_2,\cdots,\ \boldsymbol{\alpha}_l$$

并将其扩张为 V 的一组基

$$\boldsymbol{\alpha}_1,\cdots,\ \boldsymbol{\alpha}_l,\ \boldsymbol{\alpha}_{l+1},\cdots,\ \boldsymbol{\alpha}_n$$

则对于任何

$$\boldsymbol{\alpha}\in V,\ \boldsymbol{\alpha}=k_1\boldsymbol{\alpha}_1+\cdots+k_l\boldsymbol{\alpha}_l+\cdots l_n\boldsymbol{\alpha}_n$$

总有

$$\boldsymbol{T\alpha}=k_{l+1}\boldsymbol{T\alpha}_{l+1}+\cdots+k_n\boldsymbol{T\alpha}_n$$

从而

$$T(V)=Sapn\{\boldsymbol{T\alpha}_{l+1},\cdots,\ \boldsymbol{T\alpha}_n\}$$

考察 $\lambda_{l+1}\boldsymbol{T\alpha}_{l+1}+\cdots+\lambda_n\boldsymbol{T\alpha}_n=\boldsymbol{0}$，由 $\boldsymbol{T}$ 的线性可知，

$$\boldsymbol{T}(\lambda_{l+1}\boldsymbol{\alpha}_{l+1}+\cdots+\lambda_n\boldsymbol{\alpha}_n)=\boldsymbol{0}$$

从而

$$\lambda_{l+1}\boldsymbol{\alpha}_{l+1}+\cdots+\lambda_n\boldsymbol{\alpha}_n \in Ker\ (T)$$

因此可由 $\boldsymbol{\alpha}_1$，$\boldsymbol{\alpha}_2,\cdots$，$\boldsymbol{\alpha}_l$ 线性表示，即有

$$\lambda_{l+1}\boldsymbol{\alpha}_{l+1}+\cdots+\lambda_n\boldsymbol{\alpha}_n=\mu_1\boldsymbol{\alpha}_1+\mu_2\boldsymbol{\alpha}_2+\cdots+\mu_l\boldsymbol{\alpha}_l$$

再由 $\boldsymbol{\alpha}_1,\cdots$，$\boldsymbol{\alpha}_l$，$\boldsymbol{\alpha}_{l+1},\cdots$，$\boldsymbol{\alpha}_n$ 的线性无关性可知，$\lambda_{l+1}=\cdots=\lambda_n=0$，从而 $\boldsymbol{T\alpha}_{l+1},\cdots$，$\boldsymbol{T\alpha}_n$ 线性无关，因此 $\boldsymbol{T\alpha}_{l+1},\cdots$，$\boldsymbol{T\alpha}_n$ 构成 T（V）的一组基。

由此可知，$dimT(V)=n-l$，从而

$$dimT(V)+dimKer\ (\boldsymbol{T})=dim(V)$$

定义 3　设 $\boldsymbol{T}$ 是线性空间 V 上的线性变换，W 是 V 的子空间，若 $T(W)\subset W$，则称 W 为 $\boldsymbol{T}$ 的不变子空间。

【例 6-15】　对于任意 $f(x)\in P[x]$，设 $Tf=f'(x)\in P[x]$，则 $P[x]_n$ 是线性变换 T 的不变子空间。

显然，$\boldsymbol{T}$ 是 P ［x］上的微分变换，也是一个线性变换．由于多项式的导数必为低阶的多项式，因此 P ［x］$_n$ 是线性变换 $\boldsymbol{T}$ 的不变子空间。

【例 6-16】　对于任意 $\boldsymbol{x}\in\mathbf{P}^n$，设 $\boldsymbol{Tx}=\boldsymbol{Ax}\in\mathbf{P}^n,\boldsymbol{A}\in\mathbf{P}^{n\times n}$，则 $S_\lambda=\{\boldsymbol{x}\mid\boldsymbol{Ax}=\lambda\boldsymbol{x},\boldsymbol{x}\in\mathbf{P}^n\}$ 是线性变换 $\boldsymbol{T}$ 的不变子空间。

显然，$\boldsymbol{T}$ 为 $\mathbf{P}^n$ 上的线性变换，$S_\lambda=\{\boldsymbol{x}\mid\boldsymbol{Ax}=\lambda\boldsymbol{x},\ \boldsymbol{x}\in\mathbf{P}^n\}$ 是 $\boldsymbol{A}$ 的特征子空间。

对于任何 $\boldsymbol{x}\in S_\lambda$，

$$\boldsymbol{A}(\boldsymbol{Tx})=\boldsymbol{A}(\boldsymbol{Ax})=\boldsymbol{A}(\lambda\boldsymbol{x})=\lambda(\boldsymbol{Ax})=\lambda(\boldsymbol{Tx}),$$

即 $\boldsymbol{Tx}\in S_\lambda$，因而 S_λ 是线性变换 $\boldsymbol{T}$ 的不变子空间。

注：不变子空间是线性变换的属性在定义空间上的反映，不变子空间中线性变换的性质独立于其他范围中的性质，因此寻找合适的不变子空间是性质分析的重要内容。

结论 2　设 $\boldsymbol{T}$ 是 V 上线性变换，则 $T(V)$，$Ker(\boldsymbol{T})$ 均为 $\boldsymbol{T}$ 的不变子空间。

三、线性变换在基下的矩阵表示

定义 4　设 $\boldsymbol{T}$ 为线性空间 V 上的线性变换，若 V 的一组基 e_1，$e_2,\cdots$，e_n 在 $\boldsymbol{T}$ 下的像为：

$$\begin{cases}\boldsymbol{Te}_1=a_{11}\boldsymbol{e}_1+a_{21}\boldsymbol{e}_2+\cdots+a_{n1}\boldsymbol{e}_n\\ \boldsymbol{Te}_2=a_{12}\boldsymbol{e}_1+a_{22}\boldsymbol{e}_2+\cdots+a_{n2}\boldsymbol{e}_n\\ \vdots\qquad\vdots\qquad\vdots\qquad\vdots\\ \boldsymbol{Te}_n=a_{1n}\boldsymbol{e}_1+a_{2n}\boldsymbol{e}_2+\cdots+a_{nn}\boldsymbol{e}_n\end{cases},$$

则称 $\boldsymbol{A}=(a_{ij})_n\in\mathbf{P}^{n\times n}$ 为 $\boldsymbol{T}$ 在 $\boldsymbol{e}_1$，$\boldsymbol{e}_2,\cdots$，$\boldsymbol{e}_n$ 下的矩阵（或为 $\boldsymbol{T}$ 的变换矩阵），并将上述表达式记为：

$$\boldsymbol{T}(\boldsymbol{e}_1,\ \boldsymbol{e}_2,\cdots,\ \boldsymbol{e}_n)=(\boldsymbol{Te}_1,\ \boldsymbol{Te}_2,\cdots,\ \boldsymbol{Te}_n)=(\boldsymbol{e}_1,\ \boldsymbol{e}_2,\cdots,\ \boldsymbol{e}_n)\boldsymbol{A}。$$

注：$\boldsymbol{A}$ 不一定可逆，但 $\boldsymbol{A}$ 可逆时 $\boldsymbol{Te}_1$，$\boldsymbol{Te}_2,\cdots$，$\boldsymbol{Te}_n$ 也构成一组基。

结论 3　设 $\boldsymbol{T}$ 为线性空间 V 上的线性变换，则 $L(V)$ 与 $\mathbf{P}^{n\times n}$ 是同构的（Isomorphic），即 $L(V)$ 中线性变换与 $\mathbf{P}^{n\times n}$ 中矩阵一一对应，并且保持对应的线性运算。因此，$L(V)$ 中的基对应于 $\mathbf{P}^{n\times n}$ 中的基，两空间的维数相同。

这说明除符号形式不同外，从线性运算的角度看，$L(V)$ 与 $\mathbf{P}^{n\times n}$ 没什么区别。可以认为，矩阵和线性变换本质相同，只是表现形式不同而已。因此，在变换分析和代数运算两种基本方法之间就架起了沟通和转换的桥梁。

定理 2 设 $\boldsymbol{\alpha}_1, \boldsymbol{\alpha}_2, \cdots, \boldsymbol{\alpha}_n$ 和 $\boldsymbol{\beta}_1, \boldsymbol{\beta}_2, \cdots, \boldsymbol{\beta}_n$ 为线性空间 V 中过渡矩阵为 $\boldsymbol{P}$ 的两组基，线性变换 $\boldsymbol{T}$ 在这两组基下的表示分别为 $\boldsymbol{A}$，$\boldsymbol{B}$，则 $\boldsymbol{B}=\boldsymbol{P}^{-1}\boldsymbol{A}\boldsymbol{P}$，即 $\boldsymbol{A}$，$\boldsymbol{B}$ 相似。

证明 由

$$\boldsymbol{T}(\boldsymbol{\alpha}_1, \boldsymbol{\alpha}_2, \cdots, \boldsymbol{\alpha}_n)=(\boldsymbol{\alpha}_1, \boldsymbol{\alpha}_2, \cdots, \boldsymbol{\alpha}_n)\boldsymbol{A}$$
$$\boldsymbol{T}(\boldsymbol{\beta}_1, \boldsymbol{\beta}_2, \cdots, \boldsymbol{\beta}_n)=(\boldsymbol{\beta}_1, \boldsymbol{\beta}_2, \cdots, \boldsymbol{\beta}_n)\boldsymbol{B}$$
$$(\boldsymbol{\beta}_1, \boldsymbol{\beta}_2, \cdots, \boldsymbol{\beta}_n)=(\boldsymbol{\alpha}_1, \boldsymbol{\alpha}_2, \cdots, \boldsymbol{\alpha}_n)\boldsymbol{P}$$

可得：

$$(\boldsymbol{\alpha}_1, \boldsymbol{\alpha}_2, \cdots, \boldsymbol{\alpha}_n)=(\boldsymbol{\beta}_1, \boldsymbol{\beta}_2, \cdots, \boldsymbol{\beta}_n)\boldsymbol{P}^{-1}$$
$$\begin{aligned}(\boldsymbol{\beta}_1, \boldsymbol{\beta}_2, \cdots, \boldsymbol{\beta}_n)\boldsymbol{B} &= \boldsymbol{T}(\boldsymbol{\beta}_1, \boldsymbol{\beta}_2, \cdots, \boldsymbol{\beta}_n)=\boldsymbol{T}[(\boldsymbol{\alpha}_1, \boldsymbol{\alpha}_2, \cdots, \boldsymbol{\alpha}_n)\boldsymbol{P}]\\ &=(\boldsymbol{\alpha}_1, \boldsymbol{\alpha}_2, \cdots, \boldsymbol{\alpha}_n)(\boldsymbol{A}\boldsymbol{P})\\ &=(\boldsymbol{\beta}_1, \boldsymbol{\beta}_2, \cdots, \boldsymbol{\beta}_n)(\boldsymbol{P}^{-1}\boldsymbol{A}\boldsymbol{P})\end{aligned}$$

从而得：

$$\boldsymbol{B}=\boldsymbol{P}^{-1}\boldsymbol{A}\boldsymbol{P}$$

注：定理 2 的意义还在于，可将矩阵的相似化理解为线性变换在不同基（或参照系）下的转换。

【例 6-17】 设 V 是由基函数

$$x_1 = e^{at}\cos bt,\ x_2 = e^{at}\sin bt,\ x_3 = te^{at}\cos bt,\ x_4 = te^{at}\sin bt$$

生成的实数域上的线性空间，令

$$y_1 = e^{at}\cos b(t-1),\ y_2 = e^{at}\sin b(t-1),\ y_3 = te^{at}\cos b(t-1),\ y_4 = te^{at}\sin b(t-1)。$$

（1）证明：y_1，y_2，y_3，y_4 也为 V 的一组基；

（2）求 y_1，y_2，y_3，y_4 到 x_1，x_2，x_3，x_4 的过渡矩阵；

（3）求微分算子 D 在基 x_1，x_2，x_3，x_4 下的矩阵。

【解】

$$y_1 = e^{at}\cos b(t-1) = e^{at}(\cos bt\cdot\cos b + \sin bt\cdot\sin b) = x_1\cdot\cos b + x_2\cdot\sin b$$
$$y_2 = e^{at}\sin b(t-1) = e^{at}(\sin bt\cdot\cos b - \cos bt\cdot\sin b) = -x_1\cdot\sin b + x_2\cdot\cos b$$
$$y_3 = te^{at}\cos b(t-1) = te^{at}(\cos bt\cdot\cos b + \sin bt\cdot\sin b) = x_3\cdot\cos b + x_4\cdot\sin b$$
$$y_4 = te^{at}\sin b(t-1) = te^{at}(\sin bt\cdot\cos b - \cos bt\cdot\sin b) = -x_3\cdot\sin b + x_4\cdot\cos b$$

由此可得：

$$(y_1, y_2, y_3, y_4) = (x_1, x_2, x_3, x_4)\begin{pmatrix}\cos b & -\sin b & 0 & 0\\ \sin b & \cos b & 0 & 0\\ 0 & 0 & \cos b & -\sin b\\ 0 & 0 & \sin b & \cos b\end{pmatrix}$$

（1）由

$$\begin{vmatrix}\cos b & -\sin b & 0 & 0\\ \sin b & \cos b & 0 & 0\\ 0 & 0 & \cos b & -\sin b\\ 0 & 0 & \sin b & \cos b\end{vmatrix} = 1 \neq 0$$

可知

$$\begin{pmatrix} \cos b & -\sin b & 0 & 0 \\ \sin b & \cos b & 0 & 0 \\ 0 & 0 & \cos b & -\sin b \\ 0 & 0 & \sin b & \cos b \end{pmatrix}\text{可逆}$$

因此，y_1，y_2，y_3，y_4 线性无关，从而构成 V 的一组基。

（2）$$\begin{pmatrix} \cos b & -\sin b & 0 & 0 \\ \sin b & \cos b & 0 & 0 \\ 0 & 0 & \cos b & -\sin b \\ 0 & 0 & \sin b & \cos b \end{pmatrix}^{-1} = \begin{pmatrix} \cos b & \sin b & 0 & 0 \\ -\sin b & \cos b & 0 & 0 \\ 0 & 0 & \cos b & \sin b \\ 0 & 0 & -\sin b & \cos b \end{pmatrix}$$

为 y_1，y_2，y_3，y_4 到 x_1，x_2，x_3，x_4 的过渡矩阵。

(3) $Dx_1 = ae^{at}\cos bt - be^{at}\sin bt = ax_1 - bx_2$，

$Dx_2 = ae^{at}\sin bt + be^{at}\cos bt = bx_1 + ax_2$，

$Dx_3 = e^{at}\cos bt + ate^{at}\cos bt - bte^{at}\sin bt = x_1 + ax_3 - bx_4$，

$Dx_4 = e^{at}\sin bt + ate^{at}\sin bt + bte^{at}\cos bt = x_2 + bx_3 + ax_4$。

由此可得，微分算子 D 在基 x_1，x_2，x_3，x_4 下的矩阵为：

$$\boldsymbol{A} = \begin{pmatrix} a & b & 1 & \\ -b & a & & 1 \\ & & a & b \\ & & -b & a \end{pmatrix}$$

四、线性变换下向量的坐标

在线性空间中，由于每个向量均能表示成一组基的线性组合，因此向量在线性变换下的像将由基的像来决定。

结论 4　设 $\boldsymbol{\alpha}_1$，$\boldsymbol{\alpha}_2$，…，$\boldsymbol{\alpha}_n$ 为线性空间 V 的一组基，线性变换 $\boldsymbol{T}$ 在基 $\boldsymbol{\alpha}_1$，$\boldsymbol{\alpha}_2$，…，$\boldsymbol{\alpha}_n$ 下的矩阵表示为 $\boldsymbol{A}$，向量 $\boldsymbol{\alpha}$ 在此基下的坐标为 $(k_1, k_2, \cdots, k_n)^{\mathrm{T}}$，则 $\boldsymbol{T\alpha}$ 的坐标为 $\boldsymbol{A}(k_1, k_2, \cdots, k_n)^{\mathrm{T}}$。

注：线性变换对向量作用的矩阵表示，就是变换矩阵与向量坐标的乘积。同样，线性变换对一组向量的作用，可用变换矩阵与向量组的坐标矩阵乘积表示。

【例 6-18】　设（Ⅰ）x_1，x_2，x_3；（Ⅱ）y_1，y_2，y_3 为线性空间 $\mathbf{R}^3$ 的两个基，由基（Ⅰ）到基（Ⅱ）的过渡矩阵为 $\boldsymbol{B} = \begin{pmatrix} 1 & 0 & 1 \\ 0 & -1 & 0 \\ -1 & 0 & 1 \end{pmatrix}$，线性变换 $\boldsymbol{T}$ 满足：

$$\begin{cases} \boldsymbol{T}(x_1+2x_2+3x_3) = y_1+y_2 \\ \boldsymbol{T}(2x_1+x_2+2x_3) = y_2+y_3, \\ \boldsymbol{T}(x_1+3x_2+4x_3) = y_1+y_3 \end{cases}$$

（1）求 $\boldsymbol{T}$ 在基（Ⅱ）下的矩阵 $\boldsymbol{A}$；

（2）求 $\boldsymbol{T}y_1$ 在基（Ⅰ）下的坐标。

【解】　（1）由已知可得

$$(\boldsymbol{T}x_1, \boldsymbol{T}x_2, \boldsymbol{T}x_3)\begin{pmatrix}1&2&1\\2&1&3\\3&2&4\end{pmatrix}=(y_1, y_2, y_3)\begin{pmatrix}1&0&1\\1&1&0\\0&1&1\end{pmatrix}$$

令

$$\boldsymbol{C}=\begin{pmatrix}1&0&1\\1&1&0\\0&1&1\end{pmatrix}\begin{pmatrix}1&2&1\\2&1&3\\3&2&4\end{pmatrix}^{-1}=\begin{pmatrix}-1&-2&2\\-1&-5&4\\2&5&-4\end{pmatrix}$$

则有

$$\boldsymbol{T}(x_1, x_2, x_3)=(y_1, y_2, y_3)\boldsymbol{C}$$

由

$$(y_1, y_2, y_3)=(x_1, x_2, x_3)\boldsymbol{B}$$

可得:

$$\boldsymbol{T}(y_1, y_2, y_3)=\boldsymbol{T}(x_1, x_2, x_3)\boldsymbol{B}=(y_1, y_2, y_3)\boldsymbol{CB}$$

因此 $\boldsymbol{T}$ 在基（Ⅱ）下的矩阵为:

$$\boldsymbol{A}=\boldsymbol{CB}=\begin{pmatrix}-3&2&1\\-5&5&3\\6&-5&-2\end{pmatrix}$$

（2）由

$$\boldsymbol{T}y_1=\boldsymbol{T}(y_1, y_2, y_3)\begin{pmatrix}1\\0\\0\end{pmatrix}=(y_1, y_2, y_3)\boldsymbol{A}\begin{pmatrix}1\\0\\0\end{pmatrix}=(x_1, x_2, x_3)\boldsymbol{BA}\begin{pmatrix}1\\0\\0\end{pmatrix}$$

$$=(x_1, x_2, x_3)\begin{pmatrix}3\\5\\9\end{pmatrix}$$

可得，$\boldsymbol{T}y_1$ 在基（Ⅰ）下的坐标为$(3, 5, 9)^{\mathrm{T}}$。

习题 6.2

设 L 为某线性空间，$\boldsymbol{\alpha}$ 为 L 中任一向量，$\boldsymbol{\alpha}_0$ 是 L 中固定的一个向量，$\boldsymbol{\sigma}$ 是 L 的一个变换，判别下列哪些变换是线性变换:

（1）$\sigma(\boldsymbol{\alpha})=\boldsymbol{\alpha}_0$;

（2）$\sigma(\boldsymbol{\alpha})=\boldsymbol{\alpha}+\boldsymbol{\alpha}_0$;

（3）若 $\boldsymbol{\alpha}=(a_1, a_2, \cdots, a_n)$，$\sigma(\boldsymbol{\alpha})=(a_1+a_2, a_2+a_3, \ldots, a_{n-1}+a_n, a_n)$。

第三节 内积空间

一、内积空间的基本概念

线性空间中线性运算的意义已十分明显,即在研究向量间线性关系的基础上，充分揭示了空间的代数性质和结构。但是，线性运算的封闭性导致无法全面描述诸如向量长度、夹角等几何属性，需要引入能够表述几何属性的参数运算，如向量代数中的数量积。当然，这种参数运算一定与线性运算是相容的。

定义 1　设 V 是实数或复数域 **P** 上的线性空间，若对任何向量 $\boldsymbol{x}$，$\boldsymbol{y}\in V$，都存在 **P** 上的确定数 $\langle \boldsymbol{x}, \boldsymbol{y}\rangle$，满足以下条件：

（1）当且仅当 $\boldsymbol{x}=\boldsymbol{0}$ 时，$\langle \boldsymbol{x}, \boldsymbol{x}\rangle \geqslant 0$；

（2）$\langle \boldsymbol{\alpha}\cdot\boldsymbol{x}+\boldsymbol{\beta}\cdot\boldsymbol{y}, z\rangle=\boldsymbol{\alpha}\langle \boldsymbol{x}, z\rangle+\boldsymbol{\beta}\langle \boldsymbol{y}, z\rangle$；

（3）$\langle \boldsymbol{x}, \boldsymbol{y}\rangle=\overline{\langle \boldsymbol{y}, \boldsymbol{x}\rangle}$。

则称 $\langle \boldsymbol{x}, \boldsymbol{y}\rangle$ 为 $\boldsymbol{x}$ 与 $\boldsymbol{y}$ 的内积（Inner product），V 为内积空间（Inner product space）。当 **P**=**R** 时，V 称为欧氏空间（Euclideanspace）；**P**=**C** 时，V 称为酉空间（Unitary space）。

显然，内积空间中具有两种相容的基本运算：线性运算和内积，其中内积运算具有线性性。内积运算虽然不是封闭的，但可视为元素的示性运算。

【例 6-19】　常见的内积空间 $\mathbf{P}^n$，$\mathbf{P}^{m\times n}$，$C[a, b]$。

在 $\mathbf{P}^n$ 中，向量

$$\boldsymbol{x}=(x_1, x_2,\cdots, x_n)^{\mathrm{T}},\ \boldsymbol{y}=(y_1, y_2,\cdots, y_n)^{\mathrm{T}}$$

的内积可定义为：

$$\langle \boldsymbol{x}, \boldsymbol{y}\rangle=x_1\bar{y}_1+x_2\bar{y}_2+\cdots+x_n\bar{y}_n$$

在 $\mathbf{P}^{m\times n}$ 中，矩阵

$$\boldsymbol{A}=(a_{ij})_{m\times n},\ \boldsymbol{B}=(b_{ij})_{m\times n}$$

的内积可定义为：

$$\langle \boldsymbol{A}, \boldsymbol{B}\rangle\ tr(\boldsymbol{A}\boldsymbol{B}^{\mathrm{T}})=\sum_{i=1}^{m}\sum_{j=1}^{n}a_{ij}\bar{b}_{ij}$$

在 $C[a, b]$ 中，$C[a, b]$ 上实值连续函数

$$f(x),\ g(x)$$

的内积可定义为：

$$\langle f, g\rangle=\int_a^b f(x)g(x)\mathrm{d}x$$

以上所定义内积的正确性由读者自行验证。

结论 1　对每一个 $\boldsymbol{x}\in V$，令 $\|\boldsymbol{x}\|=\sqrt{\langle \boldsymbol{x}, \boldsymbol{x}\rangle}$，则 $\|\boldsymbol{x}\|$ 为一个实数，并满足：

（1）当且仅当 $\boldsymbol{x}=0$ 时，$\|\boldsymbol{x}\|\geqslant 0$；

（2）$\|a\boldsymbol{x}\|=|a|\,\|\boldsymbol{x}\|$，$a\in\mathbf{P}$；

（3）$\|\boldsymbol{x}+\boldsymbol{y}\|\leqslant\|\boldsymbol{x}\|+\|\boldsymbol{y}\|$。

因此 $\|\boldsymbol{x}\|$ 构成 V 上的一个范数，称为内积诱导的范数，V 构成赋范线性空间。

注：若定义 $\mathrm{d}(\boldsymbol{x}, \boldsymbol{y})=\|\boldsymbol{x}-\boldsymbol{y}\|$，则 $\mathrm{d}(\boldsymbol{x}, \boldsymbol{y})$ 具有正定性、对称性并满足三点不等式，因此 $\mathrm{d}(\boldsymbol{x}, \boldsymbol{y})$ 构成 V 上的一个距离，称为内积诱导的距离，V 构成一个距离空间。

Schwarz 不等式：对于内积空间 V 中的任意两个向量 $\boldsymbol{x}$，$\boldsymbol{y}$，都有

$$|\langle \boldsymbol{x}, \boldsymbol{y}\rangle|\leqslant\|\boldsymbol{x}\|\cdot\|\boldsymbol{y}\|。$$

当且仅当 $\boldsymbol{x}$ 与 $\boldsymbol{y}$ 线性相关时，等号成立。

证明　显然，当 $\boldsymbol{y}=\boldsymbol{0}$ 时，结论成立。

设 $\boldsymbol{y}\neq\boldsymbol{0}$，由

$$\left\langle \boldsymbol{x}-\frac{\langle \boldsymbol{x}, \boldsymbol{y}\rangle}{\langle \boldsymbol{y}, \boldsymbol{y}\rangle}\boldsymbol{y}, \boldsymbol{x}-\frac{\langle \boldsymbol{x}, \boldsymbol{y}\rangle}{\langle \boldsymbol{y}, \boldsymbol{y}\rangle}\boldsymbol{y}\right\rangle \geqslant 0$$

可得

$$\langle \boldsymbol{x}, \boldsymbol{x}\rangle - \frac{\langle \boldsymbol{x}, \boldsymbol{y}\rangle \overline{\langle \boldsymbol{x}, \boldsymbol{y}\rangle}}{\langle \boldsymbol{y}, \boldsymbol{y}\rangle} \geqslant 0$$

从而

$$|\langle \boldsymbol{x}, \boldsymbol{y}\rangle|^2 \leqslant \langle \boldsymbol{x}, \boldsymbol{x}\rangle \cdot \langle \boldsymbol{y}, \boldsymbol{y}\rangle$$

并且当且仅当 $\boldsymbol{x}-\frac{\langle \boldsymbol{x}, \boldsymbol{y}\rangle}{\langle \boldsymbol{y}, \boldsymbol{y}\rangle}\boldsymbol{y}=0$ 时，等号成立。

因此，$|\langle \boldsymbol{x}, \boldsymbol{y}\rangle| \leqslant \|\boldsymbol{x}\| \cdot \|\boldsymbol{y}\|$，等号成立当且仅当 $\boldsymbol{x}$ 与 $\boldsymbol{y}$ 线性相关。

定义 2　设 V 是内积空间，$\boldsymbol{x}\in V$，若 $\langle \boldsymbol{x}, \boldsymbol{x}\rangle =1$，则称 $\boldsymbol{x}$ 为单位向量。

注：对于非零向量 $\boldsymbol{x}$，$\frac{\boldsymbol{x}}{\|\boldsymbol{x}\|}$ 为单位向量，称之为 $\boldsymbol{x}$ 的方向向量，这一过程称为向量的单位化。

二、正交基

对于抽象空间中的向量，“夹角”是无一般性意义的概念，但特殊的“正交”概念却有着大量的诸如正交分解等实际背景。

1. 正交向量组与 *Schmidt* 正交化

定义 3　设 V 是内积空间，$\boldsymbol{x}, \boldsymbol{y}\in V$，若 $\langle \boldsymbol{x}, \boldsymbol{y}\rangle =0$，则称 $\boldsymbol{x}$ 与 $\boldsymbol{y}$ 正交，记为 $\boldsymbol{x}\perp\boldsymbol{y}$。若 V 中非零向量组 $\boldsymbol{\alpha}_1, \boldsymbol{\alpha}_2, \cdots, \boldsymbol{\alpha}_n$ 两两正交，则称 $\boldsymbol{\alpha}_1, \boldsymbol{\alpha}_2, \cdots, \boldsymbol{\alpha}_n$ 为正交向量组。

注：若 $\boldsymbol{\alpha}_1, \boldsymbol{\alpha}_2, \cdots, \boldsymbol{\alpha}_n$ 是内积空间 V 中的正交向量组，则

$$\|k_1\boldsymbol{\alpha}_1+k_2\boldsymbol{\alpha}_2+\cdots+k_n\boldsymbol{\alpha}_n\|^2=|k_1|^2\|\boldsymbol{\alpha}_1\|^2+|k_2|^2\|\boldsymbol{\alpha}_2\|^2+\cdots+|k_n|^2\|\boldsymbol{\alpha}_n\|^2。$$

定理 1　设 $\boldsymbol{\alpha}_1, \boldsymbol{\alpha}_2, \cdots, \boldsymbol{\alpha}_n$ 是内积空间 V 中的正交向量组，则 $\boldsymbol{\alpha}_1, \boldsymbol{\alpha}_2, \cdots, \boldsymbol{\alpha}_n$ 是线性无关的。

证明　考察

$$k_1\boldsymbol{\alpha}_1+k_2\boldsymbol{\alpha}_2+\cdots+k_n\boldsymbol{\alpha}_n=\boldsymbol{0}$$

两端同时逐个与 $\boldsymbol{\alpha}_i$（$i=1, 2, \cdots, n$）作内积得：

$$\langle k_1\boldsymbol{\alpha}_1+k_2\boldsymbol{\alpha}_2+\cdots+k_n\boldsymbol{\alpha}_n, \boldsymbol{\alpha}_i\rangle =k_i\langle \boldsymbol{\alpha}_i, \boldsymbol{\alpha}_i\rangle =0。$$

由 $\langle \boldsymbol{\alpha}_i, \boldsymbol{\alpha}_i\rangle \neq 0$ 可知

$$k_i=0\ (i=1, 2, \cdots, n)$$

因此，$\boldsymbol{\alpha}_1, \boldsymbol{\alpha}_2, \cdots, \boldsymbol{\alpha}_n$ 是线性无关的。

结论 2　线性无关的有限向量组必可 *Schmidt* 正交化为正交向量组。

事实上，对于线性无关向量组 $\boldsymbol{\alpha}_1, \boldsymbol{\alpha}_2, \cdots, \boldsymbol{\alpha}_n$，令

$$\boldsymbol{\beta}_1=\boldsymbol{\alpha}_1, \boldsymbol{\beta}_2=\boldsymbol{\alpha}_2-\frac{\langle \boldsymbol{\alpha}_2, \boldsymbol{\beta}_1\rangle}{\langle \boldsymbol{\beta}_1, \boldsymbol{\beta}_1\rangle}\boldsymbol{\beta}_1$$

$$\cdots$$

$$\boldsymbol{\beta}_n=\boldsymbol{\alpha}_n-\frac{\langle \boldsymbol{\alpha}_n, \boldsymbol{\beta}_{n-1}\rangle}{\langle \boldsymbol{\beta}_{n-1}, \boldsymbol{\beta}_{n-1}\rangle}\boldsymbol{\beta}_{n-1}-\cdots-\frac{\langle \boldsymbol{\alpha}_n, \boldsymbol{\beta}_1\rangle}{\langle \boldsymbol{\beta}_1, \boldsymbol{\beta}_1\rangle}\boldsymbol{\beta}_1$$

则 $\boldsymbol{\beta}_1$，$\boldsymbol{\beta}_2$，…，$\boldsymbol{\beta}_n$ 是与 $\boldsymbol{\alpha}_1$，$\boldsymbol{\alpha}_2$，…，$\boldsymbol{\alpha}_n$ 相互等价（即可相互线性表示）的正交向量组，这种方法称为 *Schmidt* 正交化法。

注：

$$(\boldsymbol{\alpha}_1, \boldsymbol{\alpha}_2, \cdots, \boldsymbol{\alpha}_n) = (\boldsymbol{\beta}_1, \boldsymbol{\beta}_2, \cdots, \boldsymbol{\beta}_n)\begin{pmatrix} k_{11} & k_{12} & \cdots & k_{1n} \\ 0 & k_{22} & \cdots & k_{2n} \\ \vdots & \vdots & & \vdots \\ 0 & 0 & \cdots & k_{nn} \end{pmatrix},$$

其中 k_{11}，k_{22}，…，k_{nn} 均为 1。

【例 6-20】 试将内积空间 $C[0, 1]$ 中向量 1，x，x^2 正交化。

【解】 设

$$\boldsymbol{\alpha}_1 = 1,\ \boldsymbol{\alpha}_2 = x,\ \boldsymbol{\alpha}_3 = x^2$$

令

$$\boldsymbol{\beta}_1 = \boldsymbol{\alpha}_1,\ \boldsymbol{\beta}_2 = \boldsymbol{\alpha}_2 - \frac{\langle \boldsymbol{\alpha}_2, \boldsymbol{\beta}_1 \rangle}{\langle \boldsymbol{\beta}_1, \boldsymbol{\beta}_1 \rangle}\boldsymbol{\beta} = x - \frac{\int_0^1 x\mathrm{d}x}{\int_0^1 \mathrm{d}x},$$

$$\boldsymbol{\beta}_3 = \boldsymbol{\alpha}_3 - \frac{\langle \boldsymbol{\alpha}_3, \boldsymbol{\beta}_2 \rangle}{\langle \boldsymbol{\beta}_2, \boldsymbol{\beta}_2 \rangle}\boldsymbol{\beta}_2 - \frac{\langle \boldsymbol{\alpha}_3, \boldsymbol{\beta}_1 \rangle}{\langle \boldsymbol{\beta}_1, \boldsymbol{\beta}_1 \rangle}\boldsymbol{\beta}_1 = x^2 - \frac{\int_0^1 x^2\left(x - \frac{1}{2}\right)\mathrm{d}x}{\int_0^1 \left(x - \frac{1}{2}\right)^2\mathrm{d}x}\left(x - \frac{1}{2}\right) - \frac{\int_0^1 x^2\mathrm{d}x}{\int_0^1 \mathrm{d}x}$$

则

$$\boldsymbol{\beta}_1 = 1,\ \boldsymbol{\beta}_2 = x - \frac{1}{2},\ \boldsymbol{\beta}_3 = x^2 - x + \frac{1}{6}$$

是等价于 $\boldsymbol{\alpha}_1$，$\boldsymbol{\alpha}_2$，$\boldsymbol{\alpha}_3$ 的正交向量组。

2. 标准正交基（Standard orthogonal basis）

定义 4 设 $\boldsymbol{\alpha}_1$，$\boldsymbol{\alpha}_2$，…，$\boldsymbol{\alpha}_n$ 为 n 维内积空间 V 中两两正交的单位向量组，则称 $\boldsymbol{\alpha}_1$，$\boldsymbol{\alpha}_2$，…，$\boldsymbol{\alpha}_n$ 为 V 的标准正交基。

结论 3 $\boldsymbol{\alpha}_1$，$\boldsymbol{\alpha}_2$，…，$\boldsymbol{\alpha}_n$ 为标准正交基的充要条件为：

$$\langle \boldsymbol{\alpha}_i, \boldsymbol{\alpha}_j \rangle = \begin{cases} 0 & i \neq j \\ 1 & i = j \end{cases} \quad (i, j = 1, 2, \cdots, n)$$

注：n 维内积空间 V 的任一组基，总可 *Schmidt* 正交化为正交向量组，逐个单位化之后便构成一组标准正交基。

结论 4 任何有限维内积空间总有标准正交基，标准正交基下向量的内积为对应坐标在 $\mathbf{P}^n$ 中的内积。

事实上，若 $\boldsymbol{\alpha}_1$，$\boldsymbol{\alpha}_2$，…，$\boldsymbol{\alpha}_n$ 已是有限维内积空间 V 的标准正交基，$\boldsymbol{\alpha}$，$\boldsymbol{\beta}$ 在基 $\boldsymbol{\alpha}_1$，$\boldsymbol{\alpha}_2$，…，$\boldsymbol{\alpha}_n$ 下的坐标分别为 $\begin{pmatrix} x_1 \\ x_2 \\ \vdots \\ x_n \end{pmatrix}$，$\begin{pmatrix} y_1 \\ y_2 \\ \vdots \\ y_n \end{pmatrix}$，则

$$\langle \boldsymbol{\alpha}, \boldsymbol{\beta} \rangle = x_1\bar{y}_1 + x_2\bar{y}_2 + \cdots + x_n\bar{y}_n。$$

在该表达式中，标准正交基的表达形式被消去，使得内积的运算更加简洁。因此，在内积空间中建立一组标准正交基是十分重要的。

定义 5 若矩阵 $\boldsymbol{A}\in\mathbf{C}^{n\times n}$，满足 $\boldsymbol{A}^{\mathrm{H}}\boldsymbol{A}=\boldsymbol{E}$ 或 $\boldsymbol{A}\boldsymbol{A}^{\mathrm{H}}=\boldsymbol{E}$，式中 $\boldsymbol{A}^{\mathrm{H}}$ 表示 $\boldsymbol{A}$ 的共轭转置，则称 $\boldsymbol{A}$ 为酉矩阵。若矩阵 $\boldsymbol{A}\in\mathbf{R}^{n\times n}$，满足 $\boldsymbol{A}^{\mathrm{T}}\boldsymbol{A}=\boldsymbol{E}$ 或 $\boldsymbol{A}\boldsymbol{A}^{\mathrm{T}}=\boldsymbol{E}$，式中 $\boldsymbol{A}^{\mathrm{T}}$ 表示 $\boldsymbol{A}$ 的转置，则称 $\boldsymbol{A}$ 为正交矩阵。

注：矩阵 $\boldsymbol{A}=\begin{pmatrix} i & \sqrt{2} \\ \sqrt{2} & -i \end{pmatrix}\in\mathbf{C}^{2\times 2}$满足 $\boldsymbol{A}^{\mathrm{T}}\boldsymbol{A}=\boldsymbol{A}\boldsymbol{A}^{\mathrm{T}}=\boldsymbol{E}$，但不满足 $\boldsymbol{A}^{\mathrm{H}}\boldsymbol{A}=\boldsymbol{E}$ 或 $\boldsymbol{A}\boldsymbol{A}^{\mathrm{H}}=\boldsymbol{E}$。因此，矩阵 $\boldsymbol{A}$ 不是酉矩阵也不是实正交矩阵。

结论 5 方阵为酉矩阵（正交矩阵）的充分必要条件是其列向量组构成 $\mathbf{C}^n$($\mathbf{R}^n$) 中的标准正交基。

定理 2 标准正交基之间的过渡矩阵 $\boldsymbol{P}$ 是酉矩阵或正交矩阵，即 $\boldsymbol{P}^{\mathrm{H}}\boldsymbol{P}=\boldsymbol{E}$。

证明 设 $\boldsymbol{P}$ 是标准正交基 $\boldsymbol{\alpha}_1$，$\boldsymbol{\alpha}_2,\cdots$，$\boldsymbol{\alpha}_n$ 到标准正交基 $\boldsymbol{\beta}_1$，$\boldsymbol{\beta}_2,\cdots$，$\boldsymbol{\beta}_n$ 的过渡矩阵，则

$$(\boldsymbol{\beta}_1,\ \boldsymbol{\beta}_2,\ \cdots,\ \boldsymbol{\beta}_n)=(\boldsymbol{\alpha}_1,\ \boldsymbol{\alpha}_2,\ \cdots,\ \boldsymbol{\alpha}_n)\ \boldsymbol{P}$$

由此可得

$$\langle\boldsymbol{\beta}_i,\ \boldsymbol{\beta}_j\rangle=p_{1i}\bar{p}_{1j}+p_{2i}\bar{p}_{2j}+\cdots+p_{ni}\bar{p}_{nj}(i,\ j=1,\ 2,\cdots,\ n)$$

由 $\boldsymbol{\beta}_1$，$\boldsymbol{\beta}_2,\cdots$，$\boldsymbol{\beta}_n$ 的标准正交性可知

$$p_{1i}\bar{p}_{1j}+p_{2i}\bar{p}_{2j}+\cdots+p_{ni}\bar{p}_{nj}=\langle\boldsymbol{\beta}_i,\ \boldsymbol{\beta}_j\rangle=\begin{cases}0 & i\neq j\\ 1 & i=j\end{cases}$$

即

$$\boldsymbol{P}^{\mathrm{H}}\boldsymbol{P}=\boldsymbol{E}$$

因此，过渡矩阵 $\boldsymbol{P}$ 是酉矩阵或正交矩阵。

推论 酉空间或欧氏空间中标准正交基之间的过渡矩阵为酉矩阵或正交矩阵。

注：可通过构造酉矩阵或正交矩阵来建立新的标准正交基。

三、正交分解（Orthogonal decomposition）

定义 6 若 $\forall\boldsymbol{a}\in\boldsymbol{A}$，有 $\boldsymbol{x}\perp\boldsymbol{a}$，则称 $\boldsymbol{x}$ 与 $\boldsymbol{A}$ 正交，记为 $\boldsymbol{x}\perp\boldsymbol{A}$；若 $\forall\boldsymbol{a}\in\boldsymbol{A}$，$\boldsymbol{b}\in\boldsymbol{B}$，有 $\boldsymbol{a}\perp\boldsymbol{b}$，则称 $\boldsymbol{A}$ 与 $\boldsymbol{B}$ 正交，记为 $\boldsymbol{A}\perp\boldsymbol{B}$。

定理 3 设 V_1，V_2 为内积空间 V 的子空间，并且 $V_1\perp V_2$，则 V_1+V_2 是直和。

证明 任取 $\boldsymbol{\alpha}\in V_1\cap V_2$，则 $\boldsymbol{\alpha}\in V_1$，$\boldsymbol{\alpha}\in V_2$

由 $V_1\perp V_2$ 可得，$\langle\boldsymbol{\alpha},\ \boldsymbol{\alpha}\rangle=0$，从而 $\boldsymbol{\alpha}=\mathbf{0}$

因此 $V_1\cap V_2=\{0\}$，从而 V_1+V_2 是直和。

结论 6 $W^{\perp}=\{\boldsymbol{\alpha}\,|\,\boldsymbol{\alpha}\perp W,\ \boldsymbol{\alpha}\in V\}$ 为 V 的子空间，称之为 W 的正交补空间。

正交分解定理 对于任何内积空间 V 的子空间 W，总有 $V=W\oplus W^{\perp}$。

证明 由于子空间 W 也是内积空间，因而存在标准正交基 $\boldsymbol{\alpha}_1$，$\boldsymbol{\alpha}_2,\cdots$，$\boldsymbol{\alpha}_r$，使得

$$W=Span\{\boldsymbol{\alpha}_1,\ \boldsymbol{\alpha}_2,\cdots,\ \boldsymbol{\alpha}_r\}$$

将 $\boldsymbol{\alpha}_1$，$\boldsymbol{\alpha}_2,\cdots$，$\boldsymbol{\alpha}_r$ 扩展为 V 的一组基 $\boldsymbol{\alpha}_1$，$\boldsymbol{\alpha}_2,\cdots$，$\boldsymbol{\alpha}_r$，$\boldsymbol{\alpha}_{r+1},\cdots$，$\boldsymbol{\alpha}_n$，其中 $\boldsymbol{\alpha}_{r+1},\cdots$，$\boldsymbol{\alpha}_n$ 是经过标准正交化的向量组，使得 $\boldsymbol{\alpha}_1$，$\boldsymbol{\alpha}_2,\cdots$，$\boldsymbol{\alpha}_r$，$\boldsymbol{\alpha}_{r+1},\cdots$，$\boldsymbol{\alpha}_n$ 构成 V 的标准正交基。

因此，$W^{\perp}=Span\{\boldsymbol{\alpha}_{r+1},\ \cdots,\ \boldsymbol{\alpha}_n\}$，并且 $V=W\oplus W^{\perp}$。

【例 6-21】　在欧氏空间 $\mathbf{R}^{2\times2}$ 中定义内积：$\langle \boldsymbol{A}, \boldsymbol{B}\rangle = \sum_{i=1}^{2}\sum_{j=1}^{2} a_{ij}b_{ij}$，$\boldsymbol{A}=(a_{ij})_{2\times2}$，$\boldsymbol{B}=(b_{ij})_{2\times2}\in\mathbf{R}^{2\times2}$。设 $\boldsymbol{A}_1=\begin{pmatrix}1 & 1\\ 0 & 0\end{pmatrix}$，$\boldsymbol{A}_2=\begin{pmatrix}0 & 1\\ 1 & 1\end{pmatrix}$，令 $W=Span\{\boldsymbol{A}_1, \boldsymbol{A}_2\}$，求：

（1）$W^{\perp}$ 的一个基；

（2）将 $\boldsymbol{A}_1$，$\boldsymbol{A}_2$ 扩展为 $\mathbf{R}^{2\times2}=W+W^{\perp}$ 的一个标准正交基。

【解】　（1）设 $\begin{pmatrix}a & b\\ c & d\end{pmatrix}$ 为 $W^{\perp}$ 中任意矩阵，则由题意可得：

$$\left\langle \begin{pmatrix}1 & 1\\ 0 & 0\end{pmatrix}, \begin{pmatrix}a & b\\ c & d\end{pmatrix}\right\rangle=0,\ \left\langle \begin{pmatrix}0 & 1\\ 1 & 1\end{pmatrix}, \begin{pmatrix}a & b\\ c & d\end{pmatrix}\right\rangle=0$$

即

$$a+b=0,\ b+c+d=0$$

解，得

$$(a, b, c, d)^{\mathrm{T}}=c(1, -1, 1, 0)^{\mathrm{T}}+d\ (1, -1, 0, 1)^{\mathrm{T}}$$

由此可得，$\boldsymbol{A}_3=\begin{pmatrix}1 & -1\\ 1 & 0\end{pmatrix}$，$\boldsymbol{A}_4=\begin{pmatrix}1 & -1\\ 0 & 1\end{pmatrix}$ 为 $W^{\perp}$ 的一个基。

（2）显然，$\boldsymbol{A}_1$，$\boldsymbol{A}_2$ 线性无关构成 W 的一组基，$\boldsymbol{A}_3$，$\boldsymbol{A}_4$ 是 $W^{\perp}$ 的一组基，并且 $\boldsymbol{A}_1$，$\boldsymbol{A}_2$ 与 $\boldsymbol{A}_3$，$\boldsymbol{A}_4$ 相互正交。

将 $\boldsymbol{A}_1$，$\boldsymbol{A}_2$ 和 $\boldsymbol{A}_3$，$\boldsymbol{A}_4$ 分别单位正交化，可得单位正交向量组：

$$\boldsymbol{B}_1=\frac{1}{\sqrt{2}}\begin{pmatrix}1 & 1\\ 0 & 0\end{pmatrix},\ \boldsymbol{B}_2=\frac{1}{\sqrt{10}}\begin{pmatrix}-1 & 1\\ 2 & 2\end{pmatrix},\ \boldsymbol{B}_3=\frac{1}{\sqrt{3}}\begin{pmatrix}1 & -1\\ 1 & 0\end{pmatrix},\ \boldsymbol{B}_4=\frac{1}{\sqrt{15}}\begin{pmatrix}1 & -1\\ -2 & 3\end{pmatrix}$$

由此可得，$\boldsymbol{B}_1$，$\boldsymbol{B}_2$，$\boldsymbol{B}_3$，$\boldsymbol{B}_4$ 构成 $\mathbf{R}^{2\times2}=W+W^{\perp}$ 的一个标准正交基。

四、最小二乘法

在许多行星轨道计算、植物叶绿素检测和油井勘探选址等实际问题中，所建立的数学模型为线性方程组，其系数矩阵和常数项通常是测量出来的数值，常使未知参数的线性方程组无解。因此，无解状态下求最小误差解就成了对数学方法的最基本要求。

定义 7　设 W 为欧氏空间 V 中的子空间，$\boldsymbol{x}\in V$，下确界 $\inf\{\ \|\boldsymbol{x}-\boldsymbol{y}\|\ |\boldsymbol{y}\in W\}$ 称为 $\boldsymbol{x}$ 到 W 的距离，记为 $\mathrm{d}(\boldsymbol{x}, W)$。

注：可以证明，存在 $\boldsymbol{x}_0\in W$，使得 $\mathrm{d}\ (\boldsymbol{x}, W)=\|\boldsymbol{x}-\boldsymbol{x}_0\|$。

定理 4　设 W 为欧氏空间 V 中的子空间，$\boldsymbol{x}\in V$。若存在 $\boldsymbol{x}_0\in W$，使得 $\mathrm{d}(\boldsymbol{x}, W)=\|\boldsymbol{x}-\boldsymbol{x}_0\|$，则 $\boldsymbol{x}-\boldsymbol{x}_0\perp W$；反之，若 $\boldsymbol{x}-\boldsymbol{x}_0\perp W$，则 $\mathrm{d}\ (\boldsymbol{x}, W)=\|\boldsymbol{x}-\boldsymbol{x}_0\|$。

证明　由于 $\|\ (\boldsymbol{x}-\boldsymbol{x}_0)\ -\lambda\boldsymbol{y}\|^2\geqslant\|\boldsymbol{x}-\boldsymbol{x}_0\|^2$ 对一切 $\lambda\in\mathbf{R}$，$\boldsymbol{y}\in W$ 成立，

因而

$$\|\boldsymbol{y}\|^2\lambda^2-2\langle\boldsymbol{x}-\boldsymbol{x}_0, \boldsymbol{y}\rangle\ \lambda\geqslant0$$

即

$$\lambda(\ \|\boldsymbol{y}\|^2\lambda-2\langle\boldsymbol{x}-\boldsymbol{x}_0, \boldsymbol{y}\rangle)\geqslant0$$

由一元二次函数的性质可知，$\langle\boldsymbol{x}-\boldsymbol{x}_0, \boldsymbol{y}\rangle=0$ 对一切 $\boldsymbol{y}\in W$ 成立。

因此

$$\boldsymbol{x}-\boldsymbol{x}_0\perp W$$

反之，若 $\boldsymbol{x}-\boldsymbol{x}_0\perp W$，则由 $\boldsymbol{x}_0-\boldsymbol{y}\in W$ 可知，$\boldsymbol{x}-\boldsymbol{x}_0\perp\boldsymbol{x}_0-\boldsymbol{y}$，并且

$$\|x-y\|^2=\|(x-x_0)+(x_0-y)\|^2=\|x-x_0\|^2+\|x_0-y\|^2\geqslant\|x-x_0\|^2$$

由此可知，$d(x, W)=\inf\{\|x-y\| \mid y\in W\}=\|x-x_0\|$。

最小二乘法定理　设 $a_1, a_2,\cdots, a_n, b$ 均为 m 维列向量，则偏差量

$$\|b-(x_1a_1+x_2a_2+\cdots+x_na_n)\|$$

达到最小时，

$$A^{\mathrm{T}}Ax=A^{\mathrm{T}}b,$$

其中

$$x=(x_1, x_2,\cdots, x_n)^{\mathrm{T}}\in\mathbf{R}^n,\ A=(a_1, a_2,\cdots, a_n)$$

证明　由本节定理4可知，

$$\|b-(x_1a_1+x_2a_2+\cdots+x_na_n)\|^2=\|b-Ax\|^2$$

达到最小值的充要条件是

$$\langle b-Ax_0, Ax\rangle=0$$

即

$$(b-Ax_0)^{\mathrm{T}}Ax=(b^{\mathrm{T}}A-x_0^{\mathrm{T}}A^{\mathrm{T}}A)x=\mathbf{0}$$

对任何 $x\in\mathbf{R}^n$ 成立。

因此
$$b^{\mathrm{T}}A-x_0^{\mathrm{T}}A^{\mathrm{T}}A=\mathbf{0}$$

即 $A^{\mathrm{T}}Ax_0=A^{\mathrm{T}}b$ 时，

$$\|b-(x_1a_1+x_2a_2+\cdots+x_na_n)\|$$

达到最小。

注：(1) 视下列数值

$$\|b-(x_1a_1+x_2a_2+\cdots+x_na_n)\|^2=(b-Ax)^{\mathrm{T}}(b-Ax)=xA^{\mathrm{T}}Ax-2b^{\mathrm{T}}Ax+b^{\mathrm{T}}b$$

为 $x_1, x_2,\cdots, x_n$ 的 n 元二次多项式函数，可得

$$\|b-(x_1a_1+x_2a_2+\cdots+x_na_n)\|$$

达到最小的必要条件为：x 满足 $A^{\mathrm{T}}Ax=A^{\mathrm{T}}b$。

(2) $\|b-(x_1a_1+x_2a_2+\cdots+x_na_n)\|$ 的最小值为0时，当 x 满足 $Ax=b$ 时，此时线性方程组有解；

当 $\|b-(x_1a_1+x_2a_2+\cdots+x_na_n)\|$ 的最小值大于0时，由 $r(A^{\mathrm{T}}A)=r(A^{\mathrm{T}})$ 可知，对于任何 $b\in\mathbf{R}^m$，$A^{\mathrm{T}}Ax=A^{\mathrm{T}}b$ 总是有解的。

【例 6-22】　设 $A=\begin{pmatrix}1&1&0\\1&2&1\\2&3&1\end{pmatrix}$，$b=\begin{pmatrix}1\\1\\0\end{pmatrix}$，求 $Ax=b$ 的最佳解。

【解】　由于 $(A, b)=\begin{pmatrix}1&1&0&1\\1&2&1&1\\2&3&1&0\end{pmatrix}$ 等价于 $\begin{pmatrix}1&1&0&1\\0&1&1&0\\0&0&0&-2\end{pmatrix}$，因此 $Ax=b$ 无精确解。

由

$$A^{\mathrm{T}}A=\begin{pmatrix}1&1&2\\1&2&3\\0&1&1\end{pmatrix}\begin{pmatrix}1&1&0\\1&2&1\\2&3&1\end{pmatrix}=\begin{pmatrix}6&9&3\\9&14&5\\3&5&2\end{pmatrix},\ A^{\mathrm{T}}b=\begin{pmatrix}1&1&2\\1&2&3\\0&1&1\end{pmatrix}\begin{pmatrix}1\\1\\0\end{pmatrix}=\begin{pmatrix}2\\3\\1\end{pmatrix}$$

$$\begin{pmatrix}6&9&3&2\\9&14&5&3\\3&5&2&1\end{pmatrix}\sim\begin{pmatrix}3&5&2&1\\0&1&1&0\\0&0&0&0\end{pmatrix}$$

可得，$\boldsymbol{A}^{\mathrm{T}}\boldsymbol{A}\boldsymbol{x}=\boldsymbol{A}^{\mathrm{T}}\boldsymbol{b}$ 的解为：

$$x=k\begin{pmatrix}1\\-1\\1\end{pmatrix}+\begin{pmatrix}\frac{1}{3}\\0\\0\end{pmatrix}\quad(k\in\mathbf{R})$$

注：当 $\boldsymbol{A}$ 是病态（Ill-conditioned）矩阵时，即使偏差 $\boldsymbol{Ax}-\boldsymbol{b}$ 的模（范数）很小，上述方法所得之解仍可能与真实解偏差较大（详见第三章第四节）。因此需要改进最小二乘法，吉洪诺夫正则化方法（Tikhonov regularization method）就是这样一个有着广泛应用的方法。

习题　6.3

设 $\boldsymbol{\delta}_1$，$\boldsymbol{\delta}_2$，$\boldsymbol{\delta}_3$，$\boldsymbol{\delta}_4$ 是 F 上线性空间 L 的一组基，令 $L_1=F(\boldsymbol{\delta}_2, \boldsymbol{\delta}_3, \boldsymbol{\delta}_4)$，$L_2=F(\boldsymbol{\delta}_1, \boldsymbol{\delta}_3, \boldsymbol{\delta}_4)$，$L_3=F(\boldsymbol{\delta}_1, \boldsymbol{\delta}_2, \boldsymbol{\delta}_4)$，$L_4=F(\boldsymbol{\delta}_1, \boldsymbol{\delta}_2, \boldsymbol{\delta}_3)$，求：

(1) $\bigcap\limits_{i=1}^{j}L_i\quad(j=2, 3, 4)$；

(2) $\sum\limits_{i=1}^{j}L_i\quad(j=2, 3, 4)$。

第四节　正交变换及其特征

一、正交变换的概念

定义　设 $\boldsymbol{T}$ 是内积空间 V 到 V 中的映射，若对任何 $\boldsymbol{x}, \boldsymbol{y}\in V$，都有 $\langle\boldsymbol{Tx}, \boldsymbol{Ty}\rangle=\langle\boldsymbol{x}, \boldsymbol{y}\rangle$，则称 $\boldsymbol{T}$ 是 V 上的正交变换。

显然，正交变换就是保持内积运算不变的变换。

性质　若 $\boldsymbol{T}$ 是 V 上的正交变换，则 $\boldsymbol{T}$ 也是 V 上的线性变换。

证明　由 $\langle\boldsymbol{Tx}, \boldsymbol{Ty}\rangle=\langle\boldsymbol{x}, \boldsymbol{y}\rangle$ 对任何 $\boldsymbol{x}, \boldsymbol{y}\in V$ 成立可知，

$\|\boldsymbol{T}(\boldsymbol{x}+\boldsymbol{y})-\boldsymbol{Tx}-\boldsymbol{Ty}\|^2=\langle\boldsymbol{T}(\boldsymbol{x}+\boldsymbol{y}), \boldsymbol{T}(\boldsymbol{x}+\boldsymbol{y})\rangle-\langle\boldsymbol{T}(\boldsymbol{x}+\boldsymbol{y}), \boldsymbol{Tx}\rangle-\langle\boldsymbol{T}(\boldsymbol{x}+\boldsymbol{y}), \boldsymbol{Ty}\rangle-\langle\boldsymbol{Tx}, \boldsymbol{T}(\boldsymbol{x}+\boldsymbol{y})\rangle+\langle\boldsymbol{Tx}, \boldsymbol{Tx}\rangle+\langle\boldsymbol{Tx}, \boldsymbol{Ty}\rangle-\langle\boldsymbol{Ty}, \boldsymbol{T}(\boldsymbol{x}+\boldsymbol{y})\rangle+\langle\boldsymbol{Ty}, \boldsymbol{Tx}\rangle+\langle\boldsymbol{Ty}, \boldsymbol{Ty}\rangle$

$=\langle\boldsymbol{x}+\boldsymbol{y}, \boldsymbol{x}+\boldsymbol{y}\rangle-\langle\boldsymbol{x}+\boldsymbol{y}, \boldsymbol{x}\rangle-\langle\boldsymbol{x}+\boldsymbol{y}, \boldsymbol{y}\rangle-\langle\boldsymbol{x}, \boldsymbol{x}+\boldsymbol{y}\rangle+\langle\boldsymbol{x}, \boldsymbol{x}\rangle+\langle\boldsymbol{x}, \boldsymbol{y}\rangle-\langle\boldsymbol{y}, \boldsymbol{x}+\boldsymbol{y}\rangle+\langle\boldsymbol{y}, \boldsymbol{x}\rangle+\langle\boldsymbol{y}, \boldsymbol{y}\rangle$

$=0$

由此可得，对任何 $\boldsymbol{x}, \boldsymbol{y}\in V$，有

$$\boldsymbol{T}(\boldsymbol{x}+\boldsymbol{y})=\boldsymbol{Tx}+\boldsymbol{Ty}$$

同理，对任何 $\boldsymbol{x}\in V$，$\lambda\in\mathbf{P}$，成立着

$\|\boldsymbol{T}(\lambda\boldsymbol{x})-\lambda\boldsymbol{Tx}\|^2=\langle\boldsymbol{T}(\lambda\boldsymbol{x}), \boldsymbol{T}(\lambda\boldsymbol{x})\rangle-\langle\boldsymbol{T}(\lambda\boldsymbol{x}), \lambda\boldsymbol{Tx}\rangle-\langle\lambda\boldsymbol{Tx}, \boldsymbol{T}(\lambda\boldsymbol{x})\rangle+\langle\lambda\boldsymbol{Tx}, \lambda\boldsymbol{Tx}\rangle=\langle\boldsymbol{T}(\lambda\boldsymbol{x}), \boldsymbol{T}(\lambda\boldsymbol{x})\rangle-\bar{\lambda}\langle\boldsymbol{T}(\lambda\boldsymbol{x}), \boldsymbol{Tx}\rangle-\lambda\langle\boldsymbol{Tx}, \boldsymbol{T}(\lambda\boldsymbol{x})\rangle+\lambda\bar{\lambda}\langle\boldsymbol{Tx}, \boldsymbol{Tx}\rangle$

$$= \langle \lambda \boldsymbol{x}, \lambda \boldsymbol{x}\rangle - \bar{\lambda}\langle \lambda \boldsymbol{x}, \boldsymbol{x}\rangle - \lambda\langle \boldsymbol{x}, \lambda \boldsymbol{x}\rangle + \lambda\bar{\lambda}\langle \boldsymbol{x}, \boldsymbol{x}\rangle = 0$$

由此可得，对任何 $\boldsymbol{x}\in V$，$\lambda\in \mathbf{P}$，

$$\boldsymbol{T}(\lambda \boldsymbol{x}) = \lambda \boldsymbol{T}\boldsymbol{x}$$

注：在有些教科书中，正交变换被定义为保持内积运算不变的线性变换。

二、正交变换的特征

定理 1　线性变换为正交变换的充分必要条件是在标准正交基下的矩阵为酉矩阵或正交矩阵。

证明　设线性变换 $\boldsymbol{T}$ 在 V 中标准正交基 $\boldsymbol{\alpha}_1, \boldsymbol{\alpha}_2, \cdots, \boldsymbol{\alpha}_n$ 下的矩阵为 $\boldsymbol{A}$，则

$$\boldsymbol{T}(\boldsymbol{\alpha}_1, \boldsymbol{\alpha}_2, \cdots, \boldsymbol{\alpha}_n) = (\boldsymbol{\alpha}_1, \boldsymbol{\alpha}_2, \cdots, \boldsymbol{\alpha}_n)\boldsymbol{A}。$$

若 $\boldsymbol{T}$ 是 V 上的正交变换，则

$$\langle \boldsymbol{\alpha}_j, \boldsymbol{\alpha}_i\rangle = \langle \boldsymbol{T}\boldsymbol{\alpha}_j, \boldsymbol{T}\boldsymbol{\alpha}_i\rangle = p_{1j}\bar{p}_{1i} + p_{2j}\bar{p}_{2i} + \cdots + p_{nj}\bar{p}_{ni}\ (i, j = 1, 2, \cdots, n)$$

其中 $(p_{1j}, p_{2j}, \cdots, p_{nj})^{\mathrm{T}}$ 为 $\boldsymbol{A}$ 的第 j 列。

因此，由

$$\boldsymbol{A}^{\mathrm{H}}\boldsymbol{A} = (p_{1j}\bar{p}_{1i} + p_{2j}\bar{p}_{2i} + \cdots + p_{nj}\bar{p}_{ni})_{n\times n} = \boldsymbol{E}$$

可知，$\boldsymbol{A}$ 为酉矩阵或正交矩阵。

反之，若线性变换 $\boldsymbol{T}$ 在 V 中标准正交基 $\boldsymbol{\alpha}_1, \boldsymbol{\alpha}_2, \cdots, \boldsymbol{\alpha}_n$ 下的矩阵 $\boldsymbol{A}$ 为酉矩阵或正交矩阵，则

$$\langle \boldsymbol{T}\boldsymbol{\alpha}_i, \boldsymbol{T}\boldsymbol{\alpha}_j\rangle = p_{1i}\bar{p}_{1j} + p_{2i}\bar{p}_{2j} + \cdots + p_{ni}\bar{p}_{nj} = \langle \boldsymbol{\alpha}_i, \boldsymbol{\alpha}_j\rangle\ (i, j = 1, 2, \cdots, n)$$

对任何在 $\boldsymbol{\alpha}_1, \boldsymbol{\alpha}_2, \cdots, \boldsymbol{\alpha}_n$ 下的坐标为 $(p_1, p_2, \cdots, p_n)^{\mathrm{T}}$ 和 $(q_1, q_2, \cdots, q_n)^{\mathrm{T}}$ 的向量 $\boldsymbol{x}$，$\boldsymbol{y}\in V$，都有

$\langle \boldsymbol{T}\boldsymbol{x}, \boldsymbol{T}\boldsymbol{y}\rangle = [\boldsymbol{A}(p_1, p_2, \cdots, p_n)^{\mathrm{T}}]^{\mathrm{H}}\boldsymbol{A}(q_1, q_2, \cdots, q_n)^{\mathrm{T}} = q_1\bar{p}_1 + q_2\bar{p}_2 + \cdots + q_n\bar{p}_n = \langle \boldsymbol{x}, \boldsymbol{y}\rangle$。

因此，$\boldsymbol{T}$ 是 V 上的正交变换。

注：正交变换可由酉矩阵或正交矩阵生成。

定理 2　线性变换为正交变换的充分必要条件是将标准正交基变为标准正交基。

证明　设 V 上的线性变换 $\boldsymbol{T}$ 是正交变换，$\boldsymbol{\alpha}_1, \boldsymbol{\alpha}_2, \cdots, \boldsymbol{\alpha}_n$ 是 V 中的一组标准正交基，则

$$\langle \boldsymbol{T}\boldsymbol{\alpha}_i, \boldsymbol{T}\boldsymbol{\alpha}_j\rangle = \langle \boldsymbol{\alpha}_i, \boldsymbol{\alpha}_j\rangle = \begin{cases} 0 & i\neq j \\ 1 & i=j \end{cases}\ (i, j = 1, 2, \cdots, n)$$

由此可知，$\boldsymbol{T}\boldsymbol{\alpha}_1, \boldsymbol{T}\boldsymbol{\alpha}_2, \cdots, \boldsymbol{T}\boldsymbol{\alpha}_n$ 也为标准正交基，即 $\boldsymbol{T}$ 将标准正交基变为标准正交基，反之，若线性变换 $\boldsymbol{T}$ 将标准正交基 $\boldsymbol{\alpha}_1, \boldsymbol{\alpha}_2, \cdots, \boldsymbol{\alpha}_n$ 变为标准正交基，即 $\boldsymbol{T}\boldsymbol{\alpha}_1, \boldsymbol{T}\boldsymbol{\alpha}_2, \cdots, \boldsymbol{T}\boldsymbol{\alpha}_n$ 也为标准正交基，则

$$\langle \boldsymbol{T}\boldsymbol{\alpha}_i, \boldsymbol{T}\boldsymbol{\alpha}_j\rangle = \begin{cases} 0 & i\neq j \\ 1 & i=j \end{cases} = \langle \boldsymbol{\alpha}_i, \boldsymbol{\alpha}_j\rangle\ (i, j = 1, 2, \cdots, n)$$

如同本节定理 1 的证明可得，对任何 $\boldsymbol{x}$，$\boldsymbol{y}\in V$，都有 $\langle \boldsymbol{T}\boldsymbol{x}, \boldsymbol{T}\boldsymbol{y}\rangle = \langle \boldsymbol{x}, \boldsymbol{y}\rangle$。因此，$\boldsymbol{T}$ 是 V 上的正交变换。

注：利用正交变换可生成新的标准正交基。

定理 3　线性变换为正交变换的充分必要条件是保持长度不变。

证明　设 V 上的线性变换 $\boldsymbol{T}$ 是正交变换，则对于任何 $\boldsymbol{\alpha}\in V$，$\langle \boldsymbol{T\alpha}, \boldsymbol{T\alpha}\rangle=\langle\boldsymbol{\alpha}, \boldsymbol{\alpha}\rangle$，由此可得，$\|\boldsymbol{T\alpha}\|=\|\boldsymbol{\alpha}\|$，即正交变换保持长度不变；反之，若 V 上的线性变换 $\boldsymbol{T}$ 保持长度不变，则对任何 $\boldsymbol{x}, \boldsymbol{y}\in V$，都有

$$\langle \boldsymbol{T}(\boldsymbol{x}+\boldsymbol{y}), \boldsymbol{T}(\boldsymbol{x}+\boldsymbol{y})\rangle=\langle \boldsymbol{x}+\boldsymbol{y}, \boldsymbol{x}+\boldsymbol{y}\rangle$$

$$\langle \boldsymbol{T}(i\boldsymbol{x}+\boldsymbol{y}), \boldsymbol{T}(i\boldsymbol{x}+\boldsymbol{y})\rangle=\langle i\boldsymbol{x}+\boldsymbol{y}, i\boldsymbol{x}+\boldsymbol{y}\rangle$$

由此可得

$$\langle \boldsymbol{Tx}, \boldsymbol{Ty}\rangle+\langle \boldsymbol{Ty}, \boldsymbol{Tx}\rangle=\langle \boldsymbol{x}, \boldsymbol{y}\rangle+\langle \boldsymbol{y}, \boldsymbol{x}\rangle,\ \langle \boldsymbol{Tx}, \boldsymbol{Ty}\rangle-\langle \boldsymbol{Ty}, \boldsymbol{Tx}\rangle=\langle \boldsymbol{x}, \boldsymbol{y}\rangle-\langle \boldsymbol{y}, \boldsymbol{x}\rangle$$

两式相加后得到，$\langle \boldsymbol{Tx}, \boldsymbol{Ty}\rangle=\langle \boldsymbol{x}, \boldsymbol{y}\rangle$，即 $\boldsymbol{T}$ 是正交变换。

注：保持长度不变的线性变换也保持“夹角”不变。

三、正交变换的几何作用：二维和三维空间中的旋转、反射变换

1. 二维空间中的旋转变换（Two dimensional rotation transformation）

对于任何 $(x, y)^{\mathrm{T}}\in\mathbf{R}^2$，设

$$\boldsymbol{T}(x, y)^{\mathrm{T}}=(x\cos\theta+y\sin\theta,\ -x\sin\theta+y\cos\theta)^{\mathrm{T}}$$

则 $\boldsymbol{T}$ 是正交变换，并且是平面 $\mathbf{R}^2$ 中的旋转变换。

事实上，若设

$$\boldsymbol{e}_1=(1, 0)^{\mathrm{T}},\ \boldsymbol{e}_2=(0, 1)^{\mathrm{T}}$$

则 $\boldsymbol{T}$ 在 $\boldsymbol{e}_1$，$\boldsymbol{e}_2$ 下的矩阵

$$\boldsymbol{A}=\begin{pmatrix}\cos\theta & \sin\theta\\ -\sin\theta & \cos\theta\end{pmatrix}$$

是一个正交矩阵，因此，则 $\boldsymbol{T}$ 是正交变换。

由平面解析几何知识可知，$\boldsymbol{T}$ 是 x 轴逆时针旋转 θ 的正交变换。

注：由

$$\|\boldsymbol{T}(x, y)^{\mathrm{T}}\|=\sqrt{(x\cos\theta+y\sin\theta)^2+(-x\sin\theta+y\cos\theta)^2}=\sqrt{x^2+y^2}=\|(x, y)^{\mathrm{T}}\|$$

可知，$\boldsymbol{T}$ 是保持长度不变的正交变换。

2. 三维空间中的旋转变换（Three dimensional rotation transformation）

对于任何 $(x, y, z)^{\mathrm{T}}\in\mathbf{R}^3$，设 $\boldsymbol{T}(x, y, z)^{\mathrm{T}}=(x\cos\gamma\cos\theta-y\sin\theta-z\sin\gamma\cos\theta,\ x\cos\gamma\sin\theta+y\cos\theta-z\sin\gamma\sin\theta,\ x\sin\gamma+z\cos\gamma)^{\mathrm{T}}$，则 $\boldsymbol{T}$ 是正交变换，并且是空间 $\mathbf{R}^3$ 中的旋转变换。

事实上，若设

$$\boldsymbol{e}_1=(1, 0, 0)^{\mathrm{T}},\ \boldsymbol{e}_2=(0, 1, 0)^{\mathrm{T}},\ \boldsymbol{e}_3=(0, 0, 1)^{\mathrm{T}}$$

则 $\boldsymbol{T}$ 在 $\boldsymbol{e}_1$，$\boldsymbol{e}_2$，$\boldsymbol{e}_3$ 下的矩阵为

$$A=\begin{pmatrix}\cos\gamma\cos\theta & -\sin\theta & -\sin\gamma\cos\theta\\ \cos\gamma\sin\theta & \cos\theta & -\sin\gamma\sin\theta\\ \sin\gamma & 0 & \cos\gamma\end{pmatrix},$$

并且满足 $\boldsymbol{A}^{\mathrm{T}}\boldsymbol{A}=\boldsymbol{E}$。因此，$\boldsymbol{T}$ 是正交变换。

由空间解析几何知识可知，$\boldsymbol{T}$ 是 $\mathbf{R}^3$ 中的旋转变换为：x 轴旋转 (θ, γ)，y 轴旋转 θ，z 轴旋转 γ。

注：也可通过验证 $\|\boldsymbol{T}(x, y, z)^{\mathrm{T}}\|=\|(x, y, z)^{\mathrm{T}}\|$，得出 $\boldsymbol{T}$ 是正交变换。

3. 二维空间中的反射变换（Two dimensional reflective transformation）

对于任何 $(x, y)^{\mathrm{T}} \in \mathbf{R}^2$，设

$$\boldsymbol{T}_1(x, y)^{\mathrm{T}} = (-x, y)^{\mathrm{T}},\ \boldsymbol{e}_1 = (1, 0)^{\mathrm{T}},\ \boldsymbol{e}_2 = (0, 1)^{\mathrm{T}},$$

则基 $\boldsymbol{e}_1$，$\boldsymbol{e}_2$ 下的矩阵为：

$$\boldsymbol{A}_1 = \begin{pmatrix} -1 & 0 \\ 0 & 1 \end{pmatrix},$$

因此，$\boldsymbol{T}_1$ 是 $\mathbf{R}^2$ 中关于 y 轴反射的正交变换。

设 $\boldsymbol{T}_2(x, y)^{\mathrm{T}} = (-x, -y)^{\mathrm{T}}$，则基 $\boldsymbol{e}_1$，$\boldsymbol{e}_2$ 下的矩阵为 $\boldsymbol{A}_2 = \begin{pmatrix} -1 & 0 \\ 0 & -1 \end{pmatrix}$。因此，$\boldsymbol{T}_2$ 是 $\mathbf{R}^2$ 中关于坐标原点反射的正交变换。

设 $\boldsymbol{T}_3(x, y)^{\mathrm{T}} = (y, x)^{\mathrm{T}}$，则基 $\boldsymbol{e}_1$，$\boldsymbol{e}_2$ 下的矩阵为 $\boldsymbol{A}_3 = \begin{pmatrix} 0 & 1 \\ 1 & 0 \end{pmatrix}$。因此，$\boldsymbol{T}_3$ 是 $\mathbf{R}^2$ 中关于对角线 $y=x$ 反射的正交变换。

4. 三维空间中的反射变换（Three dimensional reflective transformation）

对于任何 $(x, y, z)^{\mathrm{T}} \in \mathbf{R}^3$，设 $\boldsymbol{T}(x, y, z)^{\mathrm{T}} = (y, x, z)^{\mathrm{T}}$，则基 $\boldsymbol{e}_1 = (1, 0, 0)^{\mathrm{T}}$，$\boldsymbol{e}_2 = (0, 1, 0)^{\mathrm{T}}$，$\boldsymbol{e}_3 = (0, 0, 1)^{\mathrm{T}}$

下的矩阵为：

$$\boldsymbol{A} = \begin{pmatrix} 0 & 1 & 0 \\ 1 & 0 & 0 \\ 0 & 0 & 1 \end{pmatrix},$$

因此，$\boldsymbol{T}$ 是 $\mathbf{R}^3$ 中关于平面 $\boldsymbol{y}=\boldsymbol{x}$ 反射的正交变换。

注：任何正交变换总可分解为一系列旋转和反射变换的复合。如，$\boldsymbol{A} = \begin{pmatrix} -\cos\theta & -\sin\theta \\ \sin\theta & -\cos\theta \end{pmatrix}$ 对应的正交变换就是 $\begin{pmatrix} \cos\theta & \sin\theta \\ -\sin\theta & \cos\theta \end{pmatrix}$ 对应的旋转和 $\begin{pmatrix} -1 & 0 \\ 0 & -1 \end{pmatrix}$ 对应的反射的复合变换。

习题　6.4

（1）按施密特正交化方法，将线性无关向量组 $\boldsymbol{\alpha}_1 = \begin{pmatrix} 1 \\ 1 \\ 0 \\ 0 \end{pmatrix}$，$\boldsymbol{\alpha}_2 = \begin{pmatrix} 1 \\ 0 \\ 1 \\ 0 \end{pmatrix}$，$\boldsymbol{\alpha}_3 = \begin{pmatrix} 1 \\ 0 \\ 0 \\ -1 \end{pmatrix}$ 法正交化。

（2）已知矩阵 $\boldsymbol{A} = \begin{pmatrix} 1 & 2 & 4 \\ 2 & -2 & 2 \\ 4 & 2 & 1 \end{pmatrix}$，求正交矩阵 $\boldsymbol{C}$，使 $\boldsymbol{C}^{-1}\boldsymbol{A}\boldsymbol{C}$ 为对角矩阵。

【知识点总结】

【要点】

（1）线性空间的概念和结构、基变换、过渡矩阵和向量的坐标变换。

(2) 线性子空间的概念、维数定理与直和分解定理。

(3) 线性变换及其矩阵表示。

(4) 欧氏空间与酉空间、正交阵、酉阵、正交补和正交分解。

(5) 正交变换及其特征。

(6) 应用于小波变换的框架理论（对偶框架、紧框架、Riesz 基）。

【基本要求】

(1) 了解线性空间的概念和结构，掌握基变换、过渡矩阵和向量的坐标变换。

(2) 了解线性子空间的概念，掌握维数定理与直和分解定理。

(3) 熟练掌握线性变换及其矩阵表示。

(4) 了解欧氏空间与酉空间，掌握正交阵与酉阵、正交补与正交分解。

(5) 熟练掌握正交变换及其特征。

(6) 了解应用于小波变换的框架理论（对偶框架、紧框架、Riesz 基）。

总习题 6

一、选择题

(1) 若 W_1，W_2 均为线性空间 V 的子空间，则下列等式成立的是（　　）

A. $W_1+(W_1\cap W_2)=W_1\cap W_2$

B. $W_1+(W_1\cap W_2)=W_1+W_2$

C. $W_1+(W_1\cap W_2)=W_1$

D. $W_1+(W_1\cap W_2)=W_2$

(2) 按通常矩阵的加法与数乘运算，下列集合不构成 **P** 上线性空间的是（　　）

A. $W_1=\{\boldsymbol{A}\in \mathbf{P}^{n\times n}\mid \boldsymbol{A}'=\boldsymbol{A}\}$

B. $W_2=\{\boldsymbol{A}\in \mathbf{P}^{n\times n}\mid tr(\boldsymbol{A})=0\}$

C. $W_3=\{\boldsymbol{A}\in \mathbf{P}^{n\times n}\mid |\boldsymbol{A}|=0\}$

D. $W_4=\{\boldsymbol{A}\in \mathbf{P}^{n\times n}\mid \boldsymbol{A}'=-\boldsymbol{A}\}$

(3) 数域 **P** 上线性空间 V 的维数为 r，$\boldsymbol{\alpha}_1$，$\boldsymbol{\alpha}_2,\cdots$，$\boldsymbol{\alpha}_n\in V$，且任意 V 中向量可由 $\boldsymbol{\alpha}_1$，$\boldsymbol{\alpha}_2,\cdots$，$\boldsymbol{\alpha}_n$ 线性表出，则下列结论成立的是（　　）

A. $r=n$　　B. $r\leqslant n$　　C. $r<n$　　D. $r>n$

(4) 设 $W_1=P_3[x]$，$W_2=P_4[x]$ 则 $\dim(W_1+W_2)=$（　　）

A. 2　　B. 3　　C. 4　　D. 5

(5) 设线性空间 $W=\{(a,\ 2a,\ 3a)\mid a\in\mathbf{R}\}$，则 W 的基为（　　）

A. (1, 2, 3)　　B. $(a,\ a,\ a)$

C. $(a,\ 2a,\ 3a)$　　D. (1, 0, 0) (0, 2, 0) (0, 0, 3)

二、填空题

(1) 设线性变换 $\boldsymbol{A}$ 在基 $\boldsymbol{\varepsilon}_1$，$\boldsymbol{\varepsilon}_2$ 的矩阵为$\begin{pmatrix}1&1\\0&1\end{pmatrix}$，线性变换 $\boldsymbol{B}$ 在基 $\boldsymbol{\varepsilon}_2$，$\boldsymbol{\varepsilon}_1$ 下的矩阵为$\begin{pmatrix}1&0\\-1&1\end{pmatrix}$，那么 $\boldsymbol{A}+\boldsymbol{B}$ 在基 $\boldsymbol{\varepsilon}_1$，$\boldsymbol{\varepsilon}_2$ 下的矩阵为________。

(2) 设矩阵 $\boldsymbol{A}$ 的特征为 1，2，3，那么 $\boldsymbol{A}^{-1}$ 的特征值为________。

(3) 设 $\boldsymbol{A}=\begin{pmatrix}1&0&0\\0&0&1\\0&1&x\end{pmatrix}$ 与矩阵 $\boldsymbol{B}=\begin{pmatrix}1&0&0\\0&y&0\\0&0&-1\end{pmatrix}$ 相似，那么 x，y 的值分别是________。

(4) 设 $\boldsymbol{A}=\begin{pmatrix}2&1&1\\1&2&1\\1&1&2\end{pmatrix}$，$\boldsymbol{A}(\boldsymbol{X})=\boldsymbol{AX}$ 是 $\mathbf{P}^3$ 上的线性变换，那么 $\boldsymbol{A}$ 的零度 = ________。

(5) 在 $P[\boldsymbol{x}]_3$ 中，定义 $\boldsymbol{D}(\mathrm{f}(\mathrm{x}))=\mathrm{f}'(\mathrm{x})$，那么 $\boldsymbol{D}$ 的特征值为________。

(6) 若 $\boldsymbol{\alpha}_1$，$\boldsymbol{\alpha}_2,\cdots$，$\boldsymbol{\alpha}_n$ 是线性空间 V 的一个基，则满足条件：

1) $\boldsymbol{\alpha}_1$，$\boldsymbol{\alpha}_2,\cdots$，$\boldsymbol{\alpha}_n$ 是________________；

2) 对 V 中任意向量 $\boldsymbol{\beta}$，________________。

(7) 数域 $\mathbf{P}$ 上的线性空间 V 的非空子集 W 是 V 的子空间的充要条件为________。

(8) 已知 W_1，W_2 为线性空间 V 的子空间，W_1+W_2 为直和的充要条件为________。

(9) 设 V 和 W 是数域 $\mathbf{P}$ 上两个线性空间，V 到 W 的一个同构映射 f 满足如下三个条件：

1) f 是 V 到 W 的________________；

2) 对 $\forall\boldsymbol{\alpha}$，$\boldsymbol{\beta}\in V$，有________；

3) 对 $\forall\boldsymbol{\alpha}\in\boldsymbol{V}$，$k\in\mathbf{P}$，有________。

(10) 向量空间 V 的基 $\boldsymbol{\alpha}_1$，$\boldsymbol{\alpha}_2,\cdots$，$\boldsymbol{\alpha}_n$ 到基 $\boldsymbol{\alpha}_n$，$\boldsymbol{\alpha}_{n-1},\cdots$，$\boldsymbol{\alpha}_1$ 的过渡矩阵为________。

(11) 复数域 $\mathbf{C}$ 作为实数域 $\mathbf{R}$ 上的向量空间，则 $\dim\mathbf{C}$ = ________，它的一个基为________；复数域 $\mathbf{C}$ 作为复数域 $\mathbf{C}$ 上的向量空间，则 $\dim\mathbf{C}$ = ________，它的一个基为________。

三、判断题

(1) 设 $\boldsymbol{\alpha}$ 是 V 中固定非零向量，$\forall\boldsymbol{\xi}\in V$，$\boldsymbol{A}$ ($\boldsymbol{\xi}$) $=\boldsymbol{\xi}+\boldsymbol{\alpha}$，那么 $\boldsymbol{A}$ 是 V 上的线性变换。 (　　)

(2) 设 $\boldsymbol{V}=\mathbf{P}^{2\times2}$，$L(\boldsymbol{V})$ 是 V 上的全体线性变换组成的空间，那么 $L(\boldsymbol{V})$ 的维数 = 4。 (　　)

(3) 两个矩阵 $\boldsymbol{A}$，$\boldsymbol{B}$ 有相同的特征值，则 $\boldsymbol{A}\sim\boldsymbol{B}$。 (　　)

(4) 设线性变换 $\boldsymbol{A}$ 在给定基下的矩阵为 $\boldsymbol{A}$，那么 $\boldsymbol{A}$ 的值域的维数等于 $\boldsymbol{A}$ 的秩。 (　　)

(5) 线性变换 $\boldsymbol{A}$ 的核与值域的交是 $\boldsymbol{A}$ 的不变子空间。 (　　)

四、$P[x]_2$ 表示次数小于等于 2 的多项式连同零组成的线性空间，定义 $\boldsymbol{A}(f(x))$

$=xf'(x)-f(x)$，

（1）证明 $\boldsymbol{A}$ 是 $p[x]_2$ 上的线性变换；

（2）求 $\boldsymbol{A}$ 在基 1，$x-1$，x^2-1 下的矩阵；

（3）说明 $\boldsymbol{A}$ 是否可以对角化？若可以对角化，找出一组基，使 $\boldsymbol{A}$ 在该基下的矩阵为对角形。

五、在 $\mathbf{P}^{2\times 2}$ 上定义线性变换 $\boldsymbol{AX}=\begin{pmatrix}1 & -1\\ -1 & 1\end{pmatrix}\boldsymbol{X}$

（1）求 $\boldsymbol{A}$ 在基 $\boldsymbol{E}_{11}$，$\boldsymbol{E}_{12}$，$\boldsymbol{E}_{21}$，$\boldsymbol{E}_{22}$ 下的矩阵；

（2）求 $\boldsymbol{A}$ 的核和它的零度；

（3）求 $\boldsymbol{A}$ 的值域和 $\boldsymbol{A}$ 的秩。

六、设 $\boldsymbol{A}=\begin{pmatrix}1 & 0 & 1\\ 0 & 2 & 0\\ 1 & 0 & 1\end{pmatrix}$

（1）求 $\boldsymbol{A}$ 的全部特征值。

（2）求 $\boldsymbol{A}$ 的属于每个特征值的特征向量。

（3）求一个可逆矩阵 $\boldsymbol{X}$，使 $\boldsymbol{X}^{-1}\boldsymbol{AX}$ 为对角形。

七、设 $\boldsymbol{A}$ 是 n 维线性空间 V 上的线性变换，$\boldsymbol{A}^2$ 为单位变换，证明：

（1）$\boldsymbol{A}$ 的特征值只能是±1；

（2）$V=V_1\oplus V_{-1}$，其中 $V_1=\{\boldsymbol{\alpha}\in V\mid \boldsymbol{A\alpha}=\boldsymbol{\alpha}\}$ $V_{-1}=\{\boldsymbol{\alpha}\in V\mid \boldsymbol{A\alpha}=-\boldsymbol{\alpha}\}$。

第七章　线性代数在实际中的应用

大学数学是自然科学的基本语言，是应用模式探索现实世界物质运动机理的主要手段，学习数学的意义不仅仅是学习一种专业的工具而已。在实际生活中，数学的作用也是非常显著的，如作为变化率的额倒数在几何学、物理学、经济学中的应用，抛体运动的数学建模及其应用，最优化方法在工程、经济、农业等领域中的应用等。

线性代数中行列式，实质上是又一些竖直排列形成的数表按一定的法则计算得到的一个数。早在 1683 年~1693 年，日本数学家关孝和与德国数学家莱布尼茨就分别独立的提出了行列式的概念。之后很长一段时间，行列式主要应用于对现行方程组的研究。大约一个半世纪后，行列式逐步发展成为线性代数的一个独立的理论分支。1750 年瑞士数学家克莱姆也在他的论文中提出了利用行列式求解线性方程组的著名法则——克莱姆法则，随后在 1812 年，法国数学家柯西发现了行列式在解析几何中的应用，这一发现激起了人们对行列式的应用进行探索的浓厚兴趣。如今，由于计算机和计算软件的发展，在常见的高阶行列式计算中，行列式的数值意义虽然不大，但是行列式公式依然可以给出构成行列式的数表的重要信息。在线性代数的某些应用中，行列式的知识依然非常重要。

【例 7-1】　有甲、乙、丙三种化肥，甲种化肥每千克含氮 70 克，磷 8 克，钾 2 克；乙种、化肥每千克含氮 64 克，磷 10 克，钾 0. 6 克；丙种化肥每千克含氮 70 克，磷 5 克，钾 1. 4 克。若把此三种化肥混合，要求总重量 23 千克且含磷 149 克，钾 30 克，问三种化肥各需多少千克?

【解】　设甲、乙、丙三种化肥各需 x_1、x_2、x_3 千克，依题意得方程组

$$\begin{cases} x_1+x_2+x_3=23 \\ 8x_1+10x_2+5x_3=149 \\ 2x_1+0.6x_2+1.4x_3=30 \end{cases}$$

此方程组的系数行列式 $D=-\dfrac{27}{5}$

又 $D_1=-\dfrac{81}{5}$，$D_2=-27$，$D_3=-81$，由克莱姆法则可知，此方程组有唯一解，为：$x_1=3$；$x_2=5$；$x_3=15$。

即甲乙丙三种化肥各需 3 千克、5 千克和 15 千克。

矩阵实质上就是一张长方形的数表，无论是在日常生活中还是科学研究中，矩阵是一种非常常见的数学现象，比如学校课表、成绩单、工厂里的生产进度表、车站时刻表、价目表、故事中的证券价目表和科研领域中的数据分析表。它是表述或处理大量生活、生产与科研问题的有力的工具。矩阵的重要作用主要是它能把头绪纷繁的事物按一定的规则清晰地展现出来。恰当地给出事物之间内在的联系，并通过矩阵的运算或变换来揭示事物之间的内在联系，它也是我们求解数学问题时“数形结合”的途径。因此，矩阵的运算是非

常重要的。

【例 7－2】　计算$\begin{pmatrix} \frac{n-1}{n} & -\frac{1}{n} & \cdots & -\frac{1}{n} \\ -\frac{1}{n} & \frac{n-1}{n} & \cdots & -\frac{1}{n} \\ \vdots & \vdots & & \vdots \\ -\frac{1}{n} & -\frac{1}{n} & \cdots & \frac{n-1}{n} \end{pmatrix}_{n\times n}^2$。

【解】　令　$A=\begin{pmatrix} \frac{n-1}{n} & -\frac{1}{n} & \cdots & -\frac{1}{n} \\ -\frac{1}{n} & \frac{n-1}{n} & \cdots & -\frac{1}{n} \\ \vdots & \vdots & & \vdots \\ -\frac{1}{n} & -\frac{1}{n} & \cdots & \frac{n-1}{n} \end{pmatrix}$

则 $A^2=\begin{pmatrix} \frac{n-1}{n} & -\frac{1}{n} & \cdots & -\frac{1}{n} \\ -\frac{1}{n} & \frac{n-1}{n} & \cdots & -\frac{1}{n} \\ \vdots & \vdots & & \vdots \\ -\frac{1}{n} & -\frac{1}{n} & \cdots & \frac{n-1}{n} \end{pmatrix}=\left(\frac{1}{n}\begin{pmatrix} n-1 & -1 & \cdots & -1 \\ -1 & n-1 & \cdots & -1 \\ \vdots & \vdots & & \vdots \\ -1 & -1 & \cdots & n-1 \end{pmatrix}\right)^2$

$$=\frac{1}{n^2}\begin{pmatrix} n-1 & -1 & \cdots & -1 \\ -1 & n-1 & \cdots & -1 \\ \vdots & \vdots & & \vdots \\ -1 & -1 & \cdots & n-1 \end{pmatrix}^2=\frac{1}{n^2}\begin{pmatrix} n(n-1) & -n & \cdots & -n \\ -n & n(n-1) & \cdots & -n \\ \vdots & \vdots & & \vdots \\ -n & -n & \cdots & n(n-1) \end{pmatrix}$$

$$=\begin{pmatrix} \frac{n-1}{n} & -\frac{1}{n} & \cdots & -\frac{1}{n} \\ -\frac{1}{n} & \frac{n-1}{n} & \cdots & -\frac{1}{n} \\ \vdots & \vdots & & \vdots \\ -\frac{1}{n} & -\frac{1}{n} & \cdots & \frac{n-1}{n} \end{pmatrix}=A$$

在此例中，$A^2=A$，所以 A 是幂等矩阵。

矩阵的初等变化、矩阵的秩、初等矩阵、线性方程组的解、向量组的线性相关、向量空间、向量组的秩和 n 维向量，这些都是线性代数的核心概念。线性代数在应用上的重要性与计算机的计算性呈正比例增长。而这一性能伴随着计算机软硬件的不断创新提升，最终计算机并行处理和大规模计算的迅猛发展将会把计算机科学与线性代数紧密地联系在一起，并广泛应用于解决飞机制造、桥梁设计、交通规划、石油勘探和经济管理等科学领域。线性模型比复杂的非线性模型更易于用计算机进行计算。线性方程组应用广泛。主要有网络流模型、人口迁移模型和基因问题，以及求血液的流率和血管分支点出的压强等等。线性方程组的解法其中至关重要的。

【例 7-3】 求解齐次线性方程组

$$\begin{cases} x_1+2x_2+x_3+x_4=0 \\ 2x_1+x_2-2x_3-2x_4=0 \\ x_1-x_2-4x_3-3x_4=0 \end{cases}$$

【解】 令 $\boldsymbol{A}=\begin{pmatrix} 1 & 2 & 2 & 1 \\ 2 & 1 & -2 & -2 \\ 1 & -1 & -4 & -3 \end{pmatrix}$

对系数矩阵 $\boldsymbol{A}$ 进行初等航变换

则 $\boldsymbol{A}=\begin{pmatrix} 1 & 2 & 2 & 1 \\ 2 & 1 & -2 & -2 \\ 1 & -1 & -4 & -3 \end{pmatrix} \xrightarrow[r_3-r_1]{r_2-2r_1} \begin{pmatrix} 1 & 2 & 2 & 1 \\ 0 & -3 & -6 & -4 \\ 0 & -3 & -6 & -4 \end{pmatrix} \xrightarrow[r_2\div(-3)]{r_3-r_2} \begin{pmatrix} 1 & 2 & 2 & 1 \\ 0 & 1 & 2 & \frac{4}{3} \\ 0 & 0 & 0 & 0 \end{pmatrix}$

$$\xrightarrow{r_1-2r_2} \begin{pmatrix} 1 & 0 & -2 & -\frac{5}{3} \\ 0 & 1 & 2 & \frac{4}{3} \\ 0 & 0 & 0 & 0 \end{pmatrix}$$

即得与原方程组同解的方程组

$$\begin{cases} x_1-2x_3-\frac{5}{3}x_4=0 \\ x_2+2x_3+\frac{4}{3}x_4=0 \end{cases}$$

由此即得

$$\begin{cases} x_1 = 2x_3 + \frac{5}{3}x_4 \\ x_2 =- 2x_3 - \frac{4}{3}x_4 \end{cases} \text{（}x_3\text{，}x_4\text{ 可任意取值）。}$$

令 $x_3=c_1$，$x_4=c_2$，把它写成通常的参数形式

$$\begin{cases} x_1=2c_2+\frac{5}{3}c_2 \\ x_2=-2c_2-\frac{4}{3}c_2 \\ x_3=c_1 \\ x_4=c_2 \end{cases}$$

方阵的特征值、特征向量理论及方阵的相似对角化的问题，这些内容不仅在数学本身的研究中具有重要的作用，在其他的许多科学领域中也有重要的应用。例如，在生物信息学中，人类基因的染色体图谱在进行 DNA 序列对比时就用到了矩阵的相似这个概念。线

性代数学习对数学建模十分必要。那么，为什么线性代数得到广泛运用，而并非解非线性方程组是经常的事呢？这是因为，大自然的许多现象恰好是线性变化的。按照辩证唯物主义的观点，世间的一切事物都是在不断地运动着的。所谓运动，从数学上描述，就是随时间而变化，因此，研究各个量随时间的变化率（即导数），与各个量的大小之间的关系也是非常重要的。以下为线性代数实际解决的应用问题。

一．基因间“距离”的表示

【例 7-4】　在 ***ABO*** 血型的人们中，对各种群体基因的频率进行了研究。为了把四种等位基因 $\boldsymbol{A}_1$，$\boldsymbol{A}_2$，$\boldsymbol{B}$，$\boldsymbol{O}$ 区别开，有人研究了部分群体的基因相对频率，见表 7-1。

表 7-1　基因的相对频率

符号	爱斯基摩人 $f1i$	班图人 $f2i$	英国人 $f3i$	朝鲜人 $f4i$
A_1	0. 2914	0. 1034	0. 2090	0. 2208
A_2	0. 0000	0. 0866	0. 0696	0. 0000
B	0. 0316	0. 1200	0. 0612	0. 2069
O	0. 6770	0. 6900	0. 6602	0. 5723
合计	1. 000	1. 000	1. 000	1. 000

一个群体与另一群体的接近程度如何？

【解】　有人提出一种利用向量代数的方法。首先，我们用单位向量来表示每一个群体，为此目的，取每一种频率的平方根，记 $x_{ki}=\sqrt{f_{ki}}$。由于对这四种群体的每一种有 $\sum\limits_{i=1}^{4} f_{ki}=1$，所以我们得到 $\sum\limits_{i=1}^{4} x_{ki}^2=1$，这意味着下列四个向量的每个都是单位向量，记

$$a_1=\begin{pmatrix}x_{11}\\x_{12}\\x_{13}\\x_{14}\end{pmatrix},\quad a_2=\begin{pmatrix}x_{21}\\x_{22}\\x_{23}\\x_{24}\end{pmatrix},\quad a_3=\begin{pmatrix}x_{31}\\x_{32}\\x_{33}\\x_{34}\end{pmatrix},\quad a_4=\begin{pmatrix}x_{41}\\x_{42}\\x_{43}\\x_{44}\end{pmatrix}$$

在四维空间中，这些向量的顶端都位于一个半径为 1 的球面上。现在用两个向量间的夹角来表示两个对应的群体间的“距离”。如果 a_1 和 a_2 之间的夹角记为 θ，那么由于 $|a_1|=|a_2|=1$，再由内只公式，得 $\cos\theta=\boldsymbol{a}_1\cdot\boldsymbol{a}_2$。

$$\boldsymbol{a}_1=\begin{pmatrix}0.5398\\0.0000\\0.1778\\0.8228\end{pmatrix},\quad \boldsymbol{a}_2=\begin{pmatrix}0.3216\\0.2943\\0.3464\\0.8307\end{pmatrix}$$

故　$$\cos\theta=\boldsymbol{a}_1\cdot\boldsymbol{a}_2=0.9187$$

得　$$\theta=23.2°$$

按同样的方式，我们可以得到表 7-2。

表 7-2　基因间的"距离"

人员	爱斯基摩人	班图人	英国人	朝鲜人
爱斯基摩人	0°	23.2°	16.4°	16.8°
班图人	23.2°	0°	9.8°	20.4°
英国人	16.4°	9.8°	0°	19.6°
朝鲜人	16.8°	20.4°	19.6°	0°

由表 7-2 可知，最小的基因"距离"是班图人和英国人之间的"距离"，而爱斯基摩人和班图人之间的基因"距离"最大。

二、医药领域的运用

【例 7-5】　通过中成药药方配制问题，达到理解向量组的线性相关性、最大线性无关组向量的线性表示以及向量空间等线性代数的知识。某中药厂用 9 种中草药（$\boldsymbol{A}$-$\boldsymbol{I}$），根据不同的比例配制成了 7 种特效药，各用量成分见表 7-3。

表 7-3　特效药的成分用量　（单位：克）

符号	1 号成药	2 号成药	3 号成药	4 号成药	5 号成药	6 号成药	7 号成药
A	10	2	14	12	20	38	100
B	12	0	12	25	35	60	55
C	5	3	11	0	5	14	0
D	7	9	25	5	15	47	35
E	0	1	2	25	5	33	6
F	25	5	35	5	35	55	50
G	9	4	17	25	2	39	25
H	6	5	16	10	10	35	10
I	8	2	12	0	2	6	20

【解】　(1) 把每一种特效药看成一个九维列向量，分析 7 个列向量构成向量组的线性相关性。

若向量组线性无关，则无法配制脱销的特效药；若向量组线性相关，并且能找到不含 $\boldsymbol{u}_3$，$\boldsymbol{u}_6$ 的一个最大线性无关组，则可以配制 3 号和 6 号药品。

在 Matlab 窗口输入

$$\boldsymbol{u}_1=(10, 12, 5, 7, 0, 25, 9, 6, 8);$$
$$\boldsymbol{u}_2=(2, 0, 3, 9, 1, 5, 4, 5, 2);$$
$$\boldsymbol{u}_3=(14, 12, 11, 25, 2, 35, 17, 16, 12);$$
$$\boldsymbol{u}_4=(12, 25, 0, 5, 25, 5, 25, 10, 0);$$
$$\boldsymbol{u}_5=(20, 35, 5, 15, 5, 35, 2, 10, 0);$$
$$\boldsymbol{u}_6=(38, 60, 14, 47, 33, 55, 39, 35, 6);$$
$$\boldsymbol{u}_7=(100, 55, 0, 35, 6, 50, 25, 10, 20);$$
$$\boldsymbol{U}=(\boldsymbol{u}_1, \boldsymbol{u}_2, \boldsymbol{u}_3, \boldsymbol{u}_4, \boldsymbol{u}_5, \boldsymbol{u}_6, \boldsymbol{u}_7)$$

$(\boldsymbol{U}_0, r) = \text{rref}(\boldsymbol{U}) \ (r=1, 2, 4, 5, 7)$

计算结果为：

$$\boldsymbol{U}_0 = \begin{pmatrix} 1 & 0 & 1 & 0 & 0 & 0 & 0 \\ 0 & 1 & 2 & 0 & 0 & 3 & 0 \\ 0 & 0 & 0 & 1 & 0 & 1 & 0 \\ 0 & 0 & 0 & 0 & 1 & 1 & 0 \\ 0 & 0 & 0 & 0 & 0 & 0 & 1 \\ 0 & 0 & 0 & 0 & 0 & 0 & 0 \\ 0 & 0 & 0 & 0 & 0 & 0 & 0 \\ 0 & 0 & 0 & 0 & 0 & 0 & 0 \\ 0 & 0 & 0 & 0 & 0 & 0 & 0 \end{pmatrix}$$

四个零行

从最简行阶梯型 U_0 中可以看出，$r(\boldsymbol{U})=5$，向量组线性相关，一个最大无关组为：$\boldsymbol{u}_1$，$\boldsymbol{u}_2$，$\boldsymbol{u}_4$，$\boldsymbol{u}_5$，$\boldsymbol{u}_7$。则 $\boldsymbol{u}_3=\boldsymbol{u}_1+2\boldsymbol{u}_2$，$\boldsymbol{u}_6=3\boldsymbol{u}_2+\boldsymbol{u}_4+\boldsymbol{u}_5$ 故可以配制新药。

（2）三种新药用 $\boldsymbol{v}_1$，$\boldsymbol{v}_2$，$\boldsymbol{v}_3$ 表示，问题化为 $\boldsymbol{v}_1$，$\boldsymbol{v}_2$，$\boldsymbol{v}_3$ 能否由 $\boldsymbol{u}_1 \sim \boldsymbol{u}_7$ 线性表示？若能表示，则可配制；否则，不能配制。

令 $\boldsymbol{U}=(\mathrm{u}_1, \mathrm{u}_2, \mathrm{u}_3, \mathrm{u}_4, \mathrm{u}_5, \mathrm{u}_6, \mathrm{u}_7, \boldsymbol{v}_1, \boldsymbol{v}_2, \boldsymbol{v}_3)$，$(\boldsymbol{U}_0, r)=\text{rref}(\boldsymbol{U})$。

由 $\boldsymbol{U}_0$ 的最后三列可以看出结果。

计算结果 $r=1, 2, 4, 5, 7$，则可以看出 $\boldsymbol{v}_1=\mathrm{u}_1+3\mathrm{u}_2+2\mathrm{u}_4$，$\boldsymbol{v}_2=3\mathrm{u}_1+4\mathrm{u}_2+2\mathrm{u}_4+\mathrm{u}_7$，$\boldsymbol{v}_3$ 不能被线性表示，所以无法配制。

三、化学式的配平

【例 7-6】　化学方程的配平

$$x_1C_3H_8+x_2O_2 \longrightarrow x_3CO_2+x_4H_2O$$

确定 x_1，x_2，x_3，x_4，使两边原子数相等称为配平，方程为：

$$x_1\begin{pmatrix}3\\8\\0\end{pmatrix}+x_2\begin{pmatrix}0\\0\\2\end{pmatrix}=x_3\begin{pmatrix}1\\0\\2\end{pmatrix}+x_4\begin{pmatrix}0\\2\\1\end{pmatrix}$$

写成矩阵方程为

$$\begin{pmatrix}3 & 0 & -1 & 0\\8 & 0 & 0 & -2\\0 & 2 & -2 & -1\end{pmatrix}\begin{pmatrix}x_1\\x_2\\x_3\\x_4\end{pmatrix}=\begin{pmatrix}0\\0\\0\end{pmatrix}$$

即

$$\boldsymbol{Ax}=\boldsymbol{0}$$

四、卫星图像观测

卫星上用三种可见光和四种红外光进行摄像，对每一个区域，可以获得七张遥感图像。利用多通道的遥感图可以获取尽可能多的地面信息，因为各种地貌、作物和气象特征可能对不同波段的光敏感。而在实用上应该寻找每一个地方的主因素，成为一张实用的图像。每一个像素上有七个数据，形成一个多元的变量数组，在其中合成并求取主因素的问题，就与线性代数中要讨论的特征值问题有关。

五、用逆阵进行保密编译码

在英文中有一种对消息进行保密的措施，就是把英文字母用一个整数来表示。然后传送这组整数。这种方法很容易根据数字出现的频率来破译，例如出现频率特别高的数字，很可能对应于字母 ***E***。

可以用乘以矩阵 ***A*** 的方法来进一步加密。假如 ***A*** 是一个行列式等于±1 的整数矩阵，则 ***A***-1 的元素也必定是整数。而经过这样变换过的消息，同样两个字母对应的数字不同，所以就较难破译。

接收方只要将这个消息乘以 ***A***-1 就可以复原。

六、Euler 的四面体问题

【例 7-7】　如何用四面体的六条棱长去表示它的体积？

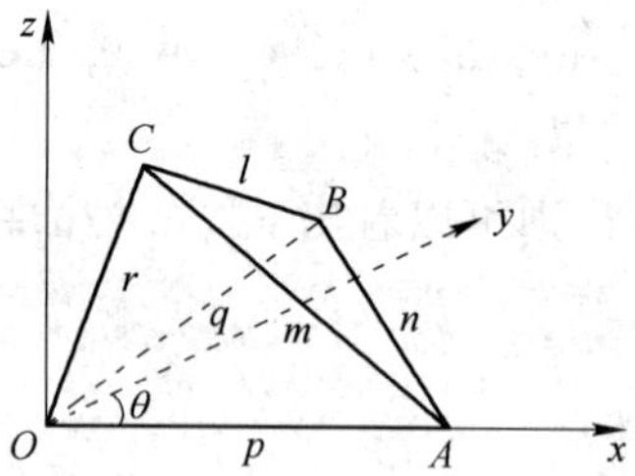

图 7-1　六条棱长已知的四面体

【解】　建立坐标系，如图 7-1 所示，设 A，B，C 三点的坐标分别为（a_1，b_1，c_1），（a_2，b_2，c_2）和（a_3，b_3，c_3），设四面体 O-ABC 的六条棱长分别为 l，m，n，p，q，r。

由立体几何可知，该四面体的体积 V 等于以向量$\overrightarrow{OA}$，$\overrightarrow{OB}$，$\overrightarrow{OC}$组成右手系时，以它们为棱的平行六面体的体积 V_6 的$\dfrac{1}{6}$。

而

$$V_6=(\overrightarrow{OA}\times\overrightarrow{OB})\cdot\overrightarrow{OC}=\begin{vmatrix} a_1 & b_1 & c_1 \\ a_2 & b_2 & c_2 \\ a_3 & b_3 & c_3 \end{vmatrix}$$

于是得：

$$6V=\begin{vmatrix} a_1 & b_1 & c_1 \\ a_2 & b_2 & c_2 \\ a_3 & b_3 & c_3 \end{vmatrix}$$

将上式平方，得：

$$36V^2=\begin{vmatrix} a_1 & b_1 & c_1\\ a_2 & b_2 & c_2\\ a_3 & b_3 & c_3\end{vmatrix}\cdot\begin{vmatrix} a_1 & b_1 & c_1\\ a_2 & b_2 & c_2\\ a_3 & b_3 & c_3\end{vmatrix}$$

$$=\begin{vmatrix} a_1^2+b_1^2+c_1^2 & a_1a_2+b_1b_2+c_1c_2 & a_1a_3+b_1b_3+c_1c_3\\ a_1a_2+b_1b_2+c_1c_2 & a_2^2+b_2^2+c_2^2 & a_2a_3+b_2b_3+c_2c_3\\ a_1a_3+b_1b_3+c_2c_3 & a_2a_3+b_2b_3+c_2c_3 & a_3^2+b_3^2+{}^2c_3\end{vmatrix}$$

根据向量的数量积的坐标表示，有：

$$\overrightarrow{OA}\cdot\overrightarrow{OA}=a_1^2+b_1^2+c_1^2,\quad \overrightarrow{OA}\cdot\overrightarrow{OB}=a_1a_2+b_1b_2+c_1c_2$$

$$\overrightarrow{OA}\cdot\overrightarrow{OC}=a_1a_3+b_1b_3+c_1c_3,\quad \overrightarrow{OB}\cdot\overrightarrow{OB}=a_2^2+b_2^2+c_2^2$$

$$\overrightarrow{OB}\cdot\overrightarrow{OC}=a_2a_3+b_2b_3+c_2c_3,\quad \overrightarrow{OC}\cdot\overrightarrow{OC}=a_3^2+b_3^2+c_3^2$$

于是

$$36V^2=\begin{vmatrix} \overrightarrow{OA}\cdot\overrightarrow{OA} & \overrightarrow{OA}\cdot\overrightarrow{OB} & \overrightarrow{OA}\cdot\overrightarrow{OC}\\ \overrightarrow{OA}\cdot\overrightarrow{OB} & \overrightarrow{OB}\cdot\overrightarrow{OB} & \overrightarrow{OB}\cdot\overrightarrow{OC}\\ \overrightarrow{OA}\cdot\overrightarrow{OC} & \overrightarrow{OB}\cdot\overrightarrow{OC} & \overrightarrow{OC}\cdot\overrightarrow{OC}\end{vmatrix}\tag{7-1}$$

由余弦定理，可得：

$$\overrightarrow{OA}\cdot\overrightarrow{OB}=p\cdot q\cdot\cos\theta=\frac{p^2+q^2-n^2}{2}$$

同理可得：

$$\overrightarrow{OA}\cdot\overrightarrow{OC}=\frac{p^2+r^2-m^2}{2},\quad \overrightarrow{OB}\cdot\overrightarrow{OC}=\frac{q^2+r^2-l^2}{2}$$

将以上各式代入（7−1）式，得：

$$36V^2=\begin{vmatrix} p^2 & \dfrac{p^2+q^2-n^2}{2} & \dfrac{p^2+r^2-m^2}{2}\\ \dfrac{p^2+q^2-n^2}{2} & p^2 & \dfrac{p^2+r^2-l^2}{2}\\ \dfrac{p^2+r^2-m^2}{2} & \dfrac{p^2+r^2-l^2}{2} & r^2\end{vmatrix}\tag{7-2}$$

其中，式（7−2）就是 Euler 的四面体体积公式。

【例 7−8】　一块形状为四面体的花岗岩巨石，量得六条棱长分别为

$$l=10\text{m},\ m=15\text{m},\ n=12\text{m},\ p=14\text{m},\ q=13\text{m},\ r=11\text{m}$$

则

$$\frac{p^2+q^2-n^2}{2}=110.5\text{m},\quad \frac{p^2+r^2-m^2}{2}=46\text{m},\quad \frac{p^2+r^2-l^2}{2}=95\text{m}$$

代入式（7−2），得：

$$36V^2 = \begin{vmatrix} 196 & 110.5 & 46 \\ 110.5 & 169 & 95 \\ 46 & 95 & 121 \end{vmatrix} = 1369829.75$$

于是

$$V^2 \approx 38050.82639 \approx (195\text{m}^3)^2$$

即花岗岩巨石的体积约为 195m^3。古埃及的金字塔形状为四面体，因而可通过测量其六条棱长去计算金字塔的体积。

线性代数（Linear algebra）是数学的一个分支，它的研究对象是向量，向量空间（或称线性空间)，线性变换和有限维的线性方程组。向量空间是现代数学的一个重要课题，因而，线性代数被广泛地应用于抽象代数和泛函分析中，通过解析几何，线性代数得以被具体表示。线性代数的理论已被泛化为算子理论，由于科学研究中的非线性模型通常可以被近似为线性模型，使得线性代数被广泛地应用于自然科学和社会科学中。线性代数在数学、力学、物理学和技术学科中有各种重要应用，因而它在各种代数分支中占据首要地位。在计算机广泛应用的今天，计算机图形学、计算机辅助设计、密码学、虚拟现实等技术无不以线性代数为其理论和算法基础的一部分。该学科所体现的几何观念与代数方法之间的联系，从具体概念抽象出来的公理化方法以及严谨的逻辑推证、巧妙的归纳综合等，对于强化人们的数学训练，增益科学智能是非常有用的。随着科学的发展，不仅要研究单个变量之间的关系，还要进一步研究多个变量之间的关系，各种实际问题在大多数情况下可以线性化，而由于计算机的发展，线性化了的问题又可以计算出来，线性代数正是解决这些问题的有力工具。同时可以简单地说数学中的线性问题，那些表现出线性的问题，是最容易被解决的。比如微分学研究很多函数线性近似的问题。在实践中与非线性问题的差异也是很重要的，线性代数方法是指使用线性观点看待问题，并用线性代数的语言描述它、解决它（必要时可使用矩阵运算）的方法，这是数学与工程学中最主要的应用之一。总之，线性代数历经如此长的时间而生命力旺盛，可见应用之广。

期末测试题（一）

一、单选题（每小题 3 分，共 15 分）

(1) $\boldsymbol{A}$ 和 $\boldsymbol{B}$ 均为 n 阶矩阵，且 $(\boldsymbol{A}-\boldsymbol{B})^2=\boldsymbol{A}^2-2\boldsymbol{AB}+\boldsymbol{B}^2$，则必有（　　）

A. $\boldsymbol{A}=\boldsymbol{E}$　　B. $\boldsymbol{B}=\boldsymbol{E}$　　C. $\boldsymbol{A}=\boldsymbol{B}$　　D. $\boldsymbol{AB}=\boldsymbol{BA}$

(2) 设 $\boldsymbol{A}$ 是方阵，如有矩阵关系式 $\boldsymbol{AB}=\boldsymbol{AC}$，则必有（　　）

A. $\boldsymbol{A}=\boldsymbol{O}$

B. $\boldsymbol{B}\neq\boldsymbol{C}$ 时，$\boldsymbol{A}=\boldsymbol{O}$

C. $\boldsymbol{A}\neq\boldsymbol{O}$ 时，$\boldsymbol{B}=\boldsymbol{C}$

D. $|\boldsymbol{A}|\neq\boldsymbol{O}$ 时，$\boldsymbol{B}=\boldsymbol{C}$

(3) 设 $\boldsymbol{A}$ 是 $s\times n$ 矩阵，则齐次线性方程组 $\boldsymbol{Ax}=\boldsymbol{0}$ 有非零解的充分必要条件是（　　）

A. $\boldsymbol{A}$ 的行向量组线性无关

B. $\boldsymbol{A}$ 的列向量组线性无关

C. $\boldsymbol{A}$ 的行向量组线性相关

D. $\boldsymbol{A}$ 的列向量组线性相关

(4) 若 $\boldsymbol{x}_1$ 是方程 $\boldsymbol{AX}=\boldsymbol{B}$ 的解，$\boldsymbol{x}_2$ 是方程 $\boldsymbol{AX}=\boldsymbol{0}$ 的解，则（　　）是方程 $\boldsymbol{AX}=\boldsymbol{B}$ 的解（$c\in\mathbf{R}$）

A. x_1+cx_2

B. cx_1+cx_2

C. cx_1-cx_2

D. cx_1+x_2

(5) 设矩阵 $\boldsymbol{A}$ 的秩为 r，则 $\boldsymbol{A}$ 中（　　）

A. 所有 $r-1$ 阶子式都不为 0

B. 所有 $r-1$ 阶子式全为 0

C. 至少有一个 r 阶子式不等于 0

D. 所有 r 阶子式都不为 0

二、填空题（每小题 3 分，共 15 分）

(1) 已知向量 $\boldsymbol{\alpha}=(1,3,2,4)^{\mathrm{T}}$ 与 $\boldsymbol{\beta}=(k,-1,-3,2k)^{\mathrm{T}}$ 正交，则 $k=$________。

(2) $\begin{pmatrix}1 & 1\\ 0 & 1\end{pmatrix}^{-1}=$______。

(3) 设 3 阶矩阵 $\boldsymbol{A}$ 的行列式 $|\boldsymbol{A}|=8$，已知 $\boldsymbol{A}$ 有 2 个特征值 -1 和 4，则另一特征值为________。

(4) 如果 $\boldsymbol{X}_1$，$\boldsymbol{X}_2$ 都是方程 $\boldsymbol{A}_{n\times n}\boldsymbol{X}=\boldsymbol{0}$ 的解，且 $\boldsymbol{X}_1\neq\boldsymbol{X}_2$，则 $|\boldsymbol{A}_{n\times n}|=$________。

(5) 设向量组 $\boldsymbol{\alpha}_1=(1,0,0)^{\mathrm{T}}$，$\boldsymbol{\alpha}_2=(-1,3,0)^{\mathrm{T}}$，$\boldsymbol{\alpha}_3=(1,2,-1)^{\mathrm{T}}$ 线性________。

三、(10 分) 计算行列式 $\begin{vmatrix}3 & 1 & -1 & 2\\ -5 & 1 & 3 & -4\\ 2 & 0 & 1 & -1\\ 1 & -5 & 3 & -3\end{vmatrix}$。

四、(10 分) 已知 $f(x)=x^2+4x-1$，$\boldsymbol{A}=\begin{pmatrix}1 & -2 & 0\\ 2 & 1 & 0\\ 0 & 0 & 2\end{pmatrix}$，求 $f(\boldsymbol{A})$。

五、(10 分) 求齐次线性方程组 $\begin{cases}2x_1-3x_2+x_3+5x_4=0\\-3x_1+x_2+2x_3-4x_4=0\\-x_1-2x_2+3x_3+x_4=0\end{cases}$ 的一个基础解系及其通解。

六、(12 分) 判定二次型 $f=-x_1^2-x_2^2-x_3^2+4x_1x_2+4x_1x_3-4x_2x_3$ 的正定性，并求该二次型的秩。

七、(10 分) 求向量组：$\boldsymbol{\alpha}_1=\begin{pmatrix}1\\2\\-1\\-1\end{pmatrix}$，$\boldsymbol{\alpha}_2=\begin{pmatrix}2\\5\\2\\-1\end{pmatrix}$，$\boldsymbol{\alpha}_3=\begin{pmatrix}3\\5\\-7\\-4\end{pmatrix}$，$\boldsymbol{\alpha}_4=\begin{pmatrix}-1\\6\\17\\9\end{pmatrix}$ 的秩及一个极大线性无关组，并将其余向量通过该极大线性无关组表示出来。

八、(12 分) 已知矩阵 $\boldsymbol{A}=\begin{pmatrix}1&1&0\\1&1&0\\0&0&3\end{pmatrix}$ 与 $\boldsymbol{B}=\begin{pmatrix}0&0&0\\0&3&0\\0&0&x\end{pmatrix}$ 相似，求：

(1) x;

(2) 可逆矩阵 $\boldsymbol{P}$，使得 $\boldsymbol{P}^{-1}\boldsymbol{AP}=\boldsymbol{B}$。

九、(6 分) 设 3 阶矩阵 $\boldsymbol{A}$ 的特征值为 2（二重），−4，求 $\left|\left(-\frac{1}{2}\boldsymbol{A}^*\right)^{-1}\right|$。

期末测试题（二）

一、填空题（每小题 3 分，共 15 分）

（1）行列式 $\begin{vmatrix} 121 & 133 & -985 \\ 0 & 122 & 1 \\ -155 & 199 & 666 \end{vmatrix}$ 中第 3 行第 2 列元的代数余子式的值为________。

（2）若 3 阶方阵 $\boldsymbol{A}$ 的秩是 3，$r(\boldsymbol{B})=1$，则 $r(\boldsymbol{AB})=$ ________。

（3）设 $\boldsymbol{A}=\begin{pmatrix} 1 & 0 & 0 \\ 0 & 3 & 1 \\ 0 & 1 & 0 \end{pmatrix}$，矩阵 $\boldsymbol{B}$ 是 $\boldsymbol{A}$ 的等价标准型，则 $|2\boldsymbol{B}^{-1}-5\boldsymbol{B}^{*}|=$________。

（4）设 $\boldsymbol{\alpha}_1=\begin{pmatrix} -4 \\ -6 \\ -2 \end{pmatrix}$，$\boldsymbol{\alpha}_2=\begin{pmatrix} 1 \\ -2 \\ 1 \end{pmatrix}$，$\boldsymbol{\alpha}_3=\begin{pmatrix} 2 \\ 3 \\ 1 \end{pmatrix}$，则齐次线性方程 $x_1\boldsymbol{\alpha}_1+x_2\boldsymbol{\alpha}_2+x_3\boldsymbol{\alpha}_3=0$ 的解空间的维数=________。

（5）设向量组 $\boldsymbol{\alpha}$，$\boldsymbol{\beta}$ 线性无关，则 $\boldsymbol{\alpha}$，$\boldsymbol{\beta}$，$\boldsymbol{\gamma}$ 线性相关是 $\boldsymbol{\gamma}$ 能被 $\boldsymbol{\alpha}$，$\boldsymbol{\beta}$ 线性表示的________条件。

二、选择题（每小题 3 分，共 15 分）

（1）关于等式 $\boldsymbol{AC}=\boldsymbol{BC}$，若 $\boldsymbol{A}$，$\boldsymbol{B}$，$\boldsymbol{C}$ 是方阵且 $\boldsymbol{C}\neq\boldsymbol{O}$，则必有（　　）

A. $\boldsymbol{A}=\boldsymbol{O}$ 或 $\boldsymbol{B}=\boldsymbol{O}$　　B. $\boldsymbol{A}\neq\boldsymbol{B}$

C. $|\boldsymbol{A}-\boldsymbol{B}|=0$，且 $|\boldsymbol{C}|=0$　　D. 当 $|\boldsymbol{C}|\neq 0$ 时，$\boldsymbol{A}=\boldsymbol{B}$

（2）若 $\boldsymbol{A}$ 为 3 阶可逆矩阵，$\boldsymbol{B}=\begin{pmatrix} 1 & 0 & 0 \\ 0 & 0 & 1 \\ 0 & 1 & 0 \end{pmatrix}\boldsymbol{A}$，则（　　）

A. 交换 $\boldsymbol{A}^{-1}$ 的第 2，3 列得到 $\boldsymbol{B}^{-1}$

B. 交换 $\boldsymbol{A}^{-1}$ 的第 2，3 行得到 $\boldsymbol{B}^{-1}$

C. 交换 $\boldsymbol{A}^{-1}$ 的第 1，2 列得到 $\boldsymbol{B}^{-1}$

D. 交换 $\boldsymbol{A}^{-1}$ 的第 1，3 行得到 $\boldsymbol{B}^{-1}$

（3）设矩阵 $\boldsymbol{A}$，$\boldsymbol{B}$，$\boldsymbol{P}$，$\boldsymbol{Q}$ 满足 $\boldsymbol{B}=\boldsymbol{PAQ}$，下列说法正确的是（　　）

A. 若 $\boldsymbol{B}$ 为单位矩阵，则 $\boldsymbol{P}$，$\boldsymbol{A}$，$\boldsymbol{Q}$ 可逆

B. 若 $\boldsymbol{P}$，$\boldsymbol{Q}$ 可逆，则 $\boldsymbol{A}$ 可经过有限次初等变换化为 $\boldsymbol{B}$

C. 若 $\boldsymbol{B}$ 为单位矩阵 $\boldsymbol{E}$，$\boldsymbol{P}$，$\boldsymbol{A}$，$\boldsymbol{Q}$ 皆为方阵，则必有 $\boldsymbol{QAP}=\boldsymbol{E}$

D. 无论 $\boldsymbol{P}$，$\boldsymbol{Q}$ 是否可逆，都有 $r(\boldsymbol{A})=r(\boldsymbol{B})$

（4）如果线性方程组 $\boldsymbol{AX}=\boldsymbol{0}$ 只有零解，$\boldsymbol{A}$ 是 m 行 n 列的矩阵，那么以下判断错误的是（　　）

A. $\boldsymbol{A}$ 的列向量组线性相关，m 比 n 小

B. $\boldsymbol{AX}=\boldsymbol{B}$ 可能无解

C. $\boldsymbol{AX}=\boldsymbol{B}$（$\boldsymbol{B}\neq\boldsymbol{O}$）不可能有无穷多解

D. $\boldsymbol{AX}=\boldsymbol{B}$ 可能有唯一解

（5）已知方阵 $\begin{pmatrix}3 & 1\\ a & -1\end{pmatrix}$ 的特征值 λ 对应的特征向量为 $\begin{pmatrix}1\\ -5\end{pmatrix}$，则 a，λ 的值分别是（　　）

A. 5，2　　B. −5，2　　C. 5，−2　　D. −5，−2

三、（8 分）设 $\boldsymbol{A}=\begin{pmatrix}2 & 1 & 0 & 0\\ 1 & -2 & 0 & 0\\ 0 & 0 & 1 & 0\\ 0 & 0 & -5 & 1\end{pmatrix}$，求 $\boldsymbol{A}^8$。

四、（8 分）计算行列式 $D=\begin{vmatrix}1 & 2 & 3 & 4\\ 2 & 3 & 4 & 1\\ 3 & 4 & 1 & 2\\ 4 & 1 & 2 & 3\end{vmatrix}$。

五、（10 分）已知矩阵 $\boldsymbol{A}=\begin{pmatrix}1 & 1 & 0\\ 1 & 0 & -1\\ -2 & -2 & -1\end{pmatrix}$，且 $\boldsymbol{AB}=\boldsymbol{A}+2\boldsymbol{B}$，求 $\boldsymbol{B}$。

六、（12 分）求方程组 $\begin{cases}x_1-2x_2+3x_3-4x_4=4\\ x_2-x_3+x_4=-3\\ x_1+3x_2-2x_3+x_4=-11\\ x_1-x_2+2x_3-3x_4=1\end{cases}$ 的通解并说明其结构。

七、（12 分）设向量组 $\boldsymbol{\alpha}_1=\begin{pmatrix}1\\ 2\\ -1\\ 1\end{pmatrix}$，$\boldsymbol{\alpha}_2=\begin{pmatrix}2\\ 0\\ 3\\ 0\end{pmatrix}$，$\boldsymbol{\alpha}_3=\begin{pmatrix}0\\ -4\\ 5\\ -2\end{pmatrix}$，$\boldsymbol{\alpha}_4=\begin{pmatrix}3\\ -2\\ 7\\ -1\end{pmatrix}$，记为 $\boldsymbol{A}$，则：

（1）求向量组 $\boldsymbol{A}$ 的秩；

（2）求向量组 $\boldsymbol{A}$ 的一个最大无关组 $\boldsymbol{A}_0$；

（3）请用最大无关组 $\boldsymbol{A}_0$ 线性表示在向量组 $\boldsymbol{A}$ 中但非 $\boldsymbol{A}_0$ 中的向量。

八、（12 分）求方阵 $\boldsymbol{A}=\begin{pmatrix}2 & 0 & 1\\ 3 & 1 & 3\\ 4 & 0 & 5\end{pmatrix}$ 的特征值和特征向量。

九、证明题（8 分）

证明：如果非齐次线性方程组 $\boldsymbol{AX}=\boldsymbol{B}$ 的解不唯一，那么它的一个解向量和它的导出组的一个基础解系所构成的向量组一定线性无关。

参考文献

[1] 张运良.《线性代数》[M].北京：北京航空航天大学出版社.2010.
[2] 郝志峰.《线性代数》[M].北京：高等教育出版社.2003.
[3] 同济大学数学系.《工程数学》[M].北京：高等教育出版社.2007.
[4] 戴维 C. 雷.《线性代数及其应用》[M].北京：机械工业出版社.2017.